——国合华夏城市规划研究院系列成果

中国零碳城市创建方案及操作指南

吴维海　刘永光　等著

中国财经出版传媒集团
中国财政经济出版社

图书在版编目（CIP）数据

中国零碳城市创建方案及操作指南 / 吴维海等著
. --北京：中国财政经济出版社，2022. 12
ISBN 978-7-5223-1768-7

Ⅰ. ①中… Ⅱ. ①吴… Ⅲ. ①节能-生态城市-城市
建设-研究-中国 Ⅳ. ①X321. 2

中国版本图书馆 CIP 数据核字（2022）第 220650 号

责任编辑：张晓丽　　责任印制：刘春年
封面设计：孙俪铭　　责任校对：徐艳丽

中国零碳城市创建方案及操作指南
ZHONGGUO LINGTAN CHENGSHI CHUANGJIAN FANGAN JI CAOZUO ZHINAN
中国财政经济出版社 出版

URL：http：//www. cfeph. cn
E-mail：cfeph@ cfeph. cn

社址：北京市海淀区阜成路甲 28 号　邮政编码：100142
营销中心电话：010-88191522
天猫网店：中国财政经济出版社旗舰店
网址：https：//zgczjjcbs. tmall. com
北京财经印刷厂印刷　各地新华书店经销
成品尺寸：170mm×240mm　16 开　20 印张　317 000 字
2022 年 12 月第 1 版　2022 年 12 月北京第 1 次印刷
定价：88. 00 元
ISBN 978-7-5223-1768-7
（图书出现印装问题，本社负责调换，电话：010-88190548）
本社质量投诉电话：010-88190744
打击盗版举报热线：010-88191661　QQ：2242791300

本书受国合华夏城市规划研究院、
中国碳中和研究院、世界零碳标准联盟支持

国合华夏城市规划研究院简介

国合华夏城市规划研究院是由国家发改委国际合作中心于 2017 年 11 月 28 日发起设立的新型智库，主要为国际组织、部委机构、地方政府和企业提供从政策解读、规划编制、产业开发，到金融服务及国际合作等“全流程”专业服务。

国合华夏城市规划研究院以打造部委系统行业一流的民族智库和精致研究院为愿景，首创民族智库并提出理论和模型；第一个打造零碳智库，第一个推动零碳城市标准；第一个提出“345”模型并用于实践；第一个把孙子兵法用于至少 5 个省级发改委经济规划培训，并用于规划编制与评价。

国合华夏城市规划研究院积极贯彻党中央、国务院重大战略部署，聚焦三大业务（规划、平台、项目）、赋能三大领域（双碳战略、乡村振兴、园区转型）、推动三大行动（百城千企零碳行动、双百城乡品牌行动、五个一百公益行动），服务地方经济高质量发展。

序　言

地球是人类共同的家园。地球“发烧”了，人类怎么办？这是一个真实的、可能导致人类消亡的重大威胁。为规避这个风险，需要全世界共同的、积极有效的减碳行动。

碳达峰碳中和是以习近平同志为核心的党中央经过深思熟虑作出的重大战略决策，事关中华民族永续发展和人类命运共同体。习近平总书记2020年9月22日宣布，中国将提高国家自主贡献力度，采取更加有力的政策和措施，二氧化碳排放力争于2030年前达到峰值，努力争取2060年前实现碳中和。党的二十大报告中再次强调全面推进碳达峰行动。

“双碳”行动不是单向的节能减碳，而是要保障碳达峰碳中和全局目标的有效衔接，要聚焦全局性、长远性、根本性、基础性领域和方向，强化战略思维，谋定而后动。我国经济环境、生态条件复杂多变，人民群众对美好生活的更高要求期盼绿水青山，呼唤零碳发展。生态、就业、增收、减碳等诸多目标的协同实现，需统筹谋划，积极推动，久久为功，方得始终。

碳达峰碳中和事关全球近80亿人的共同幸福，是千年大计。它不是轻松实现的，等不得，也急不得。要增强责任感、危机感，全面贯彻中央部署，以国家“1+N”政策体系为指引，因地制宜，量力而行，主动谋划，积极推动，持续突破。

零碳城市是“零碳中国”的核心内容，是践行“两山理论”的集中体现。从传统城市到节能城市，从节能到低碳，从低碳到近零碳，再到零碳城市，是一个城市演变、递进、升级、涅槃的过程，是城市的自我革命，也是人类文明的新坐标，是实现中华民族伟大复兴的定海神针，更是我国屹立于世界民族之林的力量源泉，是构建人类利益共同体、命运共同体、责任共同体的“中国贡献”。

国合华夏城市规划研究院以打造部委系统一流的“民族智库”和“精致研究院”为愿景，有义务有责任积极探索，前瞻研究，整合聚集各方力量，践行“百城千企零碳行动”，共绘“零碳中国”“零碳地球”全景图、施工图。

本书由国合华夏城市规划研究院吴维海博士总策划。荟萃了国内外前瞻的实践案例，借鉴融合了刘坚、刘嘉麒、焦念志、高俊才等有关部委部长司长、院士专家的研究成果，提炼分享了国家发改委、生态环境部、工业和信息化部、上海、浙江、山东、北京等省市部委单位，以及青岛、聊城、东营、文登、日照、潍坊峡山生态开发区、潍坊滨海新区、寿光、辽宁朝阳市、陕西汉中、山西隰县、国网、北汽集团等政策或案例。高俊才、吴维海、王秀忠、刘永光、姚顺、葛春晓、李洁、刘亚男、金桂、王晓强、程华、吴玥、黄健、宋佳声、杨春祥、杜奕松等参与了撰写或讨论。在此，对部委领导、院士专家、地方政府和各界朋友的指导、参与与支持，表示衷心的感谢。

本书撰写团队：国合华夏城市规划研究院、中国碳中和研究院、世界零碳标准联盟。

2022年11月

目　录

第1章

全球进入零碳时代

地球是有温度的，它是人类赖以生存的家园。一旦地球“发烧”了，各种自然灾害就会频发，那时候，人类怎么办？

城市是人类生产、生活与繁衍的主要场所，是实现碳达峰碳中和的主要载体。城市如何有效减碳？世界各国如何实现碳中和呢？

这是关乎全球近80亿人口生存的重大问题，我们必须要面对，必须要解答！

城市是国民经济的支柱，零碳城市是“零碳中国”建设的重要支撑，是实现碳达峰碳中和目标的先行者与火车头。零碳城市如何创建并推广呢？

本章着重解读碳达峰碳中和的全球承诺、碳达峰碳中和政策、零碳城市内涵与维度、建设模式与创建流程等。

1.1　零碳城市的全球试点

1.1.1　地球“发烧”了？

全球平均气温上升2℃。海平面将上升6.3米左右，海堤被摧毁，格陵兰岛的冰盖将彻底融化，部分海岛国家将消失，蚊虫生存的季节和地区将发生变化，疟疾患者增加，人类面临生存危机。

全球平均气温上升3℃。地球上的大部分环境将不再适合生存，地表三分之一的动植物消失，全球降水重新分配，美国南部粮仓变荒漠，撒哈拉沙漠变成绿洲，重现6000年前的大象、水牛和野羊在肥美草原上巡游的“美丽景象”。

全球平均气温上升6℃。南极冰川彻底融化，沿海城市被海啸淹没，95%的生物将灭绝，甲烷水合物（可燃冰）将崩解，大量甲烷气体被释放并引发持续的大火，人类接近灭亡，其他生物将饱受自然灾害的严重侵害，世界末日可能来临。

上述假设的情景——南极的冰川在融化，海平面在上升，沙漠在变绿洲在一步步变为可怕的现实。地球“发烧”了，人类要灭亡。

我们怎么办？一句话：保护地球，保护我们的家园。

人类生存的法则：地球降温、减碳、节能……

如何降低温室气体效应？如何实现二氧化碳减排？如何推动碳捕获、利用与封存（CCUS）应用？什么是温室气体？什么是碳达峰？什么是碳中和？什么是零碳？

诸多疑问，需要大家去探索，去寻找答案。

温室气体是指大气中吸收和重新放出红外辐射的自然和人为的气态成分，包括二氧化碳（CO_2）、甲烷（CH_4）、氧化亚氮（N_2O）、氢氟碳化物（HFCs）、全氟化碳（PFCs）、六氟化硫（SF_6）和三氟化氮（NF_3）。

碳达峰是指二氧化碳的排放量不再增长，达到峰值之后开始慢慢下降。碳达峰是以碳中和为目标的达峰，是保证经济高质量发展同时的达峰，是产业结构优化和技术进步促进碳强度逐步降低的达峰，是我国双碳承诺重要的、阶段性工作目标。

碳中和，又称二氧化碳净零排放，指单位标的物相关的温室气体排放，没有造成全球排放到大气中的温室气体产生净增加量。“碳中和”也可解释为，国家、企业、产品、活动或个人在一定时间内通过使用低碳能源取代化石燃料、植树造林、节能减排等形式，抵消自身产生的二氧化碳，实现正负抵消，达到二氧化碳相对“零排放”。

“碳”不只是二氧化碳（CO_2），它包括以二氧化碳为代表的若干种主要的温室气体，包括二氧化碳（CO_2）、甲烷（CH_4），氧化亚氮（N_2O）、氢氟碳化物（HFCs）、全氟化碳（PFCs）和六氟化硫（SF_6）。温室气体的排放将导致温室效应，对地球的生存环境造成严重影响。

表 1-1　　部分二氧化碳当量值　　单位：吨

气体	二氧化碳当量
二氧化碳	1
甲烷	25
氧化亚氮	310
六氟化硫	22200
氢氟氮化物	11700

资料来源：国合华夏城市规划研究院。

从工业革命到 1950 年，发达国家排放的二氧化碳排放量占全球累计排放量的 95%。1950—2000 年，发达国家碳排放量占全球的 77%。1904—2004 年，我国二氧化碳排放量只占全球 8%。《联合国气候变化框架公约》明确规定“共同但有区别的责任”的核心原则，即发达国家率先减排，并向发展中国家提供资金、技术支持，发展中国家在发达国家资金、技术的支持下，采取措施减缓或适应气候变化。但在实际操作过程中，发达国家却否认在气候变化上的历史责任、道德责任和法律义务，在环境污染方面对别国施压，主张共同减排，却在关键的资金支持、技术转让问题上推卸责任。

1997 年，联合国政府间气候变化专门委员会（IPCC）协助各国在日本京都草拟了《京都议定书》，目标在 2010 年让全球温室气体排放量比 1990 年减少 5.2%。英国 2003 年率先提出低碳经济概念，2004 年颁布《伦敦能源策略》，希冀通过系统的宏观微观经济政策、能源产业政策、市场管理政策、社会保障政策以及发展低碳技术来降低能源消耗和减少碳排放量。2015 年 12

月 12 日，联合国 195 个成员国在 2015 年联合国气候峰会中通过《巴黎协议》，取代《京都议定书》，敦促各成员国将全球平均气温上升控制在较工业化前不超过 2℃、争取控制在 1.5℃之内，在 2050—2100 年实现全球“碳中和”目标。2020 年 12 月，联合国与英法等共同召开 2020 气候雄心峰会，联合国秘书长古特雷斯呼吁全球各国领导人“宣布进入气候紧急状态，直到本国实现碳中和为止”，采取更激进的减排措施并把可持续发展目标通过写入具体政策得到落实。

从国际层面看，国际组织或国际协定主要依靠各国政府和企业自主进行核算及汇报，计算碳核算结果。自上而下测算以《IPCC 国家温室气体清单指南》为主流国际标准，自下而上的测算则是温室气体议定书（GHG Protocol）系列标准最为广泛使用。这些由非政府组织出具的标准及指引，均鼓励国家、城市、社区及企业等主体对于核算结果进行汇报和沟通，以此确保公开报告的一致性。以国际能源署（International Energy Agency，IEA）发布的碳核算报告为例，其资料来源主要为国家向 IEA 能源数据中心提交的月度数据、来自世界各地电力系统运营商的实时数据、国家管理部门发布的统计数据等。

2015 年以来，全球不少国家与地区提出碳中和目标。各国提出碳中和的方式主要有三种：一是对外政策宣示；二是法律规定；三是提交联合国承诺。欧盟、匈牙利、斐济、中国等是通过向联合国提交承诺公布本国的碳中和计划。2015 年由 178 个国家和地区达成《巴黎协定》，逐步提出碳中和目标。截至目前，全球超过 120 个国家和地区提出碳中和达成路线。其中：欧盟、英国、加拿大、新西兰等力争 2050 年实现碳中和；美国承诺 2050 年实现碳中和；冰岛计划 2040 年实现碳中和；奥地利计划 2040 年实现碳中和；瑞典计划 2045 年实现碳中和；乌拉圭计划 2030 年实现碳中和。目前，全球有苏里南和不丹分别于 2014 年和 2018 年提前实现了碳中和目标。

为提升欧盟国家的全球竞争力，遏制新兴国家发展，2020 年欧盟在航空领域强征碳税，变相构建“碳配额”为手段的新型贸易壁垒。随后，欧盟开始在航运业征收碳关税，并推出“碳标签”制度，把商品在生产过程中排放的温室气体排放量在产品标签上用量化的指数标示出来，引导消费者购买低碳农产品，增加了发展中国家出口贸易中的“低碳壁垒”。

“双碳”目标倒逼我国能源革命与产业结构调整，有效抑制高耗能产业，推动高效低能耗现代农业、战略性新兴产业、高技术产业、现代服务业进步，拉动巨量的绿色金融投资，带来新经济增长点和新就业机会。实现“双碳”目标是一项复杂的系统工程，要把握好节奏、既要积极稳妥推进，防止“一刀切”，也要防止转型拖拉等导致低效无效投资等后果。

我国“双碳”目标的提出是在全球气候持续变暖与国际国内经济、政治等多种因素影响下产生的，是历史发展与社会进步的必要要求。

工业革命以来，地球气候系统长期升温，以1951—1980年平均温度为基准，到2020年，全球平均温度增加约1.1℃，目前该数字以每10年0.2℃的速度攀升。人类活动特别是化石燃料的燃烧增加了大气的温室气体含量，造成气候变暖，引发热浪、洪水、干旱、森林火灾和海平面上升等灾害性天气及气候变化，严重影响人类生活及生存。二氧化碳的增加，是影响气候变化的重要原因。降低地球温度的主要路径，一是减少碳排放；二是利用林木、湿地等将碳汇集起来。

联合国2020年统计显示，2019年全球温室气体排放量约524亿吨二氧化碳当量（各温室气体按温室效应大小统一折算为二氧化碳），中国约140亿吨，占27%。二氧化碳为温室气体的主要成分，其排放量约占全球温室气体排放总当量的65%—80%，中国在2019年的二氧化碳排放量约为108亿吨。

目前，全球有50多个国家实现了碳达峰，占全球碳排放总量的40%，大部分属于欧美等发达国家，其中包括美国、俄罗斯、日本、巴西、印度尼西亚、德国、加拿大、韩国、英国和法国等国家。中国、马绍尔群岛、墨西哥、新加坡等国家承诺2030年前实现碳达峰。到2030年全球至少有58个国家实现碳达峰，约占全球碳排放量的60%。

从碳中和的进程看，全球191个国家和地区、1万多个城市、超过1万家企业加入联合国发起的“联合国气候雄心联盟：净零2050”运动，成为全球碳中和的先行者。多数欧美国家提出2050年前实现碳中和（零碳）的努力目标。受经营理念、发展阶段、经济实力、技术创新等因素制约，一些亚洲、非洲、拉丁美洲等国家和地区在降低能耗、减少二氧化碳排放等方面的措施相对迟缓，实现碳中和的总体目标与实现路径还没有明确对外宣布。

碳中和进程成为世界绿色低碳转型的竞技场。欧盟公布“绿色协议”宣布2050年实现净零排放目标，2020年3月向联合国正式提交长期温室气体低排放战略；2020年9月中国宣布碳中和计划；10月日本和韩国宣布碳中和计划；美国宣布2050年前实现净零排放；英国、加拿大、南非、墨西哥等宣布碳中和实施计划。目前，世界主要经济体（约占全球 GDP 的 75%）已经宣布碳中和目标，人类进入低排放的新时代、全球推动实现资源依赖向技术依赖的低排放发展转型。

在低碳发展的过程中，欧盟走在全球前列。1972 年第一次世界环境与发展大会上，挪威首相布伦特兰提出人类只有一个地球的观点，倡导鼓励科技研发，尽快实现经济转型。在 1973 年石油危机的推动下，欧盟二氧化碳排放初步达峰，《京都议定书》加速了欧盟发展转型的进程。1997 年欧盟提出到 2050 年可再生能源消费占比达到 50% 的能源革命愿景。到 2019 年欧盟二氧化碳排放与 1990 年相比减少 23%，提前并超额完成《京都议定书》要求。2020 年 9 月欧盟公布到 2030 年比 1990 年减排不低于 55%。

城市集聚了人口、产业、能耗，约占全球 72% 温室气体排放。要实现碳中和目标，城市将是减碳目标的主要载体。2020 年全球二氧化碳总计排放量 322. 84 亿吨，年均增长率下降 6. 3%。其中：全球碳排放前 10 国家，包括：2020 年，我国二氧化碳排放量 9899. 3 百万吨，美国 4457. 2 百万吨，印度 2302. 3 百万吨，俄罗斯 1482. 2 百万吨，日本 1027 万吨，伊朗 678. 2 百万吨，德国 604. 9 百万吨，韩国 577. 8 百万吨，沙特 570. 8 百万吨，印度尼西亚 545. 4 百万吨。

根据人均二氧化碳排放量数据，2020 年，新加坡人均二氧化碳排放量 36. 1 吨/人，为全球最高；卡特尔 30. 4 吨/人，沙特 16. 4 吨/人，加拿大 13. 7 吨/人，澳大利亚 14. 6 吨/人，韩国 11. 3 吨/人，美国 13. 5 吨/人，中国人均二氧化碳排放量 6. 9 吨/人。

研究世界主要经济体碳排放峰值，有助于全面把握全球碳中和进展和策略。主要分析如下：

美国。2007 年出现碳排放峰值为 74. 16 亿吨二氧化碳当量，人均排放量为 24. 46 吨二氧化碳当量，比欧盟人均水平高出 138%。美国主要的碳排放源为能源活动。碳排放达峰时，美国能源活动的碳排放量占比为 84. 69%；农业、工业生产过程和废物管理占比较低，分别为 7. 97%、5. 31% 和 2. 03%。随着天然气逐渐取代燃煤发电，美国近 10 多年以来能源活动和工业生产过程的碳排放量占比逐步下降。

欧盟。1990 年欧盟整体实现了碳排放达峰。其中：德国等国家碳排放峰值在 1990 年，欧盟碳排放峰值为 48. 54 亿吨二氧化碳当量，人均碳排放量为

10.28 吨二氧化碳当量，主要的碳排放源为能源活动（含能源工业，交通，制造业等）。1990 年碳排放达峰时，欧盟能源活动的碳排放量占碳排放总量的 76.94%，其中：农业 10.24% 和工业生产过程 9.24%，废物管理 3.59%。

日本。碳排放峰值在 2013 年为 14.08 亿吨二氧化碳当量，人均排放量为 11.17 吨二氧化碳当量，低于欧盟人均水平的 8.66%。日本的主要碳排放源为能源活动，碳排放达峰时，占碳排放总量的比例高达 89.58%。工业生产过程、农业和废物管理的碳排放量占比分别为 6.36%、2.47% 和 1.59%。

俄罗斯。碳排放峰值在 1990 年为 31.88 亿吨二氧化碳当量，人均排放量为 21.58 吨二氧化碳当量。

巴西。2012 年实现碳达峰，碳排放峰值为 10.28 亿吨二氧化碳当量，人均排放量仅 5.17 吨二氧化碳当量。

英国。1991 年实现碳达峰，碳排放峰值为 8.07 亿吨二氧化碳当量，人均排放量 14.05 吨二氧化碳当量。2018 年碳排放总量 4.66 亿吨二氧化碳当量，相较于 1991 年下降 42.26%。

其他国家。印度尼西亚、加拿大、韩国分别在 2015 年、2007 年和 2013 年实现碳排放达峰，碳排放峰值分别为 9.07 亿吨、7.42 亿吨和 6.97 亿吨二氧化碳当量，人均排放量分别为 3.66 吨、22.56 吨和 13.82 吨二氧化碳当量。

从人均碳排放数据看，全球各国碳排放水平差距很大。2019 年加拿大人均碳足迹为每年 15.2 吨，美国每年人均碳足迹 14.4 吨，澳大利亚和新西兰人均碳足迹加起来超过 13.6 吨，这些数字都比全球平均水平高出 3 倍多，全球平均水平在 2019 年为每人 4.4 吨。俄罗斯人均碳足迹是 11.4 吨，日本 8.4 吨。

1.1.2 低碳城市变革及途径

各国、各城市积极推动绿色低碳转型，主要体现在三大变革：

一是能源系统的变革。温室气体排放的主要来源是化石能源燃烧，实现碳中和的关键是能源系统的变革：优化能源结构，减少煤炭和石油等化石能源的消费，实现由非化石能源（或可再生能源）取代化石能源。持续扩大电力在工业、交通和建筑等终端用能中的比例。暂时无法实现电力替代的工艺、设备和服务，使用氢工艺技术进行替代，大力发展氢或氢合成燃料取代传统的化石燃料等。按照国际能源署估计，到 2025 年光伏发电有可能成为全球成本最低的发电电源。2020 年美国发布的《清洁能源革命和环境正义计划》将低碳交通、新能源、储能等列为重点研发方向，确保美国实现 100% 清洁能源经济，并在 2050 年前达到净零碳排放。

二是发展方式变革。碳中和目标将带来全球性的产业变革，企业必须积极推进零碳示范，如苹果公司提出 2030 年实现碳中和的目标，在生产过程中的零部件和集成服务的供应链上游企业等各个环节要实现碳中和。

三是技术体系变革。碳汇、减碳技术是全球技术竞争的高地。欧盟许多国家制定了电力系统近零排放和燃油车退出的路线图与时间表，2020 年日本发布的《绿色增长战略》确定了海上风电、燃料电池、氢能、核能、交通物流和建筑等 14 个重点领域深度减排技术路线图和发展目标，确保日本到 2050 年实现碳中和目标，构建“零碳社会”。中国提出构建以新能源为主体的新一代电力系统。碳中和新一代技术以零碳、数字化、智能化为特征，包括可再生能源发电、储能、新一代电力系统技术；在工业、建筑和交通领域的电力替代技术，难以实现电力对化石能源替代的领域发展氢能技术，工业过程排放的二氧化碳实施工艺改进、固碳转化及循环利用等。

预测到 2050 年，碳替代的贡献率占全球碳中和的 47%，碳减排、碳封存和碳循环贡献率分别占全球碳中和的 21%、15% 和 17%。

全球实现碳中和的路径主要有四条：碳替代、碳减排、碳封存、碳循环。其中：

碳替代：电力、热能、氢能等清洁能源替代传统的化石能源。用电替代指利用水电、光电、风电等“绿电”替代火电；用热替代指利用光热、地热等替代化石燃料供热；用氢替代指“绿氢”替代“灰氢”；或者以核热替代煤热。

碳减排：对于建筑、基础建设、交通等行业，通过减少排放、节约能源、提高能效减少碳排放，并利用分布式测控系统等智慧楼宇技术，提高设备能效，协同电热气等能源统筹，从源头减少“黑碳”的排放量。

碳封存：对火电、钢厂、化工厂等集中碳排放的场景，进行二氧化碳集中收集，推动碳封存、碳固定、碳转化，将碳隔绝在大气碳循环之外。其中：地质封存是碳封存的主要形式，包括油气藏、地下深部咸水层和废弃煤矿等封存方式。

碳循环：利用化学和生物手段实现大气中的二氧化碳吸收，并让这部分二氧化碳产生作用。主要包括人工碳转化和森林碳汇。人工碳转化指利用化学或生物手段将二氧化碳转化为有用的化学品或燃料。森林碳汇指植物通过光合作用将大气中的二氧化碳吸收并固定在植被与土壤中，减少大气中二氧化碳浓度，发挥“灰碳”可再利用的作用。

1.1.3 我国推动低碳零碳试点

零碳城市，也叫“生态城市”，是以最大限度地减少温室气体排放为目标的环保型城市。零碳城市通过组成城市功能的各个系统的节能化、环保化予以实现，通过“零碳能源”“零碳产业”“零碳交通”“零碳建筑”“零碳办公”“零碳家庭”“零碳交易”等，最终建成“零碳城市”。

我国零碳城市的提出与演变与经济规模密切相关。我国是碳排放大国，2018 年我国二氧化碳排放总量约为 96 亿吨，占全球总量的 1/4 以上，居全球首位，排放量是美国的 2 倍、欧盟的 3 倍多。我国碳排放规模较大的原因是我国处在工业发展与提升的阶段，我国制造业占据全球较大的比重。

我国进入改革开放时代后，工业快速发展，制造业规模逐步扩大，同时，节能技术相对落后，导致能耗规模与碳排放水平持续上升，到 2019 年我国碳排放占全球碳排放的比重达 28.76%，远超欧美和日本等发达国家。从人均碳排放看，美国、欧盟、日本和加拿大近 60 年以来人均碳排放总体下行，我国人均碳排放目前达 0.02 吨。由于碳排放等原因，地球环境被水土污染、大气雾霾、温室效应等代替。近 20 年来，我国逐步重视污染治理，2005 年我国“十一五”规划纲要提出要节能减排，2009 年前后，国家提出低碳城市、低碳发展的概念，国家发改委已经颁布了多批国家级低碳城市示范，我国进入了低碳试点阶段。经过 10 年多的实践推动，我国各个领域、各个行业对生态建设、低碳发展、循环经济有了较统一的认知，林业碳汇、农业碳汇、工业制造能耗控制与单位 GDP 碳排放等指标成为地方经济发展与产业布局的重要衡量标准，部分城市低碳试点取得阶段性成果。2015 年 6 月 30 日，李克强总理在法国访问期间，宣布中国政府向《联合国气候变化框架公约》秘书处提交文件，描述中国 2030 年的行动目标：二氧化碳排放在 2030 年左右达到峰值并争取尽早达峰，单位国内生产总值二氧化碳排放比 2005 年下降 60%—65%。

2020 年 9 月，习近平主席在第七十五届联合国大会上向世界宣示，中国将采取更加有力的政策和措施，二氧化碳排放力争2030年前达到峰值，努力争取2060年前实现碳中和。这是党和国家领导人第一次公开向世界承诺我国减碳计划，这既是历史发展的必然要求，也是我国主动承担全球可持续发展责任的行动体现。2021年政府报告指出，中国制定2030年前碳排放达峰行动方案；3月15日召开的中央财经委员会第九次会议强调，中国正式将“碳中和”理念纳入生态文明建设顶层布局。根据生态环境部发布的《2020中国生态环境状况公报》，2020年我国单位GDP二氧化碳排放比2019年下降约1.0%，比2015年下降18.8%，超额完成“十三五”下降18%的目标。

实现“碳中和”目标有利于推动污染源头治理，在降碳的同时减少污染物排放，与环境质量改善产生显著的协同增效作用。我国碳中和及零碳城市建设路径是碳汇、减碳、碳循环等。林业碳汇是重要的增加碳汇手段。2021年12月31日，国家市场监督管理总局、国家标准化管理委员会发布消息，我国第一个林业碳汇国家标准《林业碳汇项目审定和核证指南》（标准号GB/T 41198－2021）正式实施。林业碳汇指通过植树造林、改善森林管理、减少毁林、保护和恢复森林植被等林业活动，吸收和固定大气中的二氧化碳的过程、活动或机制。我国通过实施林业生态工程，开展大规模造林和天然林保护修复，森林面积和蓄积均有较大幅度增长，森林碳汇量大幅增加。我国森林覆盖率达到23.04%，森林面积达到2.2亿公顷，森林蓄积175.6亿立方米，森林植被总碳储量91.86亿吨，年均增长1.18亿吨，年均增长率1.40%。目前我国森林碳储量超过92亿吨，平均每年增加的森林碳储量2亿吨以上，折合碳汇大约7亿—8亿吨。“十四五”期间，我国森林覆盖率有望达到24.1%，森林蓄积量达到190亿立方米。

为鼓励发展林业碳汇，国家将林业碳信用纳入金融产品开发系列，鼓励金融机构开发与林业减排增汇相适应的金融产品。林业碳汇交易通过市场机制将林业碳汇的生态价值转化为经济价值，是生态产品经济价值实现的过程，也是地方政府、企业等参与碳汇项目，实现投资回报的重要动力。我国可用于造林的土地约3000万公顷，加上退耕还林、退耕还草的土地，总共有4000多万公顷土地可以用来扩大森林面积。但是，这些可造林土地50%是在降雨量400毫米以下的干旱和半干旱地区，造林难度较大，发展林业碳汇需要解决的技术难题很多。中国2030年碳排放的峰值约140亿吨，单位国内生产总值二氧化碳排放将比2005年下降65%以上，非化石能源占一次能源消费的比重将达到25%左右，森林蓄积量将比2005年增加60亿立方米，风电、太阳能发电装机容量将达到12亿千瓦以上。

碳减排、碳封存、碳转化等是零碳城市建设的主要路径，技术选择与转化，以及实现图谱是各级政府、智库和企业等持续研究并探索实施的重点方向。我国深圳、上海、北京、山东、浙江、四川、广东等省份及杭州、威海、青岛等城市，积极出台低碳减碳政策与实施文件，主动探索零碳城市规划与示范园区建设，率先开展低碳零碳示范的专项规划与实现措施。2020年北京市碳强度比2015年下降20%以上，降至每万元GDP 0.42吨，超额完成“十三五”规划目标，为全国省级地区最低。“十三五”时期，上海市创建100家绿色工厂、20家绿色园区、11家绿色供应链、116项绿色产品，绿色企业在多个方面体现出引领示范作用。

北京、上海、重庆、四川、济南、潍坊、池州等全国很多城市积极推进低碳零碳城市示范。《四川省“十四五”生态环境保护规划》提出，鼓励省级及以上开发区开展近零碳排放方案编制工作，推进建设一批近零碳排放开发区；按照减源、增汇和替代三条路径，开展近零碳排放区试点。《四川省巩固污染防治攻坚战成果 提升生态环境治理体系和治理能力现代化水平行动计划（2022—2023年）》要求，开展零碳或近零碳试点示范，开展近零碳排放园区建设。《“十四五”中央企业发展规划纲要》推进绿色低碳发展，国家电网、中国移动等中央企业积极推动零碳企业创建示范。

1.2 零碳城市的概念及演变

1.2.1 零碳城市的五大特征

纵观世界城市发展历程，“碳中和城市”与“生态城市”“低碳城市”“绿色发展”等概念一脉相承，尽管评价、量化指标有所不同，但主线是对城市绿色、可持续的追求。

碳中和伴随的是碳达峰。碳排放峰值指在所讨论的时间周期内，一个经济体温室气体（主要是二氧化碳）的最高排放量值。联合国政府间气候变化专门委员会（IPCC）将峰值定义为“在排放量降低之前达到的最高值”。

零碳城市（Net – zero Carbon City）也可称生态城市，就是最大限度地减少温室气体排放的环保型城市。

实现零碳城市的途径：一是碳中和，通过植树造林或购买碳信用等形式抵消城市碳排放进而实现零碳；二是城市运行完全依靠可再生能源，通过"零碳交通""零碳建筑""零碳能源""零碳家庭"等城市功能系统的"零碳"，独立、真正实现零碳排放。

总体归纳，零碳城市具有五大特征，如表 1 – 2 所示。

表 1 – 2　零碳城市的五大特征

主要特征	特征描述
经济性	指在城市中发展低碳经济能产生巨大的经济效益。
安全性	指优先发展消耗低、污染低的产业，或者对高能耗高碳排放产业进行清洁化改造，对人类和环境具有安全性。
系统性	指低碳城市的创建过程中，需要政府、企业、金融机构、消费者等各部门的参与，是完整的体系，缺少任何一个环节都不能有效运转。
动态性	指零碳城市建设是动态的过程，需要各领域、各部门分工合作，互相影响，相互促进，推进零碳城市建设的进程。
区域性	指零碳城市受到城市地理位置、自然资源等影响，不同区域的城市零碳化发展具有不同的路径与策略，呈现区域特征。

资料来源：国合华夏城市规划研究院。

1.2.2 我国从低碳向零碳城市演变

近百年以来，伴随经济改革与技术革命，我国大量的乡村逐步变成了高楼大厦，城市的面积和人口不断积聚，我国城市建设从无序到有序，从粗放到精致、从低碳到零碳经历了一个漫长的发展阶段。

2010 年国家发改委印发《关于开展低碳省区和低碳城市试点工作的通知》，陆续启动三批包括广东、辽宁、湖北、陕西、云南、海南和天津、重庆、深圳、厦门等在内的共 87 个省市地区作为低碳试点。其中：2010 年确定 13 个试点：首先在广东、辽宁、湖北、陕西、云南 5 省和天津、重庆、深圳、厦门、杭州、南昌、贵阳、保定 8 市开展试点工作。这是我国低碳城市试点的主要阶段，当时主要从新兴产业比例、产业转型、节能降碳、资源循环利用、低碳政策与社会宣传等指标进行城市低碳化考核与评估。2012 年确定 29 个试点：确定在北京、上海、海南和石家庄、秦皇岛、晋城、呼伦贝尔、吉林、大兴安岭地区、苏州、淮安、镇江、宁波、温州、池州、南平、景德镇、赣州、青岛、济源、武汉、广州、桂林、广元、遵义、昆明、延安、金昌、乌鲁木齐开展第二批国家低碳省区和低碳城市试点工作。2017 年确定 45 个试点：确定在内蒙古自治区乌海市等 45 个城市（区、县）开展第三批低碳城市试点。

随着我国经济发展、技术变革以及人民群众对于生态环境的更高要求，地球温室气体升高对二氧化碳的控制需求，我国逐步进入了近零碳的新时代。主要标志是习近平总书记 2020 年向世界做出的“3060”庄严承诺，为我国推动碳达峰碳中和、零碳城市示范提出了总思路、时间表、路线图、施工图。“十四五”规划中，我国提出单位国内生产总值二氧化碳排放降低 18% 的目标，落实 2030 年应对气候变化国家自主贡献目标，锚定努力争取 2060 年前实现碳中和。2020 年 12 月，中央经济工作会议确定了“我国二氧化碳排放力争 2030 年前达到峰值，力争 2060 年前实现碳中和”的目标，将“做好碳达峰、碳中和工作”作为重要的国家战略。

国家部委以能源革命、产业结构调整、新能源汽车为抓手，推进节能减排；生态环境部相继出台指导意见明确行业、企业温室气体排放报告规范与排放配额。国家发改委制定《绿色产业指导目录》《产业结构调整指导目录》，厘清了绿色产业的边界。国家发改委联合司法部、科技部等相关部门，制定了促进绿色产业落地的保障性措施和实施方案，排除绿色生产和消费领域的法律障碍，倡导在绿色园区，尤其是高新区率先实现碳中和。各省市、地市县区，乃至企业组织等立足各自实际，发挥核心优势，积极研究和推动低碳零碳试点，在全国范围内逐步形成了零碳布局、绿色发展的新趋势、新格局。

国合华夏城市规划研究院长期研究低碳零碳城市和循环经济园区等重点领域，从 2010 年开始，核心团队参与或完成福建三明、贵州凯里、贵阳高新区、青岛、潍坊、威海、中宁、东营等低碳园区规划、循环经济规划、低碳城市规划、生态发展规划、海洋经济规划、公园城市规划等课题或培训，对山西、辽宁、山东、宁夏等省份或城市进行零碳城市创建演讲或论坛讲座，其中：青岛、三明、贵州、威海、成都等城市创建活动受到国家主要领导人的视察或肯定、批示。

从零碳城市发展进程看，我国推动零碳城市建设，具有“四带动、四辐射”的重要示范作用。具体如图1-1所示。

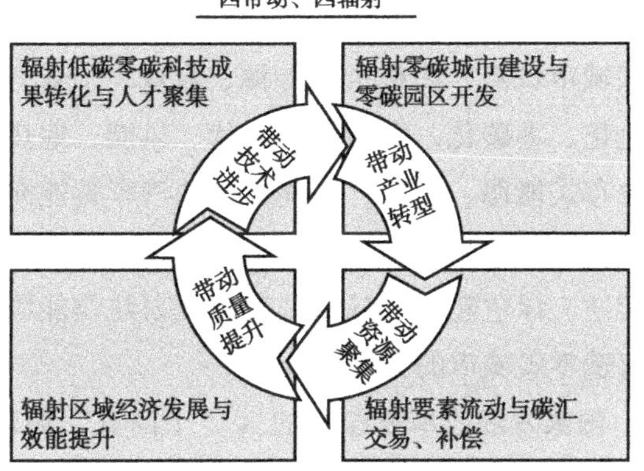

图1-1　零碳城市的带动辐射效应

零碳城市建设的“四带动”：带动技术进步、带动产业转型、带动资源聚集、带动质量提升。

零碳城市建设的“四辐射”：辐射低碳零碳科技成果转化与人才聚集，辐射零碳城市建设与零碳园区开发，辐射要素流动与碳汇交易、补偿，辐射区域经济发展与效能提升。

1.2.3　我国在推进的零碳试点

建设零碳城市须搞清楚各环节、各行业的碳排放比重与发展趋势。2010年国家推动低碳城市试点，2016年国务院制定《“十三五”控制温室气体排放工作方案》，将“打造低碳产业体系、推动城镇化低碳发展、加快区域低碳发展、建设和运行全国碳排放权交易市场以及加强低碳科技创新”等事项作为工作重点，推动了低碳城市建设。从碳排放数据看，2018年我国发电和供热行业所产生的二氧化碳占全国总排放的51%，我国“富煤、贫油、少气”的资源特征决定了发电和供热行业以燃烧煤炭为主。钢铁、水泥、化工等工业行业二氧化碳排放占比约28%，是第二大碳排放行业。交通、建筑业碳排放占比分别是10%和6%。因此，改善能源结构，大力发展清洁能源，推动钢铁、水泥、化工等节能减碳，发展绿色建筑、绿色交通，是创建零碳城市的重要路径。

为建设低碳零碳城市，全国、各地区应统筹规划，差异化有序推进。以全国地市、县区等城市为单元，以国内外先进城市为借鉴，以城市统筹为策略，政府政策引导与总体策划，鼓励企业积极参与，市场化运作，全社会行动，进行低碳零碳城市试点，积极推动能源、农业、工业、交通、建筑、办公等智慧化、绿色化、零碳化，大力发展光伏、风能、地热能、氢能等清洁能源，鼓励发展分布式能源、微网、储能、电动汽车智能充放电、需求侧响应等项目，提升能源系统效率。围绕重点城市、重点园区、重点行业、重点企业，推动绿色交通、绿色建筑、绿色办公，规划建设能源管理和智慧零碳监测服务平台，打造零碳城市的新样板。

2021 年 7 月，国家发展改革委印发的《“十四五”循环经济发展规划》指出，组织园区企业实施清洁生产改造。积极利用余热余压资源，推行热电联产、分布式能源及光伏储能一体化系统应用，推动能源梯级利用。

生态环境部发布《关于在产业园区规划环评中开展碳排放评价试点的通知》，确定了陕西、河北、吉林、浙江、山东、广东、重庆等省市的 7 个产业园区作为全国首批在规划环评中开展碳排放评价试点产业园区。首批碳排放试点园区的评价重点。这 7 家产业园区具体为：山西转型综合改革示范区晋中开发区、南京江宁经济技术开发区、常熟经济技术开发区、宁波石化经济技术开发区、万州经济技术开发区、重庆铜梁高新技术产业开发区、陕西靖边经济技术开发区。

2021 年 12 月 30 日，国务院国资委发布《关于推进中央企业高质量发展做好碳达峰碳中和工作的指导意见》明确，到 2025 年，央企产业结构和能源结构调整优化取得明显进展；央企万元产值综合能耗比 2020 年下降 15%，万元产值二氧化碳排放比 2020 年下降 18%，可再生能源发电装机比重达到 50% 以上，战略性新兴产业营收比重不低于 30%。

工信部发布《工业领域碳达峰实施方案》，提出：建成一批绿色工厂和绿色工业园区，研发、示范、推广一批减排效果显著的低碳零碳负碳技术工艺装备产品，筑牢工业领域碳达峰基础。到 2025 年，规模以上工业单位增加值能耗较 2020 年下降 13.5%，单位工业增加值二氧化碳排放下降幅度大于全社会下降幅度，重点行业二氧化碳排放强度明显下降。

零碳城市、零碳园区、零碳企业的创建聚焦于特定城市、重点园区、示范企业的能源消耗、企业生产和废弃物处理等与污染物排放相关的碳排放。大数据、云计算等高耗电的园区应关注调入电力的碳排放。园区零碳化以二氧化碳（CO_2）为主，根据园区主导产业能源消耗和工艺过程，将甲烷（CH_4）、氧化亚氮（N_2O）、氢氟碳化物（HFCs）、全氟碳化物（PFCs）、六氟化硫（SF_6）与三氟化氮（NF_3）等其他温室气体纳入监督与减碳体系之内。到2030年，我国重点耗能行业能源利用效率达到国际先进水平，单位国内生产总值能耗大幅下降；单位国内生产总值二氧化碳排放比2005年下降65%以上；非化石能源消费比重达到25%左右，风电、太阳能发电总装机容量达到12亿千瓦以上；森林覆盖率达到25%左右，森林蓄积量达到190亿立方米，二氧化碳排放量达到峰值并实现稳中有降。

成本下降带动装机量的攀升。2020年国内光伏新增装机规模达4820万千瓦，其中集中式光伏电站3268万千瓦、分布式光伏1552万千瓦。据预测，“十四五”期间光伏产业年均新增装机规模预计可达7000万—9000万千瓦，2025年新增装机最高可达120万千瓦左右。到2050年，根据《中国2050年光伏发展展望》，光伏发电可占当年全国用电量的40%左右。同时，光伏产业的发展需要解决一系列挑战，传统集中式光伏发电受到地域的限制，受限于特高压电和储能设备，西藏、新疆、甘肃和青海等地区存在弃光现象。季节、气候等因素也会限制分布式光伏发展。

健全完善零碳城市建设的三大政策工具，如表1－3所示：

表1－3　零碳城市的三大政策工具

工具类型	主要内容
命令控制型工具	包括降低和淘汰落后产能、绿色建筑节能、车辆排放标准等，通过制定较为严格的减排目标、明确的技术标准限定企业的污染排放，淘汰落后产能倒逼企业进行绿色低碳升级。
市场型工具	主要包括碳交易机制、清洁发展机制、节能试点等政策，通过价格、补贴、税费等市场化手段为企业减碳行为提供补贴与激励。
自愿型工具	推动低碳交通试点、低碳园区、零碳建筑示范等，引导城市、园区、企业、居民的低碳意识，鼓励节能减排行为，园区、企业或个人获取社会肯定和经济效益。

资料来源：国合华夏城市规划研究院。

完善零碳城市监测体系。国内外、各城市、跨行业、跨企业的碳数据动态统计与监测平台是打造零碳城市的基础工具。国合华夏城市规划研究院与其他部委部门、院所等积极推动“百城千企零碳行动”，推动打造零碳试点，联合开发城市（园区）零碳智慧数字化监测管理服务平台、开发碳金融碳信用大数据系统等，强化城市绿色可持续发展与零碳指标测算，实时监测城市、园区节能与碳减排指标、重大项目、碳金融碳信用等，推动实现零碳目标。

1.3 零碳城市的三个维度

1.3.1 人是零碳城市的细胞

习近平总书记提出，中国将力争2030年前实现碳达峰、2060年前实现碳中和。这是中国基于推动构建人类命运共同体的责任担当和实现可持续发展的内在要求作出的重大战略决策。中国承诺实现从碳达峰到碳中和的时间，远远短于发达国家所用时间，需要付出艰苦努力。中国将碳达峰、碳中和纳入生态文明建设整体布局，持续推动碳达峰行动计划，深入开展碳达峰行动，支持有条件的地方和重点行业、重点企业率先达峰。

零碳城市如同有机生命体，可分解为细胞、单元与场景等，它可以无限扩展与提升。基础设施网络是场景，功能机构机制是单元，各行各业与人类（居民）是细胞。场景、单元、细胞互相依赖，彼此支撑，彼此影响，共同构成了零碳城市有机体。城市的可持续低碳发展，依赖于零碳城市有机体各部分的健康发展与协同推进。

人是零碳中国、零碳城市建设的执行者与动力源。城市居民、乡村居民是大口径的城市的“人”。小口径的“人”主要是城镇居民。

“人”作为城市零碳细胞，是零碳城市创建与运营者，“人”在城市零碳化治理体系中发挥着核心作用。城市中，人与碳的关系被重新定义，以个人碳清单为量化体系，个人碳账户让城市中人与碳的关系更简单、清晰和可控；个人碳足迹让全生命周期理念之中的人的行为与碳更可识别与可衡量。

以人的可持续发展为中心，驱动城市产能、供能、储能、用能、节能等能量流更高效和低碳化，衣食住行用等物质流可循环、更健康，5G、数据、通讯等信息流更快捷安全。

根据零碳城市的碳排放强度，对零碳城市的基本要素进行分类，从小到大依次为：零碳细胞、零碳单元和零碳场景。

基于城市的细胞、单元与场景，全国各省市积极行动，全面、有序推动碳达峰碳中和及零碳城市示范。如2021年6月21日，北京市发布《电子信息产品碳足迹核算指南》（DB11/T 1860－2021）《企事业单位碳中和实施指南》（DB11/T 1861－2021）《大型活动碳中和实施指南》（DB11/T 1862－2021）等三项标准。

全球城市面积占地球陆地面积的3%，贡献了70%左右的GDP，消耗约78%以上的各类能源。城市是人类能源消费和二氧化碳排放的主要区域，产生了70%左右的碳排放。城市是实现碳达峰碳中和目标降低地球温度的主战场，也是开展碳减排行动和实施低碳战略的主阵地。

1.3.2　园区（社区）是零碳城市的单元

园区、社区、企业等是零碳城市的单元，是零碳发展的主要载体。

城市空间中分布着不同的碳源，每个碳源核心区具备不同的碳排放强度，其排放特征多样，排放规律不容易掌握。城市零碳化的主要路径就是进行城市全域范围内的碳排查，并形成不同碳源分布的碳排放清单。

聚焦碳源集中区域的碳排放强度和排放特征，城市的重点排放区、用能主体、经营企业等都是城市低碳化的零碳单元。对零碳单元进行界定，并规划与确定减碳路径和方法，实施碳中和实现方案，是零碳城市创建的重要工作。零碳单元可以是一个园区、一类行业、一个企业、一个家庭、一个学校、一家银行等。

1.3.3　“三生”是零碳城市的场景

生产、生活、生态是零碳城市、零碳园区等建设的主要场景、实施路径与主要维度。

城市表现为各种流动形态的相互交织。“功能—空间”同质功能统一化是零碳城市场景的基本特征，如何构建一核多元的零碳城市单元，如何统筹规划，如何缝合城市孤岛空间、激活场地活力，是零碳城市的重要内容。

针对生态、生产、生活三大社会主体功能，对应城市、景区、园区、社区等零碳城市场景。场景之间没有绝对的界限。2020 年，我国电力、钢铁、水泥、有色金属、石油化工、煤化工、交通、建筑领域的碳排放占比约占 90% 以上。因此，零碳场景应聚焦于电力、钢铁、水泥、有色金属、石油化工、煤化工等重点行业，以及交通、建筑等优先领域。

1.4 零碳城市建设的七大维度

我国推动零碳城市建设，可以从能源、产业、交通、建筑、废弃物、制度等七个维度统筹谋划，有序推进。具体如表 1－4 所示。

表 1－4 零碳城市建设的技术方向与推进路径

能源清洁化的重点领域与技术	以绿色低碳为重点，构建清洁低碳安全高效的现代能源体系。控制和降低化石能源总体用量，合理发展天然气，安全发展核电，发展风光水电、生物质能等非化石能源，增加绿氢生产与供应，使用非化石能源满足新增需求、替代化石能源消费量。
三大产业低碳化	农业碳汇及减碳，工业低碳化及 CCUS、零碳服务业。
多维度零碳交通	政策引导、增碳项目、减碳技术、交通工具清洁化、基础设施低碳化、路网低碳改造、出行方式低碳等。
全周期零碳建筑	零碳建筑的全生命周期规划、建设、管理与监督。推动原有建筑绿色低碳改造与新开工建筑的低碳化，鼓励被动式建筑与绿色建材使用，积极推动建筑垃圾再利用与循环化。
无废城市与固废循环化	推动无废城市建设，推动城市垃圾、城乡废弃物与固废品的循环化利用，鼓励污水回收与循环化再利用。
低碳管理与服务	完善低碳零碳发展的政策环境。抓好生态环境的低碳化管理。打好污染防治攻坚战，加快生态环境基础设施建设，全面推行清洁生产，增加城市、农村碳汇空间固碳能力及潜力，增加森林、草地、湿地等绿色空间，推动土地功能置换等；提高已建成或新建碳汇空间的固碳效率。完善低碳试点的服务机制。
零碳制度体系	构建零碳城市建设的组织体系、土地供给体制与财政税收激励机制。

资料来源：国合华夏城市规划研究院、世界零碳标准联盟。

1.4.1 零碳能源重点领域与技术

零碳城市的开发建设维度从能源、产业、交通、建筑、废弃物循环、低碳管理、制度支撑等方面展开。我国目前地表碳储量约363亿吨二氧化碳，每年固碳速率是10亿—40亿吨二氧化碳。

从能源零碳化、清洁化来看，零碳城市建设要充分考虑不同城市、园区、企业的规模体量、经济发展水平、产业结构、用能结构、碳排放和配置条件，因地制宜探索近零碳发展路径。清洁能源建设是零碳示范的重要工作，也要因地制宜，精准谋划，系统推进。

高水平做好节能工作。完善能耗双控制度，新增可再生能源和原料用能不纳入能源消费总量控制。能源零碳化是零碳城市建设的重要工作与关键环节之一。受到技术条件、能源类别、生产工艺、资源可获得性、资源输送与使用等方面的深刻影响，光伏、风能等清洁能源的可获得性总量受到限制，零碳能源的实现比例与实施进度存在很大的局限性。零碳能源关键技术体系涉及传统化石能源系统低排放转型、新能源大规模使用和广泛部署等。重点包括碳基能源高效催化转化、先进高效低排放燃烧发电等关键减排技术，以及氢、太阳能、风能等新能源利用技术。

二氧化碳排放以化石能源为主。2019年我国碳排放量占全球的比重达到29%，其中能源相关的二氧化碳排放量为98亿吨，占全社会总量的87%。我国化石能源消费总量占比达85%，其中煤炭消费占比达57%左右，煤电污染严重、二氧化碳排放量大。我国在生产、生活等领域使用较多的煤炭、石油等，以及其形成的能源是高碳排放的。要逐步降低煤炭、石油及其生产加工而形成的各种能源（相关电力等）的使用比例，提高其前端的单位消耗及末端的减碳固碳。

能源是实现碳达峰碳中和目标的关键。以绿色低碳为重点，构建清洁低碳安全高效的现代能源体系。控制和降低化石能源总体用量，合理发展天然气，安全发展核电，发展风光水电、生物质能等非化石能源，增加绿氢生产与供应，使用非化石能源满足新增需求、替代化石能源消费量，实现能源零碳化总体目标。

实施能源结构调整，采取产能压降与差别电价政策，促进钢铁、有色金属和建筑等高耗能产业供给侧改革。2021年2月10日，中国钢铁工业协会《推进钢铁行业低碳行动倡议书》提出，推进钢铁行业从碳排放强度的“相对约束”到碳排放总量的“绝对约束”。国家工信部《铝行业规范条件》等有色金属行业规范，鼓励有色金属行业向环境友好、智能化转型。国家住房和城乡建设部要求，到2022年当年城镇新建建筑中绿色建筑面积占比达到70%。

建设零碳城市需要探索并孵化一批技术领先的产业与项目。通过科研技术的产业化，提升清洁能源的供应能力。重点孵化的技术方向如表1-5所示。

表1-5　零碳城市的七大能源技术方向

能源技术领域	主要技术方向
碳资源清洁高效转化利用	碳基能源催化转化反应途径、催化剂及工艺开发、复杂催化转化系统的集成耦合与匹配，以及转化过程多点源复杂污染物控制等。
先进高效低排放燃烧发电技术能综合利用	灵活多源智能发电系统集成与协调控制、超高参数燃煤发电高效热功转换机制、新型工质热力循环与高效热功转换创新技术，以及多污染物协同控制等。
高比例可再生能源系统应用	先进可再生能源、灵活友好并网、新一代电力系统、多能互补与供需互动等关键核心技术。重点科研方向包括：以高效低成本光伏发电、人工光合系统制燃料与化学品为代表的新兴技术；大型风电机组及部件关键技术、基于大数据的风电场设计与运维关键技术、大型风电机组测试关键技术，以及海上风电场设计、建设及开发成套关键技术等；高品位生物质能转化技术、生物质能清洁制备与高效利用技术、能源植物基因重组育种、生物油精制原理、生物学系统氢能转换原理等。
先进核裂变能、核聚变能技术的产业化	开发固有安全特性的第四代反应堆系统、燃料循环利用及废料嬗变堆技术、离子体理论研究、耐受强中子辐射和高热负荷材料开发和示范堆概念设计方面等。
氢能产业化利用	可再生能源电解制氢等绿色制氢技术，更高效、易运输储氢技术与基础设施网络建设，以及基于氢能的新型复合系统概念研究及验证等。
下一代新型电化学储能利用	开发全固态锂电池、金属-空气电池、新概念化学电池等潜在颠覆性技术；重点开展充放电循环反应机理研究、中间产物认知、界面优化、新概念电池材料体系开发。未来电池储能研究向高能量密度、高比功率、快速响应、高安全性、长寿命电池材料发展。多能融合能源系统前沿热点方向是解决能源的综合互补利用、多能系统规划设计，运行管理、能源系统智慧化等重大科技问题，以及开发多能互补系统变革性技术等。
工业、交通等高排放行业绿色低碳转型减排	源头减排、革新技术和工艺流程再造、行业绿色低碳材料开发及末端治理等。原料/燃料替代、工艺技术创新和碳捕集与利用是工业过程碳减排的主要技术路径。

资料来源：国合华夏城市规划研究院、世界零碳标准联盟。

表1－5所列的清洁能源及低碳技术方向是建设零碳城市的重要技术支撑，是下一步各城市、各地区重点关注、积极孵化与引进应用的碳减排项目与招引产业。

实施清洁能源替代工程，需要推动落实如表1－6所示的六大技术路径：

表1－6　六大清洁能源替代工程

技术路径	主要内容
清洁替代技术	主要包括以清洁能源替代传统化石能源发电和终端清洁能源直接利用两种方式，大力推进以太阳能、风能为代表的可再生能源发电以及太阳能热水器、太阳灶、生物质利用、地热采暖等终端清洁能源利用技术的广泛应用。
电能替代技术	主要包括工业电热替代与机械动力电源替代，交通电动汽车与氢燃料电池汽车技术，建筑电采暖与热泵技术等，以及电制氢/甲烷/甲醇/氨/二甲醚/尿素等电制燃料与原料技术。
低碳燃料利用	主要是绿氢在灵活性发电、氢能交通、工业替代以及建筑采暖等领域的应用。
能源互联技术	主要包括特高压交直流、柔性交直流等先进输电技术及抽水蓄能和电化学储能装机等大规模储能技术。
分布式综合能源系统	主要包括高效能源生产转换技术及需求侧管理等技术，重点满足终端用户的冷/热/电/气/水/交通等多种能源需求。
碳捕集、利用与封存技术（CCUS）	主要包括碳捕集、输送、封存和利用技术。

资料来源：国合华夏城市规划研究院、世界零碳标准联盟。

上述能源结构调整与优化是各城市、园区、企业实现单位能耗降低的重要措施，必须积极推动，不断落实具体节能降碳计划。

1.4.2　零碳产业的三大领域

从产业类型看，零碳产业可分为零碳农业、零碳工业和零碳服务业。编制零碳农业、工业、服务业等产业规划，明确植树造林、生态修复目标，推行林长制、链长制，提高地区、城市的生态碳汇能力。

推动林业碳汇，优化农业种养殖结构，鼓励工业转型升级，加快淘汰落后产能，积极化解过剩产能，培育战略性新兴产业，发展现代服务业，持续推动产业循环化、零碳化发展，是零碳城市建设的重要图谱。积极推动各城市、产业园产业结构、产品结构升级改造，发展电炉炼钢、电窑炉、感应窑炉等电能替代技术，不断提高能效，减少工业过程排放，发展循环经济等，促进产业集聚，降低废弃物，实现群内的循环利用成本，提高区域创新能力，是零碳产业建设的重要路径。为应对气候变化，到2030年，中国森林蓄积量将比2005年增加60亿立方米。森林植被通过光合作用可吸收大气中的二氧化碳，发挥巨大的碳汇功能，并有碳汇量大、成本低、生态附加值高等特点。森林、湿地及草原生态系统的碳汇功能，将在我国实现碳达峰目标、碳中和目标中发挥重要的角色。

1.4.3 零碳交通的多维示范

推动交通零碳化重点从政策引导、增碳项目、减碳技术、交通工具清洁化、基础设施低碳化、路网低碳改造、出行低碳化等维度开展。

汽车、飞机、轮船等各类交通工具、交通组合、交通基础设施建设等对能源的消耗占比较大，影响深远，这些要素是零碳城市建设过程中需要着重考虑并持续探索改造的重要场景。

采用节能提效、可持续性低碳燃料和电动化技术，实现交通绿色低碳转型。使用可持续性低碳燃料和电动化大数据系统实现交通领域脱碳降碳，重点探索的前沿热点方向包括：可再生植物/海洋藻类或其他有机废物制成的生物燃料、氢能及氢基燃料和动力电池技术等。

适当的路网密度、道路宽度的规划、交通组合与交通工具选择必须与经济建设和城市发展水平相适应，持续改造并建设人员、货物等与公共交通、慢行系统等无缝接驳的低碳出行交通体系。交通运输部会同国家发改委制定《绿色出行创建行动方案》，到2022年，力争60%以上的创建城市绿色出行比例达70%以上，绿色出行服务满意率不低于80%。强化各类机动出行需求控制，鼓励慢行系统建设，鼓励绿色出行，鼓励电动汽车、生物燃料和氢能汽车，发展立体低碳运输方式等。鼓励低碳交通、新型基建与绿色出行，给予财政与专项资金补贴。实施双积分政策，促使车企布局新能源汽车，完成积分要求，推动新能源汽车市场的快速发展。

1.4.4 零碳建筑的全生命周期管控

推动零碳建筑的全生命周期规划、建设、管理与监督。推动原有建筑绿色低碳改造与新开工建筑的低碳化，鼓励被动式建筑与绿色建材使用，积极推动建筑垃圾再利用与循环化。

据中国建筑节能协会《中国建筑能耗研究报告2020》预测，2018年全国建筑全过程能耗总量为21.47亿tce，占全国能源消费总量46.5%，建筑全过程碳排放总量为49.3亿tce，占全国碳排放总量的51.3%。绿色建筑建设包括：建筑节能政策与法规的建立；建筑节能设计与评价技术，供热计量控制技术的研究；可再生能源等新能源和低能耗、超低能耗技术与产品在住宅建筑中的应用等；推广建筑节能，促进政府部门、设计单位、房地产企业、生产企业等就生态社会进行有效沟通等。

加大建筑业的全过程、全周期、动态化、智慧化的碳排放管理与监测。建筑全过程包括建材生产阶段、建筑施工阶段（包括建筑拆除）和建筑运行阶段。目前，我国建材生产阶段、建筑施工阶段、建筑运行阶段的耗能分别约占全国能源消费总量的46.8%、2.2%和21.7%。建筑碳排放主要指建材生产、运输、建筑建造、拆除、建筑使用阶段消耗化石能源产生的二氧化碳排放的总和，其中：使用阶段约占碳排放总量的80%以上，建造阶段的节能降碳技术与方案直接影响建筑使用阶段的能耗水平。因此，提高建筑设计节能水平，推动建筑领域“提标、增效、节能、降碳”，减少建筑运行阶段的碳排放，打造零碳建筑是实现碳达峰、碳中和的重要路径。

降低建筑领域碳排放，推进传统建筑零碳化改造与新建建筑零碳化规划、开发与管理。规划并改造、开发一批建筑低碳化改建项目与节能示范工程，鼓励各地区开展建筑零碳示范。鼓励引进节能技术与使用减碳器具，鼓励各行业不断提高建筑节能、楼宇降碳等碳减排能力。

倡导低碳节能设计与低碳绿色建设。按照建筑全生命周期角度，规划设计并选择建筑材料、建筑方向与门窗结构、房屋大小，等，推动近零能耗建筑规模化发展，鼓励开展零能耗建筑、零碳建筑发展。强化建筑全生命周期内采光、保温、降温等新理念设计，提高材料利用率，加强绿色材料的应用。加大新材料、新模式及绿色建造技术在建筑过程中的广泛应用等。

实施建筑低碳循环化使用及运行。进行清洁能源设计及综合开发，提高建筑电气化水平，推广清洁采暖、炊事电气化、电制生活热水等技术，降低建筑领域直接碳排放；推动超低能耗技术及构建光/储/直/柔一体化建筑，促进建筑与交通、工业等协同，降低建筑领域间接碳排放。

实施传统建筑零碳改造。以光伏、地热能、空气能等综合利用为主线，探索建筑—光伏一体化进程，鼓励已有建筑节能减碳改造。严格新建建筑标准，新建建筑鼓励执行绿色建筑标准，积极推广被动式建筑、零碳建筑、低能耗绿色建筑，积极发展电智慧管理体系等。完善建筑节能政策与相关法规，鼓励超低能耗技术与产品在住宅建筑中的应用，打造政府、规划机构、业主等零碳发展的良好氛围。

1.4.5 无废城市与废弃物循环利用

国家级无废城市建设与零碳建筑高度相关。2019 年 4 月 30 日，中华人民共和国生态环境部公布 11 个“无废城市”建设试点。分别为：广东省深圳市、内蒙古自治区包头市、安徽省铜陵市、山东省威海市、重庆市（主城区）、浙江省绍兴市、海南省三亚市、河南省许昌市、江苏省徐州市、辽宁省盘锦市、青海省西宁市。2022 年 4 月生态环境部《关于发布“十四五”时期“无废城市”建设名单的通知》确定了“十四五”时期开展“无废城市”建设的 31 个城市名单。此外，雄安新区、兰州新区、光泽县、兰考县、昌江黎族自治县、大理市、神木市、博乐市等 8 个特殊地区参照“无废城市”建设要求一并推进。这对零碳城市建设中提出了新要求。

推动无废城市建设。推动城市垃圾、城乡废弃物与固废品的循环化利用，鼓励污水回收与循环化再利用。实施城市生活垃圾减排，鼓励混合垃圾由填埋向焚烧或其他先进技术手段转变，建设城市原生垃圾处理设施，加强废弃物管理，做到源头减量和废弃物分类等。加大厨余垃圾厌氧处理与自我循环利用，实现沼渣资源化再利用。加大生产、生活、环保等污水综合利用及循环再利用，减少用水浪费。

提升资源利用效率。鼓励发展循环经济，推进园区循环化改造，加快构建废旧物资循环利用体系，推进大宗固废综合利用，实施国家节水行动，抓好全链条粮食节约减损。推动节能减排，发展循环经济，实现资源循环化再利用。鼓励清洁生产工艺设计和应用等，优化生产工艺，减少生产过程中的废物排放。实施全生命周期评价，减少废物产生或将生产中的资源再利用。招引修旧利废、再制造等技术与项目，延长产品使用年限。鼓励废旧物资和固体废弃物回收和综合利用，鼓励建设无废城市，提高资源利用效率。扶持富碳碳汇农业，充分利用二氧化碳，提高设施农业的产量与质量。实施工业节能减碳改造，推动钢铁生产的焦炉煤气、高炉气加氢制成化工产品，扶持二氧化碳制成食品级二氧化碳等，实现碳转化等零碳发展目标。

1.4.6 低碳管理与服务环境

完善低碳零碳发展的政策环境。抓好生态环境的低碳化管理。打好污染防治攻坚战，加快生态环境基础设施建设，全面推行清洁生产，持续抓好塑料污染全链条治理。增加城市、农村碳汇空间固碳能力及潜力，增加森林、草地、湿地等绿色空间，推动土地功能置换等；提高已建成或新建碳汇空间的固碳效率。

强化零碳城市创建的营商环境，提高零碳城市建设的战略定位，统一城市决策者的思想认识，制定规划方案，持之以恒的支持与推进试点。完善低碳试点的政府与园区等服务机制，明确各自然生态要素在城市碳储存过程中的贡献度，制定合理碳储存、改善生态环境的路径等。

1.4.7 零碳城市三维制度体系

全国各地区学习贯彻并推进落实党中央、国务院、国家部委等双碳部署。2020年9月，习近平总书记提出2030年碳达峰、2060年碳中和的总体目标，2021年10月，国务院印发《2030年前碳达峰行动方案》，提出要构建碳达峰碳中和“1+N”政策体系，各省、市、区政府相继制定双碳转型与产业升级发展规划。2021年12月国家发改委、工信部《关于做好“十四五”园区循环化改造工作有关事项的通知》：通过优化产业空间布局、促进产业循环链接、推动节能降碳、推进资源高效综合利用、加强污染集中治理等循环化改造，实现园区的能源、水、土地等资源利用效率大幅提升，二氧化碳、固体废物、废水、主要大气污染物排放量大幅降低。2021年11月工信部、人民银行、银保监会、证监会《关于加强产融合作推动工业绿色发展的指导意见》：鼓励运用数字技术开展碳核算，率先对绿色工业园区等进行核算；支持在绿色低碳园区推动基础设施领域不动产投资信托基金（基础设施REITs）试点；鼓励建设中外合作绿色工业园区，推动绿色技术创新成果在国内转化落地。2021 年 10 月生态环境部《关于在产业园区规划环评中开展碳排放评价试点的通知》：选取一批具备碳排放评价工作基础的国家级和省级产业园区开展试点工作，以生态环境质量改善为核心，采取定性与定量相结合的方式，探索开展不同行业、区域尺度上碳排放评价的技术方法，包括碳排放现状核算方法研究、碳排放评价指标体系构建、碳排放源识别与监控方法、低碳排放与污染物排放协同控制方法等方面。通过试点工作，重点从碳排放评价技术方法、减污降碳协同治理、考虑气候变化因素的规划优化调整方式和环境管理机制等方面总结经验，形成一批可复制、可推广的案例，为碳排放评价纳入环评体系提供工作基础。

2021 年 2 月国务院《关于加快建立健全绿色低碳循环发展经济体系的指导意见》：科学编制新建产业园区开发建设规划，依法依规开展规划环境影响评价，严格准入标准，完善循环产业链条，推动形成产业循环耦合。推进既有产业园区和产业集群循环化改造，推动公共设施共建共享、能源梯级利用、资源循环利用和污染物集中安全处置等。2022 年 1 月国务院《"十四五"节能减排综合工作方案》：引导工业企业向园区集聚，推动工业园区能源系统整体优化和污染综合整治，鼓励工业企业、园区优先利用可再生能源。以省级以上工业园区为重点，推进供热、供电、污水处理、中水回用等公共基础设施共建共享，对进水浓度异常的污水处理厂开展片区管网系统化整治，加强一般固体废物、危险废物集中贮存和处置，推动挥发性有机物、电镀废水及特征污染物集中治理等"绿岛"项目建设。到 2025 年，建成一批节能环保示范园区。2022 年 10 月召开的党的二十大会议上，习近平总书记再次强调，大力推进碳达峰行动。

围绕上述部署，结合各省市、地区、城市、园区的产业基础、碳减排潜力、经济增长指标、技术水平、财力与能力等，进行谋划与布局，积极推进适应经济发展要求的减碳降耗项目，努力打造零碳示范新样板。具体构建三大运行体系：

一是构建零碳城市建设的组织体系。推进各类制度创新、技术创新和体制机制改革，加强政策学习与各种能力建设，完善支撑零碳城市建设的政策措施，确保零碳建设可持续、可监测、可评估等。制定科技支撑碳达峰碳中和行动方案与具体计划，完善城市能源消费总量和强度双控，全方位服务零碳城市建设。

二是构建零碳示范推进的评价指标体系。按照能耗“双控”向碳排放总量和强度“双控”转变要求，将碳减排控制、能源结构优化、能源效率提升、产业结构优化、产业深度低碳化改造、低碳基础设施建设、低碳建筑与交通、减污降碳协同、深度低碳技术应用、低碳运行管理体系建设等作为重点评价内容，制定有可操作性、系统性的近零碳排放评价标准与建设指南。

三是构建零碳城市发展的财金政策体系。健全完善构建支持近零碳示范“环境经济政策工具包”，通过财政补贴、以奖代补、贷款贴息等方式对示范工程提供资金支持。将近零碳示范纳入各级政府总体规划，支持示范灵活性、产业多元化、平台共享化，对于碳排放少、减碳明显的省份、城市、产业等加强鼓励和政策支持。

1.5　零碳城市六大理论体系

分析国内外关于城市低碳化发展的学术成果、理论研究与城市实践案例及现状，提出我国零碳城市创建的理论体系，如图 1 – 2 所示。

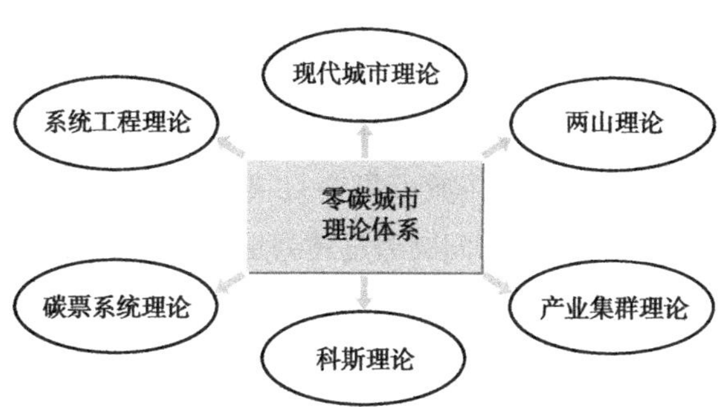

图 1 – 2　零碳城市六大理论体系

资料来源：国合华夏城市规划研究院、世界零碳标准联盟。

1.5.1　现代城市理论

城市规划指预测城市的发展并管理各类城市资源，以适应城市发展的具体方法或实现过程，用于指导特定环境与区域的设计、开发与运营。传统的城市规划多注意城市地区的实体特征。现代城市理论与管理模式影响着城市规划与零碳城市规划、建设等。

1.5.1.1 古代城市理论

中国、罗马等古代的城市，多以农业文明为特征，这类初期的城市一般规模较小，是以防御为主要功能的城镇建设规划。古希腊的希波丹姆模式（Hipodamus）以方格网道路系统为骨架，以城市广场为中心。1516 年英国托马斯·莫尔（1478—1535 年）撰写的《乌托邦（*Utopia*）》提出了理想之邦的事项，它设计了 50 个城市，距离一天为限，与乡村紧密结合；每户人口有一半在城市，一半在乡村，两年一个轮换；街道约宽 200 英尺，以废除私有财产观念；生产物资集中在公共仓库，按需领取，有公共食堂和公共医院。罗伯特·欧文（1771—1858 年）主张建立崭新的社会组织，提出未来社会按公社组成，土地国有，实行部分共产主义。

1.5.1.2 现代城市理论

现代城市规划的早期思想主要有两个理论体系：

霍华德的田园城市（城市分散）。霍华德认为，田园城市包括城市和乡村两部分，城市边缘设有工厂企业，人口上限为 3 万人以防止大城市病。霍华德主张城市应分散发展，若干个田园城市围绕中心城市布置。

柯布西埃的现代城市设想（城市集中）。柯布西埃主张城市应集中发展，提高市中心的密度，产生的城市问题通过建高层建筑和高效交通系统等技术手段解决，在高层建筑之间保持较大比例的空旷地，他强调阳光、空间和绿地。

1.5.1.3 可持续发展理论

“可持续发展”亦称“持续发展”，是 1987 年挪威首相布伦特兰夫人在联合国世界环境与发展委员会《我们共同的未来》中提出的，把可持续发展定义为“既满足当代人的需要，又不对后代人满足其需要的能力构成危害的发展”，这一定义得到广泛的接受，并在 1992 年联合国环境与发展大会上取得共识。可持续发展包含两个基本要素或两个关键组成部分：“需要”和对需要的“限制”。满足需要，首先是要满足贫困人民的基本需要。对需要的限制主要是指对未来环境需要的能力构成危害的限制，这种能力一旦被突破，必将危及支持地球生命的自然系统如大气、水体、土壤和生物。决定两个要素的关键性因素是：（1）收入再分配以保证不会为了短期存在需要而被迫耗尽自然资源；（2）降低主要是穷人对遭受自然灾害和农产品价格暴跌等损害的脆弱性；（3）普遍提供可持续生存的基本条件，如卫生、教育、水和新鲜空气，保护和满足社会最脆弱人群的基本需要，为全体人民，特别是为贫困人民提供发展的平等机会和选择自由。

1.5.1.4　高质量发展理论

高质量发展是 2017 年中国共产党第十九次全国代表大会首次提出的新表述，表明中国经济由高速增长阶段转向高质量发展阶段。党的十九大报告中提出的“建立健全绿色低碳循环发展的经济体系”为新时代下高质量发展指明了方向，同时也提出了一个极为重要的时代课题。党的二十大进一步明确了我国经济社会高质量发展的思路与推进路径。城市高质量发展应体现系统观念、循环经济、经济、生态与人的融合发展等基本思想。高质量发展是系统工程，要坚持稳中求进工作总基调。把握好“稳”和“进”的“时、度、效”。要运用系统论的方法，坚持整体协同推进。正确把握生态环境保护和经济发展的关系，生态环境保护和经济发展是辩证统一的关系。生态环境保护的成败，与经济结构和经济发展方式息息相关。绿色发展是建设现代化经济体系的必然要求，要坚持在发展中保护、在保护中发展，正确处理好绿水青山和金山银山的关系，构建绿色产业体系和空间格局，引导形成绿色生产方式和生活方式。

1.5.2　两山理论

“绿水青山就是金山银山。”“两山”论断是辩证统一论、生态系统论、顺应自然论、民生福祉论和综合治理论的有机结合，是人与自然和谐发展的马克思主义。两山理论既与生态文明建设的精髓一脉相承，又是生态文明建设创新路径的体现。“绿水青山就是金山银山。”矛盾双方在一定条件下可以相互转化。矛盾双方具有统一性，两者互相依存，一定条件下可以相互转化。

国家和各级政府在重视生态建设的同时，也高度重视共同富裕、脱贫攻坚和生态建设结合的问题。创建零碳城市就是要通过节能减碳，实现生态产业化、产业生态化，通过碳达峰碳中和与碳交易，把生态资源转化为碳汇、碳补偿等经济收入。

1.5.3 系统工程理论

系统工程是以处理（包括规划、设计、建立、管理及研究等）一个系统为对象的工程技术的总称。它是第二次世界大战期间，英国为减少德国轰炸伦敦造成的损失，协调各种防空及救护力量而产生的，逐步推广到军事决策和战争指挥。当时叫“运筹学”。系统工程已发展为把自然科学和社会科学中某些思想、理论方法、策略和手段等，根据统筹需要，有机地联系，把生产、科研或经济活动有效组织，应用数学方法及计算技术，对系统的构成要素，组织结构，信息交换和反馈控制等功能进行分析、设计、制造和服务，达到最优目标，建立良好的系统，为零碳城市建设与经济社会发展提供综合服务。

在零碳城市示范工作中，采用系统工程理论，统筹谋划零碳城市、零碳园区的创建体系、空间布局、资源分配等，加强零碳城市、园区示范的强制性与执行力，强化城市、园区的功能定位，确立不同城市、园区的目标任务，明确实施步骤，提高各类能源、土地指标、资金资源、服务平台等集约高效利用，推动各类城市、园区的顶层设计升级、绿色低碳产业、先进制造业、现代服务业聚集，提高目标城市、特色园区的单位面积经济产出。合理布局绿地空间形态，统筹零碳示范与经济增长的关系，妥善处理发展与低碳的矛盾与关系，实现可持续、高质量、低碳发展。

1.5.4 产业集群理论

产业集群理论是在20世纪90年代由美国哈佛商学院麦克尔·波特创立的，含义是：在一个特定区域的特别领域，集聚着一组相互关联的公司、供应商、关联产业和专门化的制度和协会，通过这种区域集聚形成有效的市场竞争，构建出专业化生产要素优化集聚洼地，使企业共享区域公共设施、市场环境和外部经济，降低信息交流和物流成本，形成区域集聚效应、规模效应、外部效应和区域竞争力。产业集群理论对于城市布局、产业集聚、资源能源供应、节能减碳以及产业循环化、集聚化发展等具有极强的指导价值。

1.5.5　科斯定理

从经济学的角度看，碳交易遵循了科斯定理，以二氧化碳为代表的温室气体需要治理，而治理温室气体会给企业造成成本差异；日常的商品交换可看作是一种权利（产权）交换，温室气体排放权也可进行交换；借助碳权交易便成为市场经济框架下解决污染问题最有效率的方式。碳交易本质上是一种金融活动，一方面金融资本直接或间接投资于创造碳资产的项目与企业，另一方面来自不同项目和企业产生的减排量进入碳金融市场进行交易，被开发成标准的金融工具。

1.5.6　碳票系统理论

碳票系统理论（CTST）基本原则是消费者对碳排放担主责，企业组织对产业链前端担总责。该理论基于两个假设，一是政府必须实现自定的碳中和目标，二是政府愿意建立公平有效率的政策体系。

CTST 理论有三大基本规则：

一是消费者承担碳排放成本费用，每个组织对产业链前端碳排放承担总责，承担对前端企业的碳排放管理责任。

二是任何组织碳票进项、销项要平衡，有碳排存量要负责抵消，要建立国家碳票管理系统（CTMS），对全社会每一笔交易采供两方之间产生碳排放值流转进行记录（碳足迹），每个组织的生产经营活动累积完整的碳排放量进项和销项的数据，国家通过立法明确：

组织应担责的碳排量 = 碳票进项 - 碳票销项

整个产业链的各节点组织为碳减排承担责任。产业链中的生产者努力实现碳排放强度（单位产量的碳排放量）低于社会平均水平，这时没有额外的碳费用承担。产品中总碳排量如果明显低于社会平均水平，可以卖出负碳，得到市场的双重奖励：现金奖励和增加承担社会责任品牌溢价。

三是碳交易市场确定“负碳”价格。“负碳”供方：负碳由森林经营组织、CCUS 碳汇组织生产，通过国家认定的核证组织核定产出并授权负碳数量，向碳市场供应。国家作为碳源的拥有者向碳市场输出等量的欠负碳。碳票销项大于进项的组织可在碳市场售出负碳。“负碳”需方：需抵消碳排存量的组织、愿意提前实现碳中和的组织、碳关税的出口企业、碳资产投资机构和个人，从碳市场购进不同品种的负碳，满足各自生产、出口和投资需要。供需双方在碳市场自由交易，形成公允市场价格。政府制定具体政策，保证碳市场的稳定性。

1.6 机遇还是挑战？

1.6.1 零碳城市五大实践价值

当前，应对气候变化成为各国共识，越来越多的国家和企业实施加大减碳行动力度，推动新一轮能源技术和产业转型，政策体制也在加速调整和完善。我国政府高度重视应对气候变化，习近平主席 2020 年 9 月 22 日宣布，中国将提高国家自主贡献力度，采取更加有力的政策和措施，二氧化碳排放力争 2030 年前达到峰值，努力争取 2060 年前实现碳中和。2021 年全国两会、3 月 15 日中央财经委员会第九次会议、2022 年召开的党的二十大等均对碳达峰、碳中和行动作出进一步部署。

推进零碳城市建设，具有较强的五大实践价值：

一是抢占全球竞争与道德高地，获得部委与各方资金资源。习近平总书记、中央、部委等高度重视碳中和工作，业绩得到高层与中央肯定，为国家和地方品牌塑造和经济改革、发展做贡献。

二是促进经济转型与产业集群建设。建设循环经济，打造零碳产业集群，提高区域经济发展能力。碳减排技术、低碳城市与零碳企业能获得超额利润与市场，显著提高业绩和经济回报。如贵州大数据产业、杭州互联网、福建三明市林业碳汇、浙江丽水生态试点；美国特斯拉、宁德时代等新能源低碳零碳领跑企业。

三是促进经济社会循环化高质量发展。零碳城市构建有利于经济社会健康发展。我国仍处于经济快速发展、能源消费总量上升阶段，且碳排放总量和强度“双高”，要在 10 年内实现碳达峰、再用 30 年时间实现碳中和面临巨大挑战。实现“双碳”目标首先要解决产业结构调整和能源转型问题。加紧降低高耗能产业比重，着力提升产业能效水平，发展节能环保和绿色低碳产业，稳定经济基本盘。同时，按“减煤、稳油、增气、加新”的路径持续推进能源转型，逐步降低化石能源消费总量，推进新型电力系统建设，推动我国工业制造业向绿色低碳转型升级，以更高的能源效率和更清洁的能源，支撑我国经济社会发展，保障我国能源安全供应。

四是健全完善双碳政策体系。零碳城市构建有利于健全“双碳”政策体系。推动“双碳”目标实现，需避免突击冒进和“一刀切”，应结合不同地区、不同行业、不同企业实际，合理制定减碳任务，做到产业上有保有压、地区上有先有后。在推动“双碳”背景下的能源转型、节能提效、技术创新等方面，还面临体制机制难点。应注重破除体制性障碍，打通机制性梗阻，推动政策性创新，为加快推动“双碳”进程创造良好的发展环境。

五是促进国际开放合作。零碳城市构建有利于加强“双碳”国际合作。推动碳中和是国际社会应对气候变化的主要内容。应对气候变化、推进低碳发展是当前国家间分歧较小的领域，也是我国加强国际合作的重要议题；要警惕发达国家通过碳边境调节机制（CBAM）等打压我国出口企业市场竞争力，避免在西方主导的全球气候治理体系中陷入被动局面。应根据我国实际发展阶段和条件，在《联合国气候变化框架公约》框架下，坚持共同但有区别的责任，积极参与相关国际标准和规则制定，合理争取发展中国家权益，加强核能、新能源等方面国际合作。

1.6.2　零碳城市四大发展机遇

时代的发展、科技的变革与观念的提升，助推碳达峰碳中和目标的实现，也为零碳城市建设创造了新的机遇。

制度优势。中国特色制度优势和全社会广泛共识，为实现碳达峰碳中和目标提供保障。碳达峰、碳中和是一场广泛而深刻的经济社会系统性变革，仅仅依靠市场机制的自发作用难以实现目标，必须更好发挥政府作用。党的十八大以来，我国把生态文明建设纳入“五位一体”总体布局之中，确立绿色发展的新发展理念，推进建设资源节约、环境友好的绿色发展体系，并将应对气候变化全面融入国家经济社会发展战略，制定了明确目标，采取有力度的政策举措和行动，政府较强的执行力和全社会对绿色发展的高度共识，在推动绿色低碳转型上形成强大合力。2020 年，中国在 GDP 比 2005 年（国家自主贡献目标基准年）增长超过 4 倍的同时，单位 GDP 二氧化碳排放比 2005 年下降 48.4%，超额完成了 2009 年承诺的 45% 的高线目标，相当于减少二氧化碳排放约 58 亿吨，初步实现了经济发展与碳排放脱钩，走上一条符合国情的绿色低碳转型之路。

技术革命。新科技革命和绿色低碳技术变革，为实现碳达峰碳中和目标提供技术支撑。当前以大数据、物联网、云计算、人工智能为核心的新科技革命迅猛发展，正在重塑全球产业生态。信息网络技术与能源技术融合，推动化石能源清洁化、清洁能源规模化和能源服务智能化，推动能源技术向绿色低碳和智能化方向转型。太阳能、风能、生物质能、地热能、水能、海洋能等可再生能源开发、存储和传输技术的进步，氢能、天然水合物和聚变能等新一代能源技术的发展，促进能源结构从高碳向低碳转变。有研究表明，数字技术可以将全球温室气体排放量减少 20% 以上。得益于改革开放 40 多年的快速发展，我国科技创新能力大幅提升，为我国前所未有地进入国际科技前沿地带提供了机会窗口，特别是在数字智能技术和绿色低碳技术领域走在前列。近年来，我国促进数字智能技术与能源清洁高效开发利用技术融合创新，大力发展智慧能源技术，使其成为构建清洁低碳、安全高效的现代能源体系、推动绿色低碳转型的重要力量。

后发潜力。我国具有绿色低碳转型的“后发优势”，为实现碳达峰碳中和目标提供更大空间。我国传统产业规模庞大，通过技术改造加快传统产业绿色低碳转型，淘汰高耗能高排放的落后产能，发展高技术含量的战略性新兴产业，实现产业体系的数字化智能化绿色化转型，具有巨大的减排潜力。我国能源结构中化石能源比重偏高，煤炭消费占比仍高达 56.8%，推动化石能源有序退出，加快去煤化进程，促进光伏、太阳能等新能源成为主体能源，积极开发绿色氢能产业，提高终端用能的电气化水平，将形成巨大的节能降碳空间。同时，由于我国工业化城市化起步较晚，新增的工业产能和城市基础设施需求可以通过发展绿色低碳产能和绿色基础设施来实现，避免传统工业化城市化模式带来的“锁定效应”。

规模经济。超大规模经济体优势，为实现碳达峰碳中和目标创造有利条件。我国国内生产总值连续两年超过 100 万亿元，稳居全球第二。经济体量大，可以分摊绿色低碳技术研发的初始成本，而且初创企业可以依托国内市场进行孵化，加之拥有规模庞大的产业制造体系，既有处在接近全球前沿的产业和技术，也有处在追赶阶段的产业和技术，为形成较为完整的绿色产业链、发挥不同领域的产业和技术优势创造了条件。比如，近年来，我国发挥了超大规模经济体优势，以光伏、风电的规模化开发利用促进光伏、风电制造产业发展。2005 年以来，中国风力驱动涡轮机容量每年均成倍增长，已具备最大单机容量达 10 兆瓦的全系列风电机组制造能力，同时中国还是全球最大的太阳能光伏电池板制造国，不断刷新光伏电池转换效率世界纪录，创新能力和国际竞争力不断提升，产业服务体系逐步完善。

1.6.3　零碳城市六大现实挑战

我国“十三五”规划中提出：“深化各类低碳试点，实施近零碳排放区示范工程。”“十四五”规划进一步明确了碳达峰碳中和要求。但我国零碳示范城市建设任重道远。零碳示范城市建设面临政策法规与标准不统一、各领域碳排放指标不明确、电力体制改革不完善、可再生能源接入电网技术成熟、各类能源缺少统一规划等痛点。实现零碳城市需要政府、产业、高校及企业等的协同推进，构建不同地区、不同发展阶段的零碳示范模式，需要各方持续努力，需要技术变革与推进产业融合等。总体看，我国减碳技术难以在短时间内取得重大突破，构建零碳城市、实现碳中和面临至少六个方面的严峻挑战：

一是产业结构偏重。我国经济增长以化石能源驱动的工业制造作为支撑，以资源、劳动力等传统要素驱动的经济增长模式，难以在短时间内予以改变。传统产业转型升级的压力大，产业结构偏重，工业直接排放占全国总排放量的 30%，工业使用的电、热占比约 70%，5G、大数据中心等新兴业务高能耗现象突出。

二是能源结构偏煤。我国能源消耗产生的碳排放约占全国碳排放总量的 85%，以煤为主的化石能源是我国主要的能源来源。我国“一煤独大”的能源结构导致了碳减排的压力极大。2020 年，我国化石能源燃烧的二氧化碳排放量约占全球的 32.5%，超过欧美总和。我国积极推动可再生能源投资，预计到 2060 年，我国非化石能源消费占比提升至 80% 以上，非化石能源发电量提升至 90% 左右。

三是能源效率偏低。能效是减少碳排放的主要方式。2015 年以来，世界能效增速持续放缓，我国能源强度年均降速超过2%。我国能源利用效率较低，能源强度偏高，2019年能源强度低于世界平均水平，是OECD国家的2.7倍。未来40年，我国节能提效、利用新技术新工艺降低碳排放的压力很大。

四是关键技术偏弱。我国在太阳能风能等新能源发电、特高压输电、适应新型电力系统的智能电网、大容量电化学储能、大型储能电站、源网荷侧多类型储能技术、绿色氢能与燃料电池、碳捕集利用与封存（CCUS）等应用方面，需要突破的关键技术很多。清洁能源供应、新型燃料替代深度脱碳、负碳等关键技术、关键材料设备及核心工艺等有待大力突破与产业化。

五是体制机制偏旧。我国电力市场价格机制、能源市场化改革，以及碳汇补偿等体制机制不健全，现有政策部分失灵，亟须完善并补充。同时，如何构建统一的市场出清价格，强化碳市场运行机制，推动碳汇交易市场化，是需要尽快完成的政策制度建设内容。

六是国际环境偏差。欧美国家依托碳中和目标，设置关税壁垒，提高我国出口难度与门槛，已经形成了显著的影响。欧盟宣布气候治理一揽子计划“Fit for 55”，公布碳边境关税政策（CBAM）立法提案，拟对来自碳排放限制相对宽松国家和地区的铝、钢铁、水泥、肥料等进口商品征税。美国拟对未采取积极政策应对气候变化的国家征税，对我国出口造成重大的负面的影响。我国的“一带一路”煤电项目受到欧美国家的限制与打压。全球不少国家与金融机构将化石燃料排除在投资外，世界银行、日本等OECD国家开始限制对燃煤发电项目的财政支持。我国气候治理缺少国际话语权和规则制定权，如何推动温室气体减排工作“共同但有区别的责任原则”，推动《巴黎协定》实施，完善国内气候变化立法及碳交易机制，将相关经验、标准上升为全球规则，是一个重大的挑战。

1.7 国外零碳案例点评

1.7.1 海外零碳城市如何创建?

欧美国家一些城市探索建设可再生能源城市与碳中和示范。英国的西格马积极推广零碳排放住宅、“自维持”住宅、德国巴斯夫“三升房”等各种类型的零碳建筑，推广使用新能源汽车，鼓励可再生能源，取得了示范效果。丹麦的哥本哈根市规划并实施零碳城市战略，计划在 2025 年成为世界第一个零碳排放城市目标。丹麦的森纳堡市提出 2029 年前建成零碳城市；阿拉伯联合酋长国的马斯达城规划建设“沙漠里的零碳城市”。在联合国波恩气候大会期间，全球 25 个城市市长承诺，2050 年前将使各自城市碳排放量净值降为“零”。这些城市分布在各大洲，共覆盖 1.5 亿人口。西班牙耶罗岛建设 100% 可再生能源岛屿；瑞典马尔默市、丹麦提斯特德市实现 100% 可再生能源热力及电力；瑞典耶姆特兰省的能源结构中 100% 电力、90% 热力是清洁能源；冰岛的雷克雅未克用地热取暖；美国俄亥俄州辛辛那提市是第一个向居民提供 100% 绿电的美国城市；美国密苏里州岩石港是 100% 风力发电的美国城市。

丹麦——哥本哈根。丹麦计划到 2050 年完全脱离化石燃料，丹麦首都哥本哈根制定了 2025 年碳中和计划，在风能发电走在世界前沿，其在港口入口处和附近内陆地区分别拥有大型的海上风电站和陆上风电站，境外风能园区在哥本哈根和瑞典之间的海域中建成。哥本哈根铺设了专用自行车道，推动共享汽服务。哥本哈根建成无二氧化碳排放的生态型建筑绿色灯塔、将废物能源转化站的屋顶设计成可以滑雪的斜坡，将电、热、节能建筑、电力运输集成到智能能源系统中。

澳大利亚——阿德莱德。阿德莱德是南澳大利亚州的首府，阿德莱德翠绿园林环抱，交通顺畅、环境优美。煤炭、石油等化石燃料的碳排放几乎清零。阿德莱德（Adelaide）2015 年提出打造全球首个“零碳”城市，制定了实现碳中和途径：节能的建筑形式、零排放运输、100% 的可再生能源、减少废物和水的排放、抵消碳排放。该市计划到 2025 年建成碳中和城市。阿德莱德鼓励市内建筑安装普及太阳能屋顶（包括太阳能光伏和太阳能热水器）。鼓励安装太阳能屋顶的居民建筑安装储能设备。对学校、中心市场、汽车站、会议中心、博物馆、议会、图书馆等安装太阳能屋顶给予财政支持。当地金融机构提供金融产品——建筑物升级融资（BUF），建筑所有方可以从金融机构获得贷款，扶持建筑能效提升改造工程，并通过缴纳市政费偿还。

1.7.2　国外零碳实践四大借鉴

归纳国外零碳城市创建经验，主要有四个方面：

一是开发利用可再生能源，在建筑、交通、工业等领域应用可再生能源替代化石能源，最大限度减少碳排放。

二是以多种角度开发零碳城市，通过建设可再生能源城市、碳中和城市等减少碳排放。制定国家层面的零碳示范与申报路径，出台鼓励政策及行动计划，建立零碳评价和指标体系，根据指标体系对各个子领域进行行动指导，给予财政补贴和税收减免等。鼓励政府机构、能源企业、互联网及通信企业等联合构建城市级智慧能源平台。在具备条件的地方试点，整体规划，对能源系统进行优化，通过智慧能源管理平台实现能源数据的实时管控，构建国家级零碳示范城市。

三是欧洲城市对零碳城市建设较为积极。很多国家开发利用可再生能源，德国计划到2050年能源消耗全部来自可再生能源。

四是零碳城市试点集中在小城镇，包括岛屿或偏远的小城镇。随着可再生能源成本降低和大规模利用，大中城市创建零碳城市成为趋势。推广分布式能源市场化交易，鼓励多种主体参与区域智慧能源运营管理。探索开放零碳示范城市分布式能源市场化交易、建立市场化输配电价体系，鼓励多种主体参与区域配电网投资等。

国外零碳城市试点中也出现一些失误或挫折，值得警示：

阿拉伯联合酋长国——马斯达城。2008年初兴建，总投资220亿美元，目标是建成“沙漠里的零碳城市”。第一阶段计划2015年完成，整个项目预计2025年完工，建成后的城市将完全依赖太阳能、风能等可再生能源，整座城市将实现零废物、零碳排放，预计容纳5万人居住、4万人就业。但目前马斯达仅几百人，与温室气体零排放的目标差距很大。

英国——贝丁顿社区。贝丁顿的热电联产设施投产效果不佳，生活污水处理设施失灵，可再生能源比例减少，主要依赖国家电网的供电。供水需依靠公共供水。

国外零碳城市建设中的经验教训，主要有：

一是，零碳城市是碳减排目标的极致，但并非城市发展的唯一选择。城市可持续发展需要从经济、社会、生态环境等方面着手，“零碳”不能脱离实际，盲目追求零碳目标。

二是，零碳城市建设应遵循城市发展及低碳规律。统筹考量气候变化、自然禀赋、社会经济发展水平、科技创新、可再生能源开发和利用成本等。

三是，零碳城市与低碳城市等并存。零碳城市与低碳城市、绿色城市、生态城市、适应型城市等相互借鉴、和谐并存。

总体来看，零碳城市示范具有积极的意义，是多数城市发展的终极目标，零碳城市的发展理念和实践体现了各国、城市、居民对气候变化、环境保护的担当。每个城市应根据自身条件，找到适合自己的可持续发展道路，遵循规律、循序渐进推动零碳示范。

1.8　典型案例

案例1－1：柏林欧瑞府零碳智慧园区

柏林欧瑞府零碳科技园位于柏林市区西南，该园区作为欧洲的首个零碳智慧园区，以能源转型赋能零碳智慧园区建设，实现了从百年前的煤气厂向零碳智慧园区转变，2014年提前实现德国联邦政府制定的2050年二氧化碳减排的气候保护目标。

园区内的水塔咖啡馆配备了智能化的能源管理系统，利用小型热电联供能源中心完成供暖、制冷和供电，由勃兰登堡州农业垃圾制成的沼气，通过天然气管网输送到园区能源中心，每年可燃烧发电2兆瓦时，满足当地家庭用电需求。发电余热将水加热至90℃，通过供热管线满足园区取暖需求。在电动车充电站顶棚上覆盖光伏板，产生清洁电力，再改造成集分布式供能、本地用能、能源存储于一体的智能电网系统，为园区电动车充电桩提供清洁能源。电池储能系统由奥迪公司回收的二手汽车电池组成，实现了资源可持续利用。

园区内部建筑外壁悬挂大片的藻类生物反应器，借用光合作用生产藻类，藻类可吸收二氧化碳，清除有害的二氧化氮等废气。藻类还可被提取加工成绿色粉末，作为营养添加剂用于化妆品和食品工业。

案例1－2：威海文登区推进绿色低碳发展

为贯彻落实中央碳达峰碳中和总体要求，威海市文登区以国家“十四五”规划、山东省12次党代会关于碳达峰试点、碳中和示范重要部署，以及威海市绿色发展总体规划为指引，出台清洁能源发展规划，编制光伏产业园规划，实施森林绿化、生态保护、环境治理与碳汇减碳行动计划，鼓励发展太阳能光伏等清洁能源，积极孵化落地海上光伏、屋顶光伏等清洁能源。立足山东市场与区域优势，探索规划孵化光伏产业园与相关产业，扶持用能大户与龙头企业在制造环节实施节能改造，鼓励和招引低碳零碳产业，推动建设绿色交通、绿色建筑、低碳办公等示范工程，全力打造山东省低碳发展的美丽城市。

为建设绿水青山的零碳城市，文登区以产业孵化为引领、技术应用为驱动，进行森林碳汇、园区减碳等试点工作，谋划实施《母猪河流域水环境综合治理百日攻坚行动方案》等污染治理项目，统筹抓好水域岸线、上下游、干支流综合治理，依托河流自然岸线，把治水与环境整治、生态修复有机结合起来，让水更清、岸更绿、景更美。同时，鼓励公交车电动化转型，加大政府机关、学校、社区等建筑低碳改造，加大各行业低碳宣传，鼓励绿色出行、低碳消费、低碳办公，初步形成了绿色化、循环化、链条化、集约化、低碳发展的新格局。

第2章

零碳城市政策支撑体系

■政策是行动的基本依据。本章着重解读碳达峰碳中和政策、零碳城市演变、指标体系、建设任务、保障机制等。

2.1　国家低碳零碳政策解读

2.1.1　习近平总书记“双碳”重要讲话

在第七十五届联合国大会一般性辩论上发表重要讲话：中国将提高国家自主贡献力度，采取更加有力的政策和措施，二氧化碳排放力争于2030年前达到峰值，努力争取2060年前实现碳中和。

在联合国生物多样性峰会上发表重要讲话：中国将秉持人类命运共同体理念，继续作出艰苦卓绝努力，提高国家自主贡献力度，采取更加有力的政策和措施，二氧化碳排放力争于2030年前达到峰值，努力争取2060年前实现碳中和。

在第三届巴黎和平论坛上发表致辞：中国将提高国家自主贡献力度，力争2030年前二氧化碳排放达到峰值，2060年前实现碳中和，中方将为此制定实施规划。

在二十国集团领导人利雅得峰会上发表致辞：中方宣布中国将提高国家自主贡献力度，力争二氧化碳排放2030年前达到峰值，2060年前实现碳中和。中国将坚定不移加以落实。

在气候雄心峰会上发表重要讲话：中国将提高国家自主贡献力度，采取更加有力的政策和措施；到2030年，中国单位国内生产总值二氧化碳排放将比2005年下降65%以上，非化石能源占一次能源消费比重将达到25%左右，森林蓄积量将比2005年增加60亿立方米，风电、太阳能发电总装机容量将达到12亿千瓦以上。

在主持中央经济工作会议时发表重要讲话：要抓紧制定2030年前碳排放达峰行动方案，支持有条件的地方率先达峰。要加快调整优化产业结构、能源结构，推动煤炭消费尽早达峰，大力发展新能源，加快建设全国用能权、碳排放权交易市场，完善能源消费双控制度。要继续打好污染防治攻坚战，实现减污降碳协同效应。

在世界经济论坛“达沃斯议程”对话会上强调：中国将加强生态文明建设，加快调整优化产业结构、能源结构，倡导绿色低碳的生产生活方式；中国力争于2030年前二氧化碳排放达到峰值、2060年前实现碳中和。实现这个目标，中国需要付出极其艰巨的努力；只要是对全人类有益的事情，中国就应该义不容辞地做，并且做好；中国正在制定行动方案并已开始采取具体措施，确保实现既定目标。

在深改委第十八次会议上发表重要讲话：统筹制定2030年前碳排放达峰行动方案，使发展建立在高效利用资源、严格保护生态环境、有效控制温室气体排放的基础上，推动我国绿色发展迈上新台阶。

在中央财经委员会第九次会议上强调：要把碳达峰、碳中和纳入生态文明建设整体布局，拿出抓铁有痕的劲头，如期实现2030年前碳达峰、2060年前碳中和的目标。

在参加领导人气候峰会上发表重要讲话：中国承诺实现从碳达峰到碳中和的时间，远远短于发达国家所用时间，需要中方付出艰苦努力。中国将碳达峰、碳中和纳入生态文明建设整体布局，正在制定碳达峰行动计划，广泛深入开展碳达峰行动，支持有条件的地方和重点行业、重点企业率先达峰。中国将严控煤电项目，“十四五”时期严控煤炭消费增长、“十五五”时期逐步减少。此外，中国已决定接受《〈蒙特利尔议定书〉基加利修正案》，加强非二氧化碳温室气体管控，还将启动全国碳市场上线交易。（2021年4月22日）

在中央政治局第二十九次集体学习上的讲话：实现碳达峰、碳中和是我国向世界作出的庄严承诺，也是一场广泛而深刻的经济社会变革，绝不是轻轻松松就能实现的。各级党委和政府要拿出抓铁有痕、踏石留印的劲头，明确时间表、路线图、施工图，推动经济社会发展建立在资源高效利用和绿色低碳发展的基础之上。不符合要求的高耗能、高排放项目要坚决拿下来。

在碳达峰碳中和工作领导小组第一次全体会议上的讲话：紧扣目标分解任务，加强顶层设计，指导和督促地方及重点领域、行业、企业科学设置目标、制定行动方案。

在中共中央政治局会议上发表重要讲话：要统筹有序做好碳达峰碳中和工作，尽快出台2030年前碳达峰行动方案，坚持全国一盘棋，纠正“运动式”减碳，先立后破，坚决遏制“两高”项目盲目发展。

在中央全面深化改革委员会第二十一次会议中发表重要讲话：“十四五”时期，我国生态文明建设进入以降碳为重点战略方向、推动减污降碳协同增效、促进经济社会发展全面绿色转型、实现生态环境质量改善由量变到质变的关键时期，污染防治触及的矛盾问题层次更深、领域更广，要求也更高。

在76届联合国大会上发表重要讲话：中国将力争2030年前实现碳达峰、2060年前实现碳中和，这需要付出艰苦努力，但我们会全力以赴。中国将大力支持发展中国家能源绿色低碳发展，不再新建境外煤电项目。

在《生物多样性公约》第十五次缔约方大会领导人峰会上发表重要讲话：为推动实现碳达峰、碳中和目标，中国将陆续发布重点领域和行业碳达峰实施方案和一系列支撑保障措施，构建起碳达峰、碳中和“1+N”政策体系。中国将持续推进产业结构和能源结构调整，大力发展可再生能源，在沙漠、戈壁、荒漠地区加快规划建设大型风电光伏基地项目。

在陕西视察时强调：煤炭作为我国主体能源，要按照绿色低碳的发展方向，对标实现碳达峰、碳中和目标任务，立足国情、控制总量、兜住底线，有序减量替代，推进煤炭消费转型升级。

2.1.2　国家部委政策及支持重点

近些年，我国出台了碳达峰碳中和系列政策文件。

2.1.2.1　党中央国务院政策规划

(1)《中共中央关于制定国民经济和社会发展第十四个五年规划和二〇三五年远景目标的建议》。“十四五”时期的发展目标：能源资源配置更加合理、利用效率大幅提高。加快推动绿色低碳发展，降低碳排放强度，支持有条件的地方率先达到碳排放峰值，制定二〇三〇年前碳排放达峰行动方案。全面实行排污许可制，推进排污权、用能权、用水权、碳排放权市场化交易。2035年远景目标：广泛形成绿色生产生活方式，碳排放达峰后稳中有降。

(2)《国务院关于加快建立健全绿色低碳循环发展经济体系的指导意见》。建立健全绿色低碳循环发展的经济体系，确保实现碳达峰碳中和目标，推动我国绿色发展迈上新台阶。

(3) 国家“十四五”规划。“十四五”时期的发展目标：单位国内生产总值能源消耗和二氧化碳排放分别降低13.5%、18%。落实2030年应对气候变化国家自主贡献目标，制定2030年前碳排放达峰行动方案。完善能源消费总量和强度双控制度，重点控制化石能源消费。实施以碳强度控制为主、碳排放总量控制为辅的制度，支持有条件的地方和重点行业、重点企业率先达到碳排放峰值。推动能源清洁低碳安全高效利用，深入推进工业、建筑、交通等领域低碳转型。加大甲烷、氢氟碳化物、全氟化碳等其他温室气体控制力度。提升生态系统碳汇能力。锚定努力争取2060年前实现碳中和，采取更加有力的政策和措施。

2035年远景目标：广泛形成绿色生产生活方式，碳排放达峰后稳中有降。

（4）国务院关于落实《政府工作报告》重点工作分工的意见。生态环境质量进一步改善，单位国内生产总值能耗降低3%左右，主要污染物排放量继续下降。要扎实做好碳达峰、碳中和各项工作。制定2030年前碳排放达峰行动方案。优化产业结构和能源结构。推动煤炭清洁高效利用，大力发展新能源。提升生态系统碳汇能力。以实际行动为全球应对气候变化作出应有贡献。

（5）中共中央办公厅、国务院办公厅印发《关于建立健全生态产品价值实现机制的意见》。健全碳排放权交易机制，探索碳汇权益交易试点。

（6）中共中央办公厅、国务院办公厅印发《关于深化生态保护补偿制度改革的意见》。加快建设全国用能权、碳排放权交易市场。健全以国家温室气体自愿减排交易机制为基础的碳排放权抵消机制，将具有生态、社会等多种效益的林业、可再生能源、甲烷利用等领域温室气体自愿减排项目纳入全国碳排放权交易市场。

（7）中共中央、国务院印发《国家标准化发展纲要》。建立健全碳达峰、碳中和标准。

（8）中共中央办公厅、国务院办公厅印发《关于推动城乡建设绿色发展的意见》。坚持生态优先、节约优先、保护优先，坚持系统观念，统筹发展和安全，同步推进物质文明建设与生态文明建设，落实碳达峰、碳中和目标任务，推进城市更新行动、乡村建设行动，加快转变城乡建设方式，促进经济社会发展全面绿色转型，为全面建设社会主义现代化国家奠定坚实基础。

（9）《中共中央 国务院关于完整准确全面贯彻新发展理念做好碳达峰碳中和工作的意见》。提出："坚持系统观念，处理好发展和减排、整体和局部、短期和中长期的关系，把碳达峰、碳中和纳入经济社会发展全局，以经济社会发展全面绿色转型为引领，以能源绿色低碳发展为关键，加快形成节约资源和保护环境的产业结构、生产方式、生活方式、空间格局，坚定不移走生态优先、绿色低碳的高质量发展道路，确保如期实现碳达峰、碳中和。”

主要目标：到2025年，绿色低碳循环发展的经济体系初步形成，重点行业能源利用效率大幅提升。单位国内生产总值能耗比2020年下降13.5%；单位国内生产总值二氧化碳排放比2020年下降18%；非化石能源消费比重达到20%左右；森林覆盖率达到24.1%，森林蓄积量达到180亿立方米，为实现碳达峰、碳中和奠定坚实基础。到2030年，经济社会发展全面绿色转型取得显著成效，重点耗能行业能源利用效率达到国际先进水平。单位国内生产总值能耗大幅下降；单位国内生产总值二氧化碳排放比2005年下降65%以上；非化石能源消费比重达到25%左右，风电、太阳能发电总装机容量达到12亿千瓦以上；森林覆盖率达到25%左右，森林蓄积量达到190亿立方米，二氧化碳排放量达到峰值并实现稳中有降。

到2060年，绿色低碳循环发展的经济体系和清洁低碳安全高效的能源体系全面建立，能源利用效率达到国际先进水平，非化石能源消费比重达到80%以上，碳中和目标顺利实现，生态文明建设取得丰硕成果，开创人与自然和谐共生新境界。

重点任务：坚持系统观念，提出10方面31项重点任务，明确了碳达峰碳中和工作的路线图、施工图。

（10）《国务院关于印发2030年前碳达峰行动方案的通知》。主要目标：“十四五”期间，产业结构和能源结构调整优化取得明显进展，重点行业能源利用效率大幅提升，煤炭消费增长得到严格控制，新型电力系统加快构建，绿色低碳技术研发和推广应用取得新进展，绿色生产生活方式得到普遍推行，有利于绿色低碳循环发展的政策体系进一步完善。到2025年，非化石能源消费比重达到20%左右，单位国内生产总值能源消耗比2020年下降13.5%，单位国内生产总值二氧化碳排放比2020年下降18%，为实现碳达峰奠定坚实基础。“十五五”期间，产业结构调整取得重大进展，清洁低碳安全高效的能源体系初步建立，重点领域低碳发展模式基本形成，重点耗能行业能源利用效率达到国际先进水平，非化石能源消费比重进一步提高，煤炭消费逐步减少，绿色低碳技术取得关键突破，绿色生活方式成为公众自觉选择，绿色低碳循环发展政策体系基本健全。到2030年，非化石能源消费比重达到25%左右，单位国内生产总值二氧化碳排放比2005年下降65%以上，顺利实现2030年前碳达峰目标。

重点任务：将碳达峰贯穿于经济社会发展全过程和各方面，重点实施能源绿色低碳转型行动、节能降碳增效行动、工业领域碳达峰行动、城乡建设碳达峰行动、交通运输绿色低碳行动、循环经济助力降碳行动、绿色低碳科技创新行动、碳汇能力巩固提升行动、绿色低碳全民行动、各地区梯次有序碳达峰行动等“碳达峰十大行动”。

2.1.2.2 国家部委政策文件

（1）生态环境部《碳排放权交易管理办法（试行）》：建设全国碳排放权交易市场是利用市场机制控制和减少温室气体排放、推动绿色低碳发展的重大制度创新，也是落实我国二氧化碳排放达峰目标与碳中和愿景的重要抓手。

（2）生态环境部《关于统筹和加强应对气候变化与生态环境保护相关工作的指导意见》：积极应对气候变化国家战略，更好履行应对气候变化牵头部门职责，统筹和加强应对气候变化与生态环境保护相关工作。

（3）《国家发展改革委 国家能源局关于加快推动新型储能发展的指导意见》：以实现碳达峰碳中和为目标，推动新型储能快速发展。

（4）《国家发展改革委等部门关于严格能效约束推动重点领域节能降碳的若干意见》：出台冶金建材石化化工等重点行业严格能效约束推动节能降碳行动方案。

（5）财政部关于《财政支持做好碳达峰碳中和工作的意见》。主要目标：到2025年，财政政策工具不断丰富，有利于绿色低碳发展的财税政策框架初步建立，有力支持各地区各行业加快绿色低碳转型。2030年前，有利于绿色低碳发展的财税政策体系基本形成，促进绿色低碳发展的长效机制逐步建立，推动碳达峰目标顺利实现。2060年前，财政支持绿色低碳发展政策体系成熟健全，推动碳中和目标顺利实现。重点投资领域包括：支持城乡交通运输一体化示范县创建，鼓励因地制宜采用清洁能源供暖供热；支持北方采暖地区开展既有城镇居住建筑节能改造和农房节能改造等。具体如表2-1所示。

表 2－1　　国家财政部投资碳达峰碳中和的重点领域

支持领域	重点投资领域
清洁低碳安全高效的能源体系	有序减量替代，推进煤炭消费转型升级。优化清洁能源支持政策，大力支持可再生能源高比例应用，推动构建新能源占比逐渐提高的新型电力系统。支持光伏、风电、生物质能等可再生能源，以及出力平稳的新能源替代化石能源。完善支持政策，激励非常规天然气开采增产上量。鼓励有条件的地区先行先试，因地制宜发展新型储能、抽水蓄能等，加快形成以储能和调峰能力为基础支撑的电力发展机制。加强对重点行业、重点设备的节能监察，组织开展能源计量审查。
重点行业领域绿色低碳转型	支持工业部门向高端化智能化绿色化先进制造发展。深化城乡交通运输一体化示范县创建，提升城乡交通运输服务均等化水平。支持优化调整运输结构。大力支持发展新能源汽车，完善充换电基础设施支持政策，稳妥推动燃料电池汽车示范应用工作。推动减污降碳协同增效，持续开展燃煤锅炉、工业炉窑综合治理，扩大北方地区冬季清洁取暖支持范围，鼓励因地制宜采用清洁能源供暖供热。支持北方采暖地区开展既有城镇居住建筑节能改造和农房节能改造，促进城乡建设领域实现碳达峰碳中和。持续推进工业、交通、建筑、农业农村等领域电能替代，实施“以电代煤”“以电代油”。
绿色低碳科技创新和基础能力建设	加强对低碳零碳负碳、节能环保等绿色技术研发和推广应用的支持。鼓励有条件的单位、企业和地区开展低碳零碳负碳和储能新材料、新技术、新装备攻关，以及产业化、规模化应用，建立完善绿色低碳技术评估、交易体系和科技创新服务平台。强化碳达峰碳中和基础理论、基础方法、技术标准、实现路径研究。加强生态系统碳汇基础支撑。支持适应气候变化能力建设，提高防灾减灾抗灾救灾能力。
绿色低碳生活和资源节约利用	发展循环经济，推动资源综合利用，加强城乡垃圾和农村废弃物资源利用。完善废旧物资循环利用体系，促进再生资源回收利用提质增效。建立健全汽车、电器电子产品的生产者责任延伸制度，促进再生资源回收行业健康发展。推动农作物秸秆和畜禽粪污资源化利用，推广地膜回收利用。支持“无废城市”建设，形成一批可复制可推广的经验模式。
碳汇能力巩固提升	支持提升森林、草原、湿地、海洋等生态碳汇能力。开展山水林田湖草沙一体化保护和修复。实施重要生态系统保护和修复重大工程。深入推进大规模国土绿化行动，全面保护天然林，巩固退耕还林还草成果，支持森林资源管护和森林草原火灾防控，加强草原生态修复治理，强化湿地保护修复。支持牧区半牧区省份落实好草原补奖政策，加快推进草牧业发展方式转变，促进草原生态环境稳步恢复。整体推进海洋生态系统保护修复，提升红树林、海草床、盐沼等固碳能力。支持开展水土流失综合治理。

续表

支持领域	重点投资领域
绿色低碳市场体系	充分发挥碳排放权、用能权、排污权等交易市场作用，引导产业布局优化。健全碳排放统计核算和监管体系，完善相关标准体系，加强碳排放监测和计量体系建设。支持全国碳排放权交易的统一监督管理，完善全国碳排放权交易市场配额分配管理，逐步扩大交易行业范围，丰富交易品种和交易方式，适时引入有偿分配。全面实施排污许可制度，完善排污权有偿使用和交易制度，积极培育交易市场。健全企业、金融机构等碳排放报告和信息披露制度。

资料来源：国合华夏城市规划研究院。

（6）国家发展改革委、国家统计局、生态环境部《关于加快建立统一规范的碳排放统计核算体系实施方案》：到 2023 年，职责清晰、分工明确、衔接顺畅的部门协作机制基本建立，相关统计基础进一步加强，各行业碳排放统计核算工作稳步开展，碳排放数据对碳达峰碳中和各项工作支撑能力显著增强，统一规范的碳排放统计核算体系初步建成。到 2025 年，统一规范的碳排放统计核算体系进一步完善，碳排放统计基础更加扎实，核算方法更加科学，技术手段更加先进，数据质量全面提高，为碳达峰碳中和工作提供全面、科学、可靠的数据支持。

（7）科技部等九部门关于印发《科技支撑碳达峰碳中和实施方案（2022—2030 年）》的通知：统筹提出支撑 2030 年前实现碳达峰目标的科技创新行动和保障举措，并为 2060 年前实现碳中和目标做好技术研发储备。

其他部委相关政策，包括但不限于：生态环境部制定的《企业温室气体排放报告核查指南（试行）》、国家发改委《绿色产业指导目录》、国家能源局《关于加强储能标准化工作的实施方案》、国家工信部《钢铁行业产能置换 实施办法》等。

2.2 国外低碳零碳政策演变

受到科技革命、产业转移、全球温室效应以及世界政治、经济格局聚变等因素影响，西方发达国家近 20 年来积极推动低碳零碳实践，20 世纪 80 年代，英国提出“低碳经济”发展目标，美国、欧盟各国、日本等发达国家纷纷响应，积极制定本国、本地区“低碳化”发展目标。进入 21 世纪以来，世界各国进一步培育并支持低碳经济发展，各国颁布实施了一系列相关政策，包括节能减排、循环发展、低碳技术研发等领域，并完善法律、法规、法令、规章制度、规范性文件等，初步构成了完善并有严格约束的制度体系。同时，积极干预与倒逼包括中国在内的亚洲、非洲国家开展碳减排等重大行动。

2.2.1　发达国家政策环境解读

总体来看，发达国家在 2000 年后，工业制造逐步高端化，高能耗的产品制造环节大部分转移到中国等亚洲、非洲国家，欧盟各国与美国、日本等生产领域的能耗总量逐步下降，各国对于推动碳达峰碳中和较为热衷，他们希望从全球碳减排过程中获得更多的碳汇收益与碳关税，同时，这里也有对全球气候升温的担忧等其他因素。

英国。2003 年英国发布政府白皮书《我们能源的未来：创建低碳经济》，将实现低碳经济作为英国能源战略的首要目标。2009 年英国《英国低碳转换计划》提出大力发展低碳经济，到 2020 年和 2050 年英国将碳排放量在 1990 年基础上分别减少 34% 和 80%，提高能源效率和发展可再生能源、核能、碳捕捉和储存等清洁能源技术；削减一半天然气进口量；小轿车平均碳排放量比现在降低 40%。英国政府把低碳经济及能源的发展纳入国家宏观发展战略中统筹考虑，并提升到国家战略高度，运用多种政策手段进行扶持，使用生物能源、清洁能源或可再生能源则可获得税收减免，以鼓励新能源产业的快速发展。

美国。美国前总统奥巴马呼吁加强对清洁能源的投资，表示将在 3 年内使美国的新能源产量翻一番，在未来 10 年投入 1500 亿美元资助替代能源的研究，以减少 50 亿吨二氧化碳的排放。2009 年 2 月 17 日，美国签署“美国复兴和再投资计划（ARRA)”，发布总值 7870 亿美元的经济刺激计划，大力发展以绿色能源和创新为核心的新技术。美国在《清洁空气法》《能源政策法》的基础上，提出了清洁煤计划，目标是充分利用技术进步，提高效率，降低成本，减少排放。“清洁煤发电计划”主要支持企业与政府建立伙伴计划，共同建设示范型清洁煤发电厂，对具有市场化前景的先进技术进行示范验证；通过税收优惠等政策措施，对经过示范验证可行的先进技术进行大规模商业化推广，通过税收补贴使新技术的生产成本具有市场竞争力。

日本。日本是石油、煤炭和天然气等主要能源资源匮乏的国家，能源自给率仅4%左右，日本所需石油的99.7%、煤炭的97.7%、天然气的96.6%依赖进口。日本从20世纪70年代中期开始推动新能源的开发和推广利用。1980年《石油替代能源开发及引进促进法》制定了替代能源的发展目标、制定优惠政策鼓励和促进新能源技术开发及推广普及的具体措施。1997年《新能源利用促进特别措施法》规定对使用新能源的单位予以金融支援。2006年5月，日本经济产业省编制《新国家能源战略》，内容包括：到2030年，将石油依赖率从目前的50%减少到40%或者更低；推广核能；通过扶持实力较为雄厚的能源公司来确保海外的能源供应。日本把新能源及其开发置于国家安全的高度，立法先行，政府主导进行新能源技术开发研究，凡属于国家推动的新技术研发和提倡推广的项目，相关企业和研究机构以及使用单位都能得到国家的财政补助，并通过国家的金融支持，以推动新能源技术开发和推广普及，这些做法都值得所有国家学习和借鉴。

德国。德国政府提出实施气候保护高技术战略，出台能源研究计划，以能源效率和可再生能源为重点，为“高技术战略”提供资金支持。2007年，德国联邦教育与研究部制定了气候保护技术战略，确定了未来研究的4个重点领域，即气候预测和气候保护的基础研究、气候变化后果、适应气候变化的方法和与气候保护的政策措施研究，同时，通过立法和约束性较强的执行机制制定气候保护与节能减排的具体目标和时间表。

澳大利亚。澳大利亚2008年发布《减少碳排放计划》政策绿皮书，提出了减碳计划的三大目标：减少温室气体排放，立即采取措施适应不可避免的气候变化，推动全球实施减排措施。澳大利亚政府长期减排目标是2050年达到2000年气体排放的40%。

发达国家把重点放在改造传统高碳产业、加强低碳技术创新上，但又各有侧重。欧盟追求国际领先地位，开发廉价、清洁、高效和低排放的世界级能源技术。英、德两国将发展低碳发电站技术作为减少二氧化碳排放的关键。日本政府采取了综合性的措施与长远计划，改革工业结构，资助基础设施，鼓励节能技术与低碳能源技术创新的私人投资。

2.2.2　全球低碳实践的四大重点战略

2020 年初以来，新冠肺炎疫情席卷全球，重创全球经济，世界各国在恢复经济过程中相继公布的能源领域相关发展战略和政策措施，主要体现在：聚焦碳中和，定调绿色发展战略。多国设立碳中和目标，并不断完善促进碳减排的相关市场化机制。推出疫情后的绿色复苏计划，将清洁能源作为恢复经济的引擎。多国推动风电、光伏等可再生能源高速发展，部分国家还将核电作为能源结构转型的重要力量。扶持新兴产业发展。多国发布氢能、储能、地热等新兴产业配套政策。四是推进脱碳进程，加速化石燃料退出。多国积极推动弃煤，削减化石燃料补贴及政策，积极推进交通等行业减排。

欧美国家推动低碳发展与经济复苏的四大重点战略：

一是，大力推动“碳中和”战略。

气候变化是对人类社会可持续发展的主要威胁之一，减少碳排放已经成为国际社会普遍关心的重大问题。全球多个国家和地区确立在本世纪中叶前后达成碳中和的目标。作为有效的市场经济手段，包括碳排放权交易和碳税在内的碳定价机制，在推进气候行动以及向低碳经济过渡中得到广泛应用。

（1）确立碳减排与碳中和目标。为应对气候变化、减少温室气体排放，多国确立碳中和目标。2020 年 3 月，欧盟委员会公布《欧洲气候法》草案，以立法的形式明确到 2050 年实现碳中和目标，到 2030 年，欧盟温室气体排放比 1990 年降低至少 55%。智利、巴西、新西兰、日本、韩国、瑞典等承诺未来几十年内净零排放。苏里南共和国、不丹已经实现碳中和，乌拉圭计划 2030 年实现碳中和，芬兰计划 2035 年实现碳中和，冰岛和奥地利计划 2040 年实现碳中和，瑞典、苏格兰计划 2045 年实现碳中和。欧盟、美国、法国、英国、葡萄牙、瑞士、智利、日本、韩国、南非等近 30 个国家和地区计划在 2050 年实现碳中和。

（2）完善碳中和的市场化机制。①积极推进碳排放权交易，截至 2021 年 1 月，全球已经实施或计划实施的碳定价机制共有 61 项，包括 31 个碳排放交易体系、30 项碳税政策。欧盟碳排放交易体系（EU - ETS）作为目前全球最具影响力的碳市场，已成为该区域推动企业减排的重要市场手段。在北美地区，加拿大 2020 年宣布将对现行碳交易体系进行改革。②逐步推广碳税制度。碳税是以减少二氧化碳排放为目的，对化石燃料按其碳含量或碳排放量征收的一种税。2020 年，加拿大的西北地区、爱德华王子岛和新不伦瑞克省，新加坡、南非等实行碳税，截至 2020 年 5 月，实行碳税（费）的国家有 24 个。欧洲是全球碳税征收最为成熟的地区。碳税对欧洲国家，尤其对北欧国家减少碳排放、降低能耗、改变能源消费结构产生了积极的促进作用。欧盟多年来主要依靠碳市场减排，2019 年提出 2050 年碳中和目标及发展碳市场、碳税等一揽子计划，并计划征收碳关税。为激励欧盟和非欧盟贸易行业按照《巴黎协定》的目标实现脱碳，2021 年 3 月，欧盟议会通过设立碳边境调节机制（Carbon Border Adjustment Mechanism，CBAM）的议案，决定自 2023 年起，与欧盟有贸易往来的国家若不遵守碳排放相关规定，其出口至欧盟的商品将面临碳关税。

二是，积极推进清洁能源为主的经济复苏计划。

不少国家和区域组织提出后疫情时代的经济刺激计划，将促进能源转型作为重点，大力发展清洁能源。多国将核电作为能源结构转型的重要力量。

（1）可再生能源成为绿色复苏重要抓手。欧盟及其多数成员国将应对全球变暖、实现绿色转型视为拉动经济持续复苏的新增长点。日韩推行绿色新政，探索疫后经济复苏的新方式。法国、德国等出台可再生能源发展计划。2020 年 4 月，法国政府发布多年期能源计划（PPE），到 2023 年实现 20.1 吉瓦可再生能源发电装机，到 2028 年实现 44 吉瓦可再生能源发电装机。2020 年 12 月，德国通过《可再生能源法》（EEG）修订草案，将德国海上风电的目标设定为：到 2030 年运行 20 吉瓦，到 2040 年运行 40 吉瓦。到 2050 年，日本可再生能源供应量将占到全国电力的 50%—60%。英国计划到 2030 年将 20 太瓦时的能源从化石燃料转向低碳能源。2021 年，拜登政府推行“绿色能源革命”，推动太阳能、陆上和海上风力发电，部署核能和水力发电。随着电力需求的迅速增长，以风光为代表的可再生能源成为各国政府解决电力缺口的重要方式。

（2）将核电作为能源转型的重要力量。核电是一种低碳排放的电力，多国将核电作为能源结构转型的重要力量。经合组织 2020 年发布关于疫情过后的恢复计划，包括提升核电业的成本效益、通过核电项目创造更多高价值就业机会、在新的经济复苏计划中为核电业争取更多资金支持，以及利用核电建设带动电力基础设施低碳化等。日本 2020 年提出，将最大限度地利用核能。南非将以“负担得起的规模和速度”发展核电，初步计划新增 250 万千瓦装机。2020年9月，中国开启常规核电新项目审批。一些国家和核能公司正在努力开发小型核反应堆。与传统核能相比，小型模块化反应堆具有更安全、更便宜、与可再生能源兼容性更高的特性，前景被业界普遍看好。

三是，鼓励发展新兴产业。

新兴产业成为世界各国在能源领域抢占新一轮经济和科技发展制高点的重大战略，主要包括氢能、储能、地热能、生物质能等。

（1）加快氢能产业发展。2020年，多个国家和地区加快布局氢能，出台氢能战略和氢能发展路线图。欧盟发布《欧盟氢能源战略》，计划到2030年拥有40吉瓦生产能力，到2050年将氢能在能源结构中的占比提高到12%—14%。德国和法国分别启动《国家氢能战略》，确定绿氢的优先投资地位。德国提出至少投入90亿欧元发展氢能。荷兰政府表示将在2025年前完成500兆瓦可再生能源制氢项目。俄罗斯《2035年能源战略草案》（ES－2035）提出，2024年氢能出口量达到20万吨，2035年达到200万吨。葡萄牙、西班牙等发布国家级氢能路线图。西班牙宣布将在2030年建成4吉瓦可再生能源制氢产能，正式加入欧洲发展氢能产业的联盟。欧洲将氢能作为能源转型和低碳发展的重要保障，美国重视氢能产业技术优势的建立和前瞻技术的研发，日韩构建氢能社会和氢能经济。

（2）配套储能发展政策。澳大利亚北领地的家庭或企业用户若安装太阳能发电或储能系统，政府将给予每户6000美元的奖励。美国能源部发布《储能大挑战路线图（*Energy Storage Grand Challenge Roadmap*）》提出，到2030年，美国国内储能技术及设备的开发制造能力将满足美国市场所有需求，无须依靠国外来源。各国政府逐步消除监管壁垒，加大储能政策扶持。如意大利规定，储能运营商可在拍卖中竞标合同，为储能运营商提供了可预测的收入。

（3）鼓励地热能发展。全球能源企业加快布局地热能开发，多国通过地热能勘探开发、提升地热能装机目标等方式鼓励地热能发展。在欧盟供热体系中，欧盟地热能源委员会呼吁将供热行业纳入欧盟碳价体系中。印度尼西亚计划2021—2024年，对国内20个有地热资源的地区进行勘探，估计开发潜力约683兆瓦。到2030年，可再生能源在希腊最终能源消费中的占比将达到35%。

（4）关注燃料乙醇产业发展。乙醇有燃烧效率高和无污染的特点，不少国家采用强制性法规推动乙醇市场发展。目前，全球有超过65个国家和地区制定了支持乙醇汽油发展的政策。

四是，主动退出化石燃料。

气候变化加速了全球能源供需结构的多元化调整。各国加速脱碳，减少化石燃料使用，制定了煤电限制措施、减少化石燃料补贴，推进交通领域碳减排，推进深度脱碳。

（1）明确煤电退出时间表。2020年全球煤炭产量约为74.38亿吨，同比缩减6.5%。除中国外，俄罗斯、印度尼西亚、澳大利亚、蒙古国、印度、美国等国煤炭产量都出现下滑。德国2020年通过《逐步淘汰煤电法案》和《矿区结构调整法案》，规定最迟在2038年前逐步淘汰煤电；瑞典和奥地利于2020年3月分别关闭了各自最后一家燃煤电厂；英国承诺到2024年全面停止使用煤电。澳大利亚计划2030年前关闭燃煤发电站。

（2）削减化石燃料补贴及资金支持。尼日利亚、塞内加尔、苏丹、尼日尔、贝宁等非洲国家加快结束或减少燃油补贴；欧盟设立“公平过渡基金”，作为“可持续欧洲投资计划”的一部分，用于支持高度依赖化石燃料行业的地区转型发展低碳产业；英国计划将原定的燃油车“禁售令”提前10年至2030年开始实施。

（3）推进交通领域碳减排。2020年，欧盟推出首个甲烷减排战略。2020年12月9日，欧盟委员会发布《可持续与智能交通战略》到2050年力争交通领域碳排放在2020年基础上减少90%。欧盟及各成员国加大零碳排放公交车的支持。2020年，德国对80%的电动公交车提供了财政补贴；波兰宣布提供2.9亿欧元补贴，要求人口超过10万人的城市在2030年实现全部公交车零碳排放；欧洲投资银行与法国领土银行投资建立清洁公交共享投资平台，资助公交能源转型；德国政府计划在2026年前保证交通领域中使用的燃料有14%来自于可再生能源，在2030年前航空领域所用燃料中混合2%的零碳排可再生燃料。

2020年以来，世界主要国家加速能源结构清洁化转变，多国加快发布能源结构绿色低碳转型政策，推动可再生能源投资，加大新兴能源产业扶持力度。预计2050年前，全球能源需求增长持续，但能源需求结构将发生根本变化，化石燃料总体占比持续降低，可再生能源总体占比持续增长，电气化将在能源需求结构中扮演更为重要的角色。

2.2.3　对我国低碳发展的七点启示

一是节能优先。提高能源利用效率。我国的能源系统效率为33.4%，比国际先进水平低10个百分点，电力、钢铁、有色、石化、建材、化工、轻工、纺织8种行业主要产品单位能耗平均比国际先进水平高40%，机动车油耗水平比欧洲高25%，比日本高20%，单位建筑面积采暖能耗相当于气候条件相近发达国家的2—3倍。说明我国能源利用比较浪费，提高能源利用效率的潜力大。

二是化石能源低碳化。鼓励使用可再生能源。煤炭在我国能源消费总量中的比重接近70%，比国际平均水平高41个百分点。石油只能以满足国内基本需求为目标，不可能替代煤炭。以煤炭为主的能源消费结构难以短期内根本改变。需要在消费前对煤炭进行低碳化和无碳化处理，减少燃烧过程中碳的排放。

三是设立碳基金。为促进低碳技术开发，我国已设立清洁发展机制基金（政府基金）和中国绿色碳基金（民间基金）。鼓励设立区域性、行业性碳基金，鼓励增加碳汇投资，帮助商业和公共部门减少二氧化碳的排放。

四是完善国家碳交易机制。依照国际通用的"碳源—碳汇"平衡规则，生态受益区在享受生态效益的同时，按照一定的价格（双方协商或国家定价）向碳源小于碳汇的省份、地区购买碳排放额，保证各省、地区经济利益和生态利益总和的相对平衡。

五是完善政策激励。完善财政、税收、产业政策体系，择机推出气候变化税、气候变化协议、排放贸易机制、碳信托基金等政策，引导重工业降碳，建立"碳金融市场"、碳交易市场，推行清洁生产机制，加强财政和金融的政策支持，建立低碳经济技术体系。

六是鼓励企业低碳运营。鼓励企业的低碳技术投资，推动技术升级；制定低碳产业与产品的技术标准，推行低碳标识，规模化应用低碳技术。引导企业发展低碳产业、低碳产品。

七是加强顶层设计。构建行业标准、监管和政策支持体系，构建清洁低碳安全高效的能源体系，出台配套政策。

2.3　零碳城市指标体系

2.3.1　城市助推零碳中国之梦

力争2060年实现碳中和是全体中国人的奋斗目标。城市是碳排放的主要区域，也是碳减排的主体主体。如果全国城市都实现碳中和或者零碳化了，国家层面自然就实现了碳中和的总体目标。因此，推动零碳城市建设，对于碳汇减碳固碳等技术研发与承接、对于低碳零碳发展具有重要的示范作用。政府间气候变化专门委员会（IPCC）2021年评估报告指出，要避免全球进一步变暖，各国必须推行“净零计划”。“净零”不是完全零排放，但要减少到“接近零”，同时，通过清除、吸收等方式从大气层去除温室气体，平衡和抵消人为造成的温室气体排放，以达到净值为零的排放量。

低碳城市是可持续发展的内生动力和低碳转型的引擎，城市是气候行动和绿色增长的前沿阵地。城市是造成气候变化的主要因素，人类的能源消费和造成的二氧化碳排放主要集中在城市区域。以城市为主体探索减碳路径，是一种自下而上的方式，这与自上而下的行政任务分解形成了互补。我国城市管辖包括城市建成区、农村、原野以及空地等，城市可以设置碳汇、可再生能源生产基地等，以园区、基地、项目推动城市低碳化，实现碳中和目标。目前，中国处于工业化和城镇化的推进过程中，2020年，全国常住人口城镇化率达63.89%，城市数量达687个，城市建成区面积达6.1万平方千米。尽管城市拥有共性，但中国地域辽阔，各地产业结构、资源禀赋、发展阶段不同，区域差异明显，这些差异导致了不同城市低碳发展的路径及方向差别很大。

自2010年以来，中国启动3批共87个低碳省区和低碳城市试点，在中国碳达峰碳中和进程中扮演了重要的角色。经济发展好的城市2020年以来明确提出碳达峰碳中和的时间表、路线图，部分城市积极探索碳中和步骤与技术方向，为“零碳城市”目标实现绘制路线图、施工图。在城市承载方面，全国各地积极探索新路径，如湖州市2022年3月印发《绿色低碳共富综合改革实施方案》，强调了GEP（生态系统生产总值）考核，计划到2024年形成全市生态产品“一张图”，完成GEP核算结果进规划、进考核、进决策、进项目的制度体系全面构建。

2.3.2 零碳城市评价指标体系

目前，国家部委还没有颁布完整的零碳城市评价指标。部分城市、商社团、智库（包括国合华夏城市规划研究院）与企业等开始推动社团标准、区域标准与企业标准等建设。

从国内外低碳零碳标准经验看，部分行业、智库等借鉴低碳城市和高质量发展要求，进行零碳城市指数设计，一般设立城市发展质量、能源与碳排放、绿色交通、政策目标等一级指标，下设二级指标，三级指标。增设信息披露指标，考核各城市的排放与能耗信息披露状况等下级指标。零碳城市指标设计，要充分考虑反映碳排放减量与经济发展之间关系的指标，这类指标涉及城市总体人均碳排放量、碳生产率和含碳能源消费系数等重点领域。

在碳达峰、碳中和的目标下，城市如何处理好减碳和经济发展的关系，是较敏感的话题。我们认为，城市碳中和路线图必须具备“安全韧性”，兼顾能源转型与供应稳定性，统筹考虑传统产业转型和新产业衔接，兼顾新技术可靠性和成本的合理性等。

从2010年以来国家发改委审定的3批国家级低碳城市创建效果看，深圳市作为全国首批低碳试点城市，采取了一系列降碳措施，从源头到末端展开行动，包括交通、建筑、产业、能源结构、碳市场等各方面。成都2019年万元GDP消耗0.109吨标准煤，人均能耗1.19吨标准煤，两项指标均处于全国领先水平（2019年沈阳0.164吨标准煤/万元、深圳约0.17吨标准煤/万元）。成都市推动能耗“双控”政策，编制市区两级温室气体清单和应对气候变化专项规划，加快构建以绿色空间、绿色建筑、绿色交通为支撑的低碳城市体系，将产业向电子信息产业、生态环境产业和新技术产业等转型。在废物处置方面，示范城市垃圾无害化处理率基本达到100%。全年空气质量优良率多数在90%以上。单位GDP电耗是衡量一定时期内电力能源利用效率的重要指标，2020年，北京万元GDP用电量仅为315.77千瓦时，长沙326.07千瓦时/万元，深圳355.38千瓦时/万元。交通碳排放、新建民用建筑中绿色建筑的比例方面，各城市发展不均衡，其中：苏州和济南“十四五”时期目标均是100%。“十四五”期间单位GDP二氧化碳排放降低、非化石能源占一次能源消费比重、信息披露等方面，各城市工作差距很大，有些城市没有确定具体的减碳指标。

2.3.3 低碳城市评价指标体系

低碳城市指以低碳经济为发展模式及方向、市民以低碳生活为理念和行为特征、政府人员以低碳社会为建设标本和蓝图的城市。碳达峰碳中和与中国应对气候变化的总体目标、国家、地方经济发展目标相适应，是实现碳达峰碳中和目标的重要命题。

零碳城市是实现碳中和目标的重要载体。低碳城市是零碳城市创建的重要阶段。

确定低碳城市评价指标体系的目的是指导和评价低碳城市创建及开发进度。基于多指标的综合评价方法，包括层次分析法、模糊综合评价法、主成分分析法、优劣解举例法等。这里介绍实用、简洁、操作性强的层次分析法。

在开展低碳城市评价时，需根据每项指标对不同城市打分，设置详细的打分规则。在定量评价指标中，各指标的评价基准值是衡量该项指标是否符合某个领域评价基准，代表低碳城市的平均先进水平。

一般来说，低碳城市评价体系由城市低碳发展规划指标、媒体传播指标、新能源与可再生能源及低碳产品应用率、城市绿地覆盖率指标、低碳出行指标、城市低碳建筑指标、城市空气质量指标、城市直接减碳指标、公众满意度和支持率指标、一票否决指标等构成。评价体系资料来源于建筑节能、城市绿色照明、节水型城市、绿色建筑、产业发展减碳指数、森林碳汇建设指数、城市制定颁布低碳政策及实施指标等国家和行业的评价标准。

我国已经制定了国家级低碳城市评价标准体系，初步构建了“四个层面、十二个指标”的一套标准体系。其中，“四个层面”分别指“低碳产出”“低碳消费”“低碳资源”“低碳政策”。全国各省市、城市可根据各自能源消费结构与碳排放特点，综合考虑资源禀赋、经济发展水平、产业与工业结构，根据本地试点项目所选技术及指标实际完成情况，制定近零碳排放示范区评价标准与建设指南。

2.3.4 我国零碳城市评价指标

有学者认为，零碳城市评价指标分为“零碳产出”“零碳消费”“零碳能源”“零碳政策”等。目前，国家层面还没有统一的标准政策。零碳城市指标体系在不断优化与完善中。

按照标准层级、标准类型、管理领域三个维度，设计碳排放管理标准体系。

按照标准层级分类，将碳排放管理标准体系分为国家标准、行业标准、地方标准、团体标准、企业标准五个层级。

按照标准类型分类，将碳中和标准体系分为基础标准、监测标准、风险管控标准、排放标准、管理规范标准五种类别。

按照管理领域分类，将重点工作领域分为能源、工业、农业、林草、建筑、交通、金融、公共机构、居民生活等各个方面。

为保证碳排放管理工作在国家层面的统一性与可比性，基础标准、监测方法标准、风险管控标准应由国家统筹规划，地方及标准化研究机构可补充完善，具体包括：①碳排放术语、符号、指标等基础性标准；②碳排放监测标准；③气候变化风险管控等新兴标准；④碳排放统计、台账记录等规范；⑤低碳产品标识、认证标准。

地方可根据区域减排目标需求，推进排放标准及管理规范标准体系建设，并制定分阶段发展目标。“十四五”前期，聚焦重点管理需要，推动碳排放数据监测统计、排放标准、核算报告与核查标准研究，加强对碳排放现状的掌握与管理。“十四五”后期，构建完善的规划制定、考核评估、建设指南、评价认证及管理监督标准体系，将碳排放管控深入融合进城市发展规划及日常管理工作，统筹推进碳减排任务。中长期，总结碳排放管理工作经验、工程技术试点经验，发布成熟的低碳技术规范，为减污降碳协同增效、清洁能源发展、绿色建筑推广、绿色交通体系构建和规范化管理提供先进成熟的技术支撑。

2015 年我国发布部分绿色建筑评价标准、产品生命周期评价技术规范、温室气体排放核算与报告相关的标准，2017 年后，在补充上述三个方面标准的基础上，发布了基于项目的温室气体减排量评估技术规范、工业企业温室气体排放核查技术规范、低碳企业评价体系指南、绿色产品评价标准、能源审计技术导则、温室气体测定方法、设备节能监测方法等领域的标准，为推荐性标准或行业标准，为碳减排工作提供指导。2016 年发布《轻型汽车污染物排放限值》（GB 18352.6 -2016），2019 年发布《水泥制品单位产品能源消耗限额》（GB 38263 -2019），2021 年发布《乘用车燃料消耗量限值》（GB 19578 -2021）等强制性标准，在移动源碳排放、高耗能行业与移动源能耗控制方面加强管控力度。基本形成了包括绿色产品评价、低碳企业评价、重点行业碳排放核算核查、监测方法、能源审计、绿色建筑、移动源管控相关的碳排放管理标准体系。

北京、江苏、广东、河南、山东等对国家碳达峰、碳中和目标做出积极响应，探索能源转型、绿色低碳发展模式下的生态环境标准体系。北京发布了低碳产品评价技术通则、农产品温室气体排放核算通则、低碳企业评价技术导则，对产品及企业碳排放进行统筹管控。2020 年发布了重点行业及其他行业二氧化碳排放核算和报告要求，2021 年发布企事业单位及大型活动碳中和实施指南、电子信息产品碳足迹核算指南，支撑碳中和发展战略。江苏发布单位产品能耗限额及计算方法、公共机构节能管理规范、节能监测、节能评估、能效对标等能耗管控和节能管理标准。广东、深圳、河南等地发布了重点企业碳排放信息报告指南、重点领域温室气体排放量化和报告指南等标准。中国技术经济学会发布《光伏发电站建设碳中和通用规范》《光伏发电站运营碳中和通用规范》两项团体标准。地方碳排放管理标准体系进入全面构建与颁布阶段。

2.4 零碳城市建设任务措施

2.4.1 零碳城市创建八项措施

为实现碳中和目标，可以从电力端、能源消费端、固碳端的“三端发力”，推动能源清洁化革命：

第一端是电力端，鼓励使用风、光、水、核等低碳清洁能源替代煤、油、气等高碳能源；第二端是能源消费端，鼓励使用电力、氢能、地热等替代煤、油、气等；第三端是固碳端，积极利用生态碳汇、二氧化碳捕集利用与封存

（CCUS）等技术实现碳封存、碳捕捉、碳利用、碳转换等。通过“三端发力”，纠正少数地方低碳零碳发展中的误区，避免个别地方“双碳”政策落地过程中的“一刀切”“运动式”减碳等现象，解决少数地区减碳不积极、悲观情绪等问题，促进碳达峰碳中和目标的实现。

归纳提炼国内国外的零碳城市案例与试点示范，创建零碳城市可以采取如下工作措施：

一是推进省市地方立法。积极推动省市绿色低碳政策立法，如上海出台了低碳实践与示范文件，浙江、深圳、上海等试点走在全国前列。

二是完善政策考核与行业标准。北京、上海、浙江等地、示范城市可以建立净零碳发展的行业标准、团体标准等。

三是科学规划零碳城市与能源利用。编制零碳城市规划，确立产业低碳化路径，强化能源消费总量与控制管理，系统平衡协调生产生活需求与低碳转型之间的关系，推动能源清洁利用、产业低碳化发展等。

四是进行碳汇核算。加大碳数据整理与家底核算，制定改进策略。加大信息披露。加大城市信息披露与核算管理。

五是设立碳排放专项基金。实现“双碳”目标，需要大量资金的投入，需要因地制宜设立碳排放专项基金。

六是加强碳汇能力建设。编制专项规划，增加森林面积和蓄积量，加强生态保护修复，增强草原、绿地、湖泊、湿地等自然生态系统固碳能力。

七是健全绿色低碳发展消费体系。促进绿色产品消费，加大政府绿色采购力度，扩大绿色产品采购范围。加强民采购绿色产品的引导，鼓励绿色消费。

八是推动净零碳示范。选择城市、园区进行零碳示范。实施全社会低碳行动。推广宣传低碳生活，鼓励全社会参与绿色低碳发展，激发全民参与绿色低碳的积极性。

2.4.2　零碳城市六大主要任务

零碳城市创建不是一日之功，急不得，等不得，既不搞一刀切，大跃进，也不盲目悲观，无所作为。要统筹规划，有序推进，久久为功，必有所成。零碳城市建设重点要实施六项主要任务，具体如图2-1所示。

一是建立低碳产业体系和消费模式 二是推进能源结构优化和节能降耗 三是构建低碳发展支撑体系 四是提高城市碳汇能力 五是完善温室气体统计、核算、考核体系 六是健全政府引导和市场运作协同机制	零碳城市六大主要任务

图2-1 零碳城市六大主要任务

资料来源：国合华夏城市规划研究院。

具体来看：

一是建立低碳产业体系和消费模式。将低碳发展纳入国家、城市、园区、企业等总体战略规划，强化零碳指标评价体系建设，加快产业空间布局和结构调整，优先发展节能降碳的新兴产业，延伸绿色循环高端产业链；淘汰高能耗的落后产能，带动传统产业低碳化改造；培育高附加值、低能耗、低污染产业，加速发展绿色循环的现代服务业。增强居民低碳意识，引导居民选择绿色出行方式、低碳生活方式。

二是推进能源结构优化和节能降耗。鼓励城乡各行业、全体居民使用清洁能源，发展太阳能和地热利用，引导光伏发电、风力发电和生物质能发电，开展新能源的科技研发和产业化应用，壮大新能源产业；拓展天然气气源和应用领域，提高热电联产比例，推进煤炭清洁化利用，实施燃煤锅炉改燃或拆除并网；推进节能降耗，提高工业能效水平，推广绿色节能建筑，构建绿色低碳交通体系，进一步挖掘节能空间。

三是构建低碳发展支撑体系。开展产业、能源、建筑、交通等重点领域和园区、社区、小城镇低碳示范建设；研究低碳城市评价指标体系，推广低碳产品标识和认证；建设低碳发展的科技创新平台，增强自主创新能力。

四是提高城市碳汇能力。搞好风沙源治理工程；大力开展植树造林，因地制宜营造成片林地，提高林木覆盖率，增加林业碳汇总量。改造低效林和灌木林，培育适宜的林木种苗，增强林业碳汇能力。

五是完善温室气体统计、核算、考核体系。建立温室气体基础统计制度和核算体系，编制零碳城市创建方案，建立碳排放控制指标分解和考核体系。

六是健全政府引导和市场运作协同机制。将低碳发展纳入五年规划纲要，编制零碳发展专项规划和行动计划，细化减碳目标任务；鼓励省市县区及产业园编制零碳发展规划，建立实施效果跟踪评价机制；建立低碳发展绩效评估机制，健全社会共同参与和监督激励机制。开展碳排放权交易试点，建立自愿碳减排交易体系，鼓励专业化公司参与低碳示范试点，促进非化石能源开发利用和化石能源的清洁高效利用。倡导零碳社会、零碳生活，建设零碳家庭、零碳村庄，培养零碳居民。

2.5　零碳城市六大推进体系

建立健全零碳城市建设的六大推进体系，具体如图 2 –2 所示。

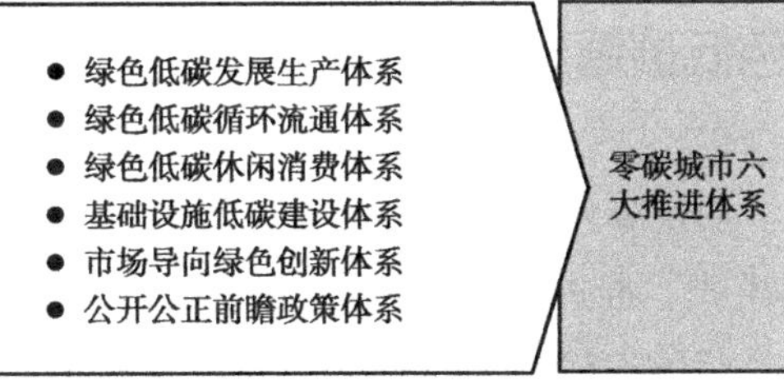

图 2 –2　零碳城市六大推进体系

资料来源：国合华夏城市规划研究院。

2.5.1　绿色低碳发展生产体系

工业绿色升级。强化产业准入和落后产能退出，坚决遏制“两高”项目盲目发展。加快实施重点行业绿色化改造。推行产品绿色设计，建设绿色制造体系，创建一批绿色工厂、绿色园区。推动再制造产业发展，开展再制造产品认证。加快建设资源综合利用项目，提升工业固体废物综合利用能力。全面推行清洁生产，实施强制性清洁生产审核。深化“散乱污”企业整治。探索排污许可监管、监察、监测联动，实行固定污染源排污许可证“全覆盖”。加强工业生产过程中的危险废物管理，鼓励资源化综合利用危险废物。

服务业低碳绿色发展。培育壮大绿色金融、绿色超市、绿色餐饮等绿色流通主体。有序发展出行、住宿等领域共享经济，规范发展闲置资源交易。

规划建设大中型数据中心及低碳监测服务系统。发展绿色低碳会展经济，鼓励使用节能降耗新材料、新技术，引导汽修、装修装饰等行业使用低挥发性有机物含量原辅材料。制定发布一次性用品目录，倡导酒店、餐饮等服务单位不主动提供一次性用品。

园区和产业集群循环化发展。编制产业园低碳发展规划，依法依规开展规划环评和区域节能评价，严格准入标准，完善循环产业链条，推动形成产业循环耦合。推进既有产业园区和产业集群循环化改造，推动企业循环式生产、产业循环式组合，搭建能源互济、资源共享、废物协同处置的公共平台，促进能源梯级利用、水资源循环利用、资源综合利用。支持工业园区配套建设危险废物集中收集贮存、预处理和末端处置设施。

2.5.2 绿色低碳循环流通体系

绿色低碳物流。加快绿色物流通道建设，提升铁路、公路与航空运输能力。优化运输组织模式，推进大宗货物“公转铁”“公转水”，鼓励“散改集”和中长距离公路货物运输向铁路转移，构建公铁联运城市配送体系。加强物流运输组织管理，加快搭建物流信息平台体系，发展智慧低碳物流。提高城市公交、出租、港口作业、物流配送等领域新能源及清洁能源车辆应用比重。

再生资源回收利用。完善废旧物资回收循环利用体系，加强废纸、废塑料、废旧轮胎、废金属、废玻璃等再生资源回收利用，提升资源产出率和回收利用率，推进垃圾分类回收与再生资源回收“两网融合”。加快落实生产者责任延伸制度，引导生产企业建立逆向物流回收体系。完善废旧家电回收网络体系。探索资源回收新模式。

绿色商贸物流体系。积极优化贸易结构，发展高质量、高附加值的数字产品、高新技术产品、成套设备、高端装备和关键零部件、绿色农副产品等绿色产品贸易，从严控制高污染、高耗能产品出口。引导企业、院所参与低碳标准制（修）订，支持企业开展绿色认证和国际互认。引导企业积极对接节能环保、清洁能源等领域技术装备和服务合作。

2.5.3 绿色低碳休闲消费体系

绿色产品消费。落实政府优先采购和强制采购政策，引导企业开展绿色采购，逐步扩大绿色产品采购范围。加大绿色消费宣传力度，鼓励有条件的地方采取补贴、积分奖励、发放消费券等方式，引导企业和居民选购绿色产品。鼓励企业设立绿色产品销售专区。推广绿色电力证书交易，引领提升绿色电力消费。加强绿色产品和服务认证管理，开展能效、水效、环境标识、电子电器产品监督检查，严厉打击虚标绿色产品行为。

低碳生活方式。全面落实“光盘行动”，坚决制止餐饮浪费行为。实施生活垃圾分类三年行动计划，推进生活垃圾分类和减量化、资源化。严格落实生产、销售、使用和回收环节有关规定，强化塑料污染全链条治理。强化过度包装计量检查和治理，督促寄递企业采购绿色快递包装产品。推动轨道公交无缝接驳，鼓励发展定制公交、社区公交等多层次公交服务模式，引导公众绿色出行。开展爱国卫生运动，营造干净整洁舒适的宜居环境。

2.5.4 基础设施低碳建设体系

能源体系绿色低碳转型。坚持节能优先，严格落实能源消费总量和强度双控制度。加快新能源开发，增加农村清洁能源供给，推动农村分布式光伏、生物质能源发展。促进燃煤清洁高效、生物质能技术的转化利用。严控新增煤电装机容量，加快城市配电网建设，持续实施农网巩固提升工程。

生态保护修复重大工程，开展山水林田湖草沙一体化保护和修复。开展大规模国土绿化行动，巩固退耕还林还草成果，实施森林质量精准提升工程，持续增加森林面积和蓄积量。加强草原生态保护修复。强化湿地保护。整体推进海洋生态系统保护和修复，提升红树林、海草床、盐沼等固碳能力。开展耕地质量提升行动，实施国家黑土地保护工程，提升生态农业碳汇。推动岩溶碳汇开发利用。

城镇环境基础设施升级。推进城镇污水管网全覆盖，推进城镇污水处理及资源化利用设施、污泥无害化资源化处置设施建设，推动排水“厂网一体”管理机制改革。加快城镇生活垃圾分类及处理设施建设，推进生活垃圾焚烧发电，补齐餐厨垃圾资源化利用和无害化处理能力短板。建成固体废物大数据平台，提升信息化、智能化监管水平。建立健全危险废物经营许可管理制度。

交通基础设施绿色发展。将生态环保理念贯穿交通基础设施规划、建设、运营和维护全过程，提升港口岸线、铁路、公路和城市交通集约水平和利用效率。积极创建绿色公路、绿色客运枢纽、绿色港口、绿色航道，开展交通绿色廊道行动。加快中心城区公共充电站建设。在高速公路、普通国省干线公路积极推广应用沥青冷（热）再生、水泥路面破碎再生等技术，铺设透水性路面、降噪型路面。

2.5.5 市场导向绿色创新体系

绿色低碳技术研发。依托行业优势龙头企业、高校、科研机构、产业协会，支持碳捕集利用和封存、环境保护、环境治理、节能减排、智能制造、绿色农业等绿色低碳循环发展关键核心技术研发与应用。创建绿色技术创新中心和绿色工程研究中心，有序推进绿色低碳循环发展相关重点实验室、技术创新中心等市级创新平台建设。

科技成果转化。推动设立成果转化股权投资基金，强化创业投资等基金引导，支持绿色技术创新成果转化应用。支持企业、高校、科研机构等建立绿色技术创新项目孵化器、创新创业基地。组织申报国家绿色技术推广清单，加快先进成熟技术推广应用。鼓励企业、高校、科研机构积极参与绿色技术交易。

2.5.6 公开公正前瞻政策体系

执法监督。推进完善生态环境保护修复、污染防治、循环经济、清洁生产、资源能源高效利用、应对气候变化、环境信息公开等法规规章。深化生态环境领域行政执法体制改革，严惩污染环境，破坏森林资源、矿产资源、土地资源、渔业资源等违法犯罪活动。全面落实生态环境损害赔偿制度，完善行政执法与刑事司法衔接机制，健全行政执法机关、公安机关、检察机关、审判机关信息共享、案件移送等制度。

绿色收费价格机制。完善城镇污水处理收费政策，按照“污染付费、公平负担、补偿成本、合理盈利”的原则，动态调整收费标准。探索建立污水排放差别化收费机制，促进企业污水预处理和污染物减排。按照“产生者付费”和“激励约束并重”原则，完善生活垃圾处置收费机制，逐步推行分类计价、计量收费的差别化收费政策。全面落实节能环保电价政策，推进农业水价综合改革和非居民用水超定额累进加价，落实居民阶梯电价、气价、水价制度。加大财税扶持力度。财政资金支持环境基础设施、能源高效利用、资源循环利用、碳达峰碳中和等重点工程。落实国家节能节水环保、资源综合利用、合同能源管理、环境污染第三方治理等税收优惠政策，积极推进税收共治，确保政策应享尽享。做好环境保护税和资源税征收工作。按照国家统一部署推进水资源费改税工作。发展绿色金融。开展绿色信贷绩效考核评价，引导银行保险机构加强产品服务创新，加大绿色信贷投放力度，有序推进绿色保险。支持符合条件的企业上市，推动发行绿色债券，开展零碳示范园区或零碳示范项目建设。

绿色统计标准体系。鼓励重点企业、社会团体、科研机构积极参与国家和行业绿色标准制（修）订工作，完善绿色低碳循环发展地方标准体系。积极引导本地认证机构申请绿色建材等绿色认证资质。执行能源消费等相关统计调查制度和标准，强化统计信息共享。培育绿色交易市场机制。完善排污权交易制度，促进排污单位主动减排。完善碳排放权交易管理暂行办法、碳市场扩容工作。探索建立“碳汇＋”生态产品价值实现机制。积极参与全国用能权、用水权市场交易。

2.6　典型案例

案例 2－1：上海市实施近零碳示范

2022 年 6 月 15 日，上海市碳达峰碳中和工作领导小组办公室、上海市应对气候变化及节能减排工作领导小组办公室印发《上海市2022年碳达峰碳中和及节能减排重点工作安排》，强调2022年能耗强度和总量、碳排放强度得到合理控制。2022年能耗强度和总量、碳排放强度得到合理控制，与“十四五”规划目标要求相衔接。2022年主要污染物氮氧化物、挥发性有机物、化学需氧量和氨氮重点工程减排量完成国家下达的目标；细颗粒物（PM2.5）浓度和空气质量指数（AQI）优良率达到国家考核要求。印发“1+1+8+13”碳达峰碳中和政策文件，推动各区科学制定本区碳达峰实施方案。推进崇明三岛开展低碳零碳负碳试点示范，支持宝武集团实施碳达峰碳中和行动，组织推动实施二氧化碳资源化利用等试点示范项目。

统筹推进能耗双控和碳达峰行动。加快能源产业绿色升级，积极促进光伏、风电、氢能等新能源发展；推动工业低碳转型，持续加大产业结构调整力度，深度实施节能挖潜；促进城乡建设绿色发展，规模化推进超低能耗建筑和既有建筑节能改造；构建完善绿色交通体系，大力推动终端交通工具新能源转型；提升循环经济产业能级，开展废旧物资循环利用体系示范城市建设；加大科技创新力度，加快开展碳中和基础研究和前沿技术布局；巩固提升碳汇能力，稳步推进千座公园计划；力争年内举办上海国际碳中和技术、产品与成果博览会，引导全民参与低碳行动。

加强主要污染物减排和环境综合治理。强化工业污染物减排，推进重点行业VOC深化治理全面完成；促进移动源污染物减排，持续推进国三柴油车及国一、国二汽油车等老旧汽车淘汰；推进农业污染排放治理，加强农村生活污水和垃圾处理处置；推动一批污水、污泥、生活垃圾处置及资源化利用项目建设，不断提升环境基础设施能力和水平。

案例2-2：国合华夏城市规划研究院打造国际创意城市

创新驱动战略是国家重大战略，是我国提升国际竞争力，增强发展动力，提升发展质量的重要手段，是各地区、城市与企业激发原创力与积极性，实现可持续发展的强大力量源泉。国合华夏城市规划研究院牢牢把握全球性是国家重大战略部署，按照国际创意城市的创建规则，在分析、吸收并借鉴联合国有关评估体系的基础上，加强与国际组织、国家级商协会、政府部门等沟通、汇报，聚焦城市发展核心需求，引进聚集专业团队，创新性提出并推动打造体现中国特色、民族自信、道路自信、制度自信、文化自信的国际创意城市，将创意城市的评估范围由设计、文学、美食、音乐、手工艺与民间艺术、电影、媒体艺术等7个领域，逐步扩大到体育、康养医疗、人工智能、元宇宙、数字经济等新兴领域。

从创意城市的起源与演变看，国际创意城市源于联合国的"创意城市网络"，在我国经过10多年的探索，逐步形成了以创新、低碳、开放、共享为基因，以经济增长、节能减碳、开放创新为主线，具有中国特色的理论体系、创建标准、评估机制与城市运行模式。联合国"创意城市网络"成立于2004年10月，是联合国教科文组织三大文化品牌之一，致力于发挥全球创意产业对经济和社会的推动作用，促进世界各城市之间在创意产业发展、专业知识培训、知识共享和建立创意产品国际销售渠道等方面的交流合作，分为设计、文学、美食、音乐、手工艺与民间艺术、电影、媒体艺术等7个主题。截至2019年，网络内共有来自72个国家的180个成员城市。欧亚大陆数量最多，有68个；亚洲有52个；北美洲、南美洲、非洲、大洋洲分别有22个、18个、14个和6个创意城市。亚洲创意城市主要在中、日、韩三国。中国有12个创意城市，涵盖除文学、音乐之外的5大类别；日本和韩国各有8个。目前180个创意城市中93个是一带一路沿线城市，共涉及46个国家。其中58个创意城市属于发展中国家。从创意类别来看，手工艺与民间艺术类创意城市数量最多。

目前，我国共有12个联合国授牌的创意城市。深圳是我国第一个加入"创意城市网络"的城市（2008年加入），主要以高新技术为支柱的产业。上海2010年、北京2012年（主流文化）、武汉2017年（创意设计）、南京2019年（文学之都）、成都2010年（美食之都）、顺德2014年（美食之都）、澳门2017年（美食之都）、扬州2019年（美食之都）、淮安2019年（美食之都）、哈尔滨2010年（音乐之都）、杭州2012年（手工艺与民间艺术之都）、苏州2014年（手工艺与民间艺术之都）、景德镇2014年（手工艺与民间艺术之都）、潍坊2021年（手工艺与民间艺术之都）、青岛2017年（电影之都）、长沙2017年（媒体艺术之都）。

为贯彻落实习近平总书记、党中央关于城市建设、创新驱动等重要指示精神，国合华夏城市规划研究院聚焦重点领域与特色城市，在全国范围筛选并探索建设具有中国特色的国际创意城市试点，多次与厦门大学等展开学术交流，撰写创意城市学术成果，提炼福建、广东等试点案例，策划孵化符合中国国情、地方实际需求的国际创意城市，积极向有关部委部门、各地政府沟通、汇报及申报，组织专家论证，形成可复制的成熟经验，在更多城市、更大范围推广应用，以便更加高效的推动地方经济社会与创建城市的高质量发展。

第3章

零碳城市内涵及开发模式

■开发模式影响着零碳城市规划与示范的效果及质量，进而影响到零碳城市发展目标的顺利实现。

本章着重分析零碳城市与双碳关系、零碳城市三种业态、开发模式、碳汇核算、碳中和措施，以及绿色金融、EOD、碳中和债、ESG、双碳财政政策、典型案例等。

3.1　零碳城市与双碳关系

3.1.1　零碳城市概念与政策

零碳城市是相对于低碳城市更高层级的一种业态，这中间一般有近零碳的过渡阶段。

国际大都市碳排放达峰的六个条件：能源利用效率较高、人均GDP达到2万美元以上、人口总数达到峰值并趋于稳定、城市化率达到75%以上、三产比重超过65%、环境质量诉求较高等。

我国碳排放相关政策分析，如表3-1所示。

表3-1　国家碳排放管理标准相关政策

发布时间	发布部门	政策文件	重要指示
2014.11	国家发改委	《国家应对气候变化规划（2014—2020年）》	研究制定重点行业单位产品温室气体排放标准、低碳产品评价标准及低碳技术、温室气体管理等相关标准。
2016.3	国务院	《“十三五”规划纲要》	健全统计核算、评价考核和责任追究制度，完善碳排放标准体系。
2016.10	国务院	《“十三五”控制温室气体排放工作方案》	研究制定重点行业、重点产品温室气体排放核算标准、建筑低碳运行标准、碳捕集利用与封存标准等，完善低碳产品标准、标识和认证制度。
2018.6	中共中央、国务院	《中共中央 国务院关于全面加强生态环境保护 坚决打好污染防治攻坚战的意见》	加快建立绿色生产消费的法律制度和政策导向。加快制定和修改碳排放权交易管理等方面的法律法规。
2018.11	中共中央、国务院	《中共中央 国务院关于建立更加有效的区域协调发展新机制》	建立健全碳排放权、用能权初始分配与交易制度，完善交易机制。
2019.6	生态环境部	《大型活动碳中和实施指南（试行）》	指导规范大型活动实施碳中和，强调温室气体排放核算标准和技术规范。
2020.12	生态环境部	《生态环境标准管理办法》	将应对气候变化领域的温室气体排放核算与报告、企业碳排放核查、企业单位产品碳排放限额等标准纳人生态环境管理技术规范。

续表

发布时间	发布部门	政策文件	重要指示
2021.1	生态环境部	《关于统筹和加强应对气候变化与生态环境保护相关工作的指导意见》	加强应对气候变化标准制度修订，探索开展移动源大气污染物和温室气体排放协同控制相关标准研究。
2021.2	国务院	《关于加快建立健全绿色低碳循环发展经济体系的指导意见》	完善应对气候变化方面法律法规制度。进一步健全碳排放权交易机制，降低交易成本，提高运转效率。
2021.3	国务院	《关于落实〈政府工作报告〉重点工作分工的意见》	加快建设全国用能权、碳排放权交易市场。扎实做好碳达峰、碳中和各项工作，制定2030年前碳排放达峰行动方案。
2021.4	国务院	《关于建立健全生态产品价值实现机制的意见》	推动生态资源权益交易，健全碳排放权交易机制，探索碳汇权益交易试点。
2021.5	生态环境部	《关于发布〈碳排放权登记管理规则〉（试行）、〈碳排放权交易管理规则〉（试行）和〈碳排放权结算管理规则〉（试行）的公告》	为进一步规范全国碳排放权登记、交易、结算活动，保护全国碳排放权交易市场各参与方合法权益提供了指导依据。
2021.10	中共中央、国务院	《国家标准化发展纲要》	建立健全碳达峰、碳中和标准。加快制定节能降耗、碳核查、碳排放、先进技术标准。
2021.10	国务院	《关于引发2030年前碳达峰行动方案的通知》	健全法律法规标准。构建有利于绿色低碳发展的法律体系，推进节能标准、可再生能源、工业绿色低碳等标准的制定。
2021.10	国务院	《中国应对气候变化的政策与行动》白皮书	逐步完善绿色建筑评价标准体系，构建绿色低碳交通体系。
2022.4	生态资源部	《关于加快建立统一规范的碳排放统计核算体系实施方案》	建立统一规范的全国碳排放统计体系。

资料来源：国合华夏城市规划研究院、世界零碳标准联盟。

3.1.2 零碳城市与双碳关系

零碳城市是进行碳汇、减碳并实现碳中和的主体与主要表现形式，也是城市与区域达到碳中和目标的重要体现。

碳排放与经济发展密切相关，经济发展需要消耗能源。碳中和既涉及能源结构优化，还与产业链、产业结构、建筑、交通、物流等紧密相关。碳中和目标将深刻影响我国各城市产业链的重构、重组和新的国际标准，影响到中国碳中和标准、零碳标准等的制定与实施。

3.2 零碳城市业态与开发模式

3.2.1 零碳城市三种业态

我国城市、园区实现碳中和（零碳的基本公式：碳排放 - 碳汇 - CCUS = 认购 CCER）。

产业园区温室气体排放主要包括工业生产、能源供应、建筑和基础设施、交通运输、废弃物处理、景观碳汇等排放部门，因此，零碳园区建设需要围绕零碳管理、零碳能源、零碳产业、零碳建筑、零碳交通、CCUS、零废弃、碳汇景观等领域全面展开。

总体来讲，零碳城市有三种主要的形态：

一是碳中和。碳中和是要实现净零排放。净零排放就是一个组织在生产过程中产生了实际的碳排放，城市、园区或企业通过碳汇手段，从空气中吸掉相同的碳量，就是净零排放，就是碳中和单位。如果出资在碳市场购买"真负碳"抵消中和，也可以达到碳中和。

二是零碳。特定城市、园区或企业实现自身碳汇、碳减排的正负抵零，是零碳平衡的一种状态。

三是负碳。特定城市、产业园、企业等实现的碳汇规模超过碳排放规模，就是一种负碳状态。

以上三种平衡状态（见表3-2）都是零碳城市的表现状态。

表3-2　零碳城市三种状态

零碳城市类型	主要特征
碳中和	净零排放就是一个组织在生产过程中产生了实际的碳排放，城市、园区或企业通过碳汇手段，从空气中吸掉相同的碳量，就是净零排放，就是碳中和单位。如果出资在碳市场购买"真负碳"抵消中和，也可以达到碳中和。
零碳	特定城市、园区或企业实现自身碳汇、碳减排的正负抵零，是零碳平衡的一种状态。

续表

零碳城市类型	主要特征
负碳	特定城市、产业园、企业等实现的碳汇规模超过碳排放规模，就是一种负碳状态的零碳城市。

资料来源：国合华夏城市规划研究院、世界零碳标准联盟。

3.2.2 零碳城市开发模式

归纳国内外零碳开发建设的各类模式，包括但不限于：

- 哥本哈根模式：以节能零排放为方向；
- 伦敦模式：以零碳社区建设为中心；
- 伯明翰模式：以产业低碳转型为模式；
- 东京模式：以低碳社会建设为方向；
- 保定模式：以新能源为驱动，实现产业突破；
- 上海模式：以近零碳重点实践区、近零碳社区为中心；
- 山东模式：以低碳城市为起点，逐步推进零碳城市建设；
- 福建三明模式：以林业碳汇为示范，驱动零碳示范；
- 寿光模式：以农业碳汇与产业减碳为引领，推动零碳示范；
- 文登模式：以光伏产业园区为突破，推动全域零碳发展。

一般来说，零碳城市由地方政府牵头，组织各部门、园区、企业等各方参与，由各级发展改革委负责零碳城市、零碳社区等创建审批与牵头推进工作。各级发展改革委负责牵头推进本地区零碳城市、零碳社区等试点创建工作，拟定本地区零碳城市、零碳社区试点工作方案，并组织实施。负责本地区零碳城市、零碳社区等试点方案评审和试点确定工作，指导本地区下级发展改革部门开展试点创建工作，会同本地区有关部门制定支持政策，根据试点工作进展适时组织对本地区试点进行评估验收，验收合格的授予“零碳城市”“零碳社区”等可能称号。特殊情况下，其他部委也可以牵头或联合推进国家级零碳示范的创建审批等工作。

各类国家级社团、智库等负责国家级（团标）零碳城市、零碳园区的创建审批与创建验收等，以及零碳城市建设方案、示范指导、专家评审、授予国家级零碳示范（团标）牌照等。

3.3　碳汇核算与碳中和措施

3.3.1　我国碳汇核算实操

我国碳汇核算步骤主要包括：识别涵盖的温室气体排放源类别及气体种类——选择相应的温室气体排放量计算公式——制定监测计划（智能搜集 + 人工填报）（见图 3 - 1）。

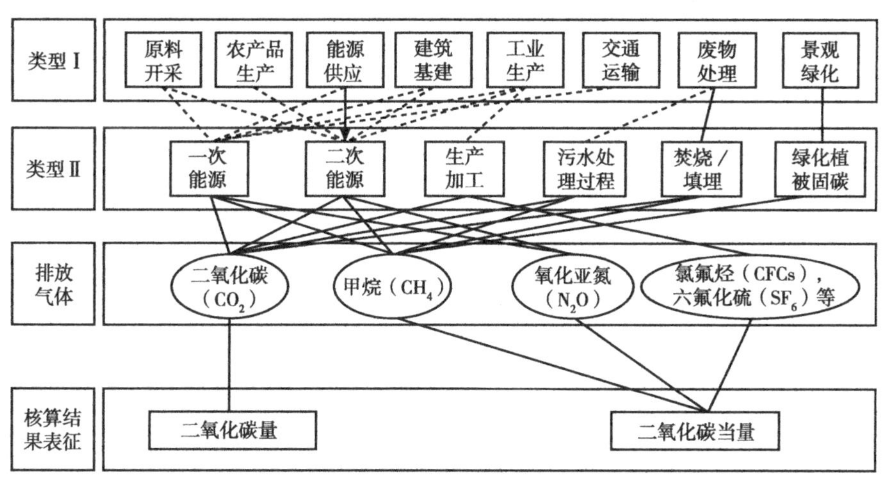

图 3 - 1　碳排放源类型、排放气体及核算结果表征

根据 GHG Protocal 的"范围系"，从价值链角度出发，园区碳排放范围可划分为三类：

范围一：园区运营范围内的所有直接温室气体排放。

范围二：园区外购电力所产生的间接排放，也包括蒸汽、加热、冷气等。

范围三：因园区活动产生的所有其他间接排放，包括供应链/价值链上下游可能产生的所有排放，比如原材料的采掘、生产和运输，产品和服务的使用等。

《温室气体核算体系（*GHG Protocol*）》由环境 NGO 世界资源研究所（WRI）和世界可持续发展工商理事会（WBCSD）从 1998 年开始联合建立。该体系为企业公开报告和参与自愿或强制性的温室气体项目、进入温室气体市场提供了指导，也能帮助公司识别温室气体排放源并排序，减少公司层面的温室气体排放。现有的温室气体核算体系由四个相互独立但又相互关联的标准组成：《温室气体核算体系企业核算与报告标准》《企业价值链（范围3）核算和报告标准》《产品生命周期核算和报告标准》和《温室气体核算体系项目量化方法》。《温室气体核算体系》提供几乎所有的温室气体度量标准和项目的计算框架，从国际标准化组织（ISO）到气候变暖的注册表（CR），同时也包括由各公司编制的上百种温室气体目录。《温室气体核算体系》也提供给了发展中国家一个国际认可的管理工具，帮助发展中国家的商业机构在国际市场竞争，以及政府机构作出气候变化的知情决策。

产业园区碳排放源可按照两种类型分类：

类型Ⅰ：基于排放部门，包括工业生产、农产品生产、能源供应、建筑和基础设施、交通运输、废弃物处理、景观碳汇。

类型Ⅱ：基于排放过程，包括一次能源燃烧、二次能源使用、其他化学过程（焚烧、填埋、污水处理过程）、碳汇。

类型Ⅱ可看作类型Ⅰ中每一项的分类统计单元。

目前，产业园区碳核查需借鉴其他核算标准（企业价值链、城市或国家）及研究文献。具体如表3-3所示。

表3-3　国内外碳排放核算方法

年份及发布组织	名称	使用范围
2006：ISO	ISO14064 温室气体管理规范	政府、市场和其他利益相关者
2009：BSI	碳中和承诺新标准（PAS2060）	产品全生命周期
2011：WRI等	温室气体核算体系：企业核算与报告标准（修订版）	企业
2011：WRI等	温室气体核算体系：企业价值链（Scope3）核算与报告标准	企业价值链
2011：ISO	ISO14067 产品碳足迹国际标准	企业产品
2011：北京大学	中国低碳园区的系统测算技术与评估体系	园区
2013—2016：国家发改委	24个行业企业温室气体排放核算方法与报告指南	工业企业

续表

年份及发布组织	名称	使用范围
2017—2020：欧盟	EU－ETS（欧盟碳交易市场）MRV（碳排放监测、报告、核查体系）制度	工业企业
2018：ISO	ISO14064 温室气体管理规范：2018	政府、市场和其他利益相关者
2015—2018：中国标准化研究院	12 个行业及通用工业企业温室气体核算与报告要求	工业企业
2019：IPCC	2006 年 IPCC 国家温室气体清单指南 2019 修订版	政府、市场和其他利益相关者
2019：碳核算金融联盟（PCAF）	金融业温室气体核算与报告指南	金融行业
2020：生态环境部	企业温室气体排放核算方法与报告指南发电设施（征求意见稿）	企业
2021：北京市市场监督管理局	7 个行业二氧化碳排放核算和报告要求	行业企业

3.3.2　零碳城市（园区）主动被动措施

各类城市、产业园区实现碳中和（零碳）的主动措施：

一是减少生产、生活与环境治理活动中的温室气体排放，采取节能减排等措施；二是将生产、生活、环境治理活动中产生的二氧化碳等温室气体消除或收集，包括增加碳汇和使用 CCUS（二氧化碳捕集、利用与封存）等。

各类城市、产业园区实现碳中和的被动措施，包括：

在实施以上内部措施仍无法抵消自身产生的二氧化碳或温室气体排放量的情况下，通过购买 CCER 对园区生产生活总温室气体排放量进行核销。

3.3.3　多层面的温室气体碳核算

温室气体排放碳核算主要分为国际层面、国家级及省级层面、城市层面、社区层面、部门层面、金融层面、项目层面、产品层面等。具体如表 3－4 所示。

表 3-4 多个层面温室气体排放碳核算体系

碳核算层级	主要核算依据
国际层面	国际能源署（International Energy Agency，IEA）、世界资源研究所（World Resources Institute，WRI）、世界银行（World Bank，WB）等建立了覆盖世界各国国别的碳排放数据库。
国家级及省级层面	国务院2007年颁布《中国应对气候变化国家方案》，国家发改委2011年5月发布《省级温室气体编制清单指南（试行）》。
城市层面	城市层面的温室气体清单编制主要依据《省级温室气体编制清单指南（试行）》《IPCC指南》及发改委发布的24个《行业企业温室气体排放核算方法与报告指南》。
社区层面	《GPC 2012碳核算报告试点框架》及排放因子。
部门层面	结合《省级温室气体编制清单指南（试行）》，碳核算将涉及多部门的协同推进，包括能源活动（涉及国家能源局）、工业生产过程（涉及工信部）、农业（涉及农业农村部）、土地利用变化和林业（涉及自然资源部、国家林业和草原局）、废弃物处理（涉及生态环境部）等。
金融层面	《金融业温室气体核算与报告指南》。
行业层面	国家发改委颁布24个行业的《企业温室气体排放核算方法与报告指南（试行）》及各地标准。
企业层面	国家发改委出台《全国碳排放权交易第三方核查参考指南》，规范组织温室气体排放的核查工作。2021年《全国碳排放权交易配额总量设定与分配实施方案（发电行业）》实施。
项目层面	2006年国际标准组织（ISO）发布国际温室气体排放核算、验证标准ISO14064。
产品层面	英国标准协会（BSI）2008年制定《PAS 2050标准》，是全球第一部产品碳足迹标准。2012年开始，国际标准组织ISO颁布产品碳足迹核算标准ISO14067。

资料来源：国合华夏城市规划研究院。

国际层面碳核算。国际能源署（International Energy Agency，IEA）、世界资源研究所（World Resources Institute，WRI）、世界银行（World Bank，WB）等建立了覆盖世界各国国别的碳排放数据库。在不同能源消耗量和排放因子的估算下，各数据库的测算结果各异。我国已完成1994年、2005年、2010年、2012年和2014年等碳排放核算工作，分别发布于前后三次的《气候变化国家信息通报》和两次的《气候变化两年更新报告》中。国内各机构的碳核算结果存在较大差异。如《第三次国家信息通报》中，2005年和2010年我国产生的二氧化碳排放量（包括能源燃烧和工业工程产生的二氧化碳）分别为63.81亿吨和87.07亿吨，相同口径下中国科学院碳专项的核算结果为

53.5亿吨和77.5亿吨。

国家级及省级层面碳核算。国务院2007年颁布《中国应对气候变化国家方案》，国家发改委2011年5月发布《省级温室气体编制清单指南（试行）》，该指南从能源活动、工业生产过程、农业、土地利用变化和林业、废弃物处理五个方面对我国省级温室气体清单提供指导。《省级温室气体编制清单指南（试行）》针对跨省电力调度造成的碳排放问题设置了排放因子，电力调入（出）二氧化碳间接排放=调入（出）电量×区域电网供电平均排放因子。《省级温室气体编制清单指南（试行）》结合我国实际提供了不同的层级方法和可供选用的缺省值。

城市层面碳核算。在《省级温室气体编制清单指南（试行）》要求、低碳示范城市建设需求等影响下，我国温室气体清单编制工作逐步细化，江西、河南等省份均启动了各市（区）温室气体清单编制工作。我国城市层面的温室气体清单编制主要依据《省级温室气体编制清单指南（试行）》《IPCC指南》及发改委发布的24个《行业企业温室气体排放核算方法与报告指南》。温室气体议定书（GHG Protocol）系列标准由世界可持续发展工商理事会（WBCSD）和世界资源研究所（WRI）共同发布，包括企业碳核算与报告标准、项目碳核算标准、城市和社区标准等碳核查和报告指南标准，涵盖了《京都议定书》规定的六种温室气体。GHG Protocol既是温室气体管理标准体系（ISO 14064）的参考基础，也是国家发改委制定《行业指南》的文件基础。

社区层面碳核算。社区是居住在一定地域内的人们组成的多种社会关系的生活共同体。社区碳排放的核算要以社区地理边界为核算边界。一般来说，社区产生的碳排放主要源于生活消耗能源，其碳排放活动种类主要分为两大类：一是直接碳排放活动，如化石燃料燃烧和移动源燃烧（如交通）；二是间接碳排放活动，如电力消耗、热力消耗。在设备的局限下，社区碳核算主要也是基于排放因子法计算。GHG Protocol 2012年发布《社区温室气体排放全球议定书（*Global Protocol For Community - Scale Greenhouse Gas Emissions*, *GPC*）》，明确了社区碳核算六个准则：相关性、完整性、一致性、透明性、准确性、可测性，并制定了《GPC 2012碳核算报告试点框架》。

部门层面碳核算。从碳达峰、碳中和目标看，由发改委进行统领性安排和总体性布局，能源（涉及国家能源局）和工业领域（涉及工信部、住建部、交通运输部）是政策主体和重点，金融（涉及央行、财政部、税务总局、证监会）、科技（涉及科技部）、生态（涉及生态环境部、农业农村部、自然资源部、国家林业和草原局）是三大辅助领域。结合《省级温室气体编制清单指南（试行）》，碳核算将涉及多部门的协同推进，包括能源活动（涉及国家能源局）、工业生产过程（涉及工信部）、农业（涉及农业农村部）、土地利用变化和林业（涉及自然资源部、国家林业和草原局）、废弃物处理（涉及生态环境部）等。

金融层面碳核算。针对金融机构的碳排放核算，碳核算金融联盟（Partnership for Carbon Accounting Financials，PCAF）制定了《金融业温室气体核算与报告指南》，为金融机构提供详细的方法论核算和披露与六类资产相关的温室气体排放。基于 GHG Protocol，《金融业指南》要求金融机构核算和披露投融资客户的范围 1（如化石燃料燃烧等产生的直接排放）和范围 2（如外购电力热力的间接排放）排放。针对范围 3（如供应商）的排放，《金融业指南》采取行业分阶段纳入的做法：2021 年首批被纳入核算的行业包括石油、天然气和采矿业；2024 年覆盖的行业将扩展到交通、建筑、材料和工业生产；2026 年之后将覆盖全部行业。

行业层面碳核算。国家发改委从 2013 年 11 月到 2015 年 11 月先后发布了 24 个行业的《企业温室气体排放核算方法与报告指南（试行）》，具体包括：第一批 10 个，发电企业、电网企业、钢铁生产企业、化工生产企业、电解铝生产企业、镁冶炼企业、平板玻璃生产企业、水泥生产企业、陶瓷生产企业、民航企业；第二批 4 个，中国石油和天然气生产企业、中国石油化工企业、中国独立焦化企业、中国煤炭生产企业；第三批 10 个，造纸和纸制品生产企业、其他有色金属冶炼和压延加工业企业、电子设备制造企业、机械设备制造企业、矿山企业、食品、烟草及酒、饮料和精制茶企业、公共建筑运营单位（企业）、陆上交通运输企业、氟化工企业、工业其他行业企业。《企业指南》覆盖了高碳排的全部重点行业，规范了企业与核查机构碳排放数据核算，确保了碳市场基础数据的准确性。2017 年 12 月，国家发改委印发《关于做好 2016、2017 年度碳排放报告与核查及排放监测计划制定工作的通知》，明确了纳入的覆盖行业及代码，涵盖石化、化工、建材、钢铁、有色、造纸、电力、民航等八大行业。其中，纳入的企业范围为 2013 至 2017 年任一年温室气体排放量达 2.6 万吨二氧化碳当量及以上的自备电厂。在国家发改委文件的指导下，各省级政府逐级细化行业碳排放报告指南文件。如，广东省2014年就编制《广东省企业（单位）二氧化碳排放信息报告指南（2014版）》并逐年进行修订；北京市于2020年12月正式发布《二氧化碳排放核算和报告要求：电力生产业》。

企业层面碳核算。温室气体议定书（GHG Protocol）下的《企业碳核算与报告标准（*A Corporate Accounting and Reporting Standard*）》主要对于企业计算温室气体的方式、汇报责任、碳排放核查、减排核算、目标设定、库存设计等方面都提出了统一标准，并强调了企业数据透明度的原则，即企业应以明确的方式披露温室气体清单的过程、程序、假设和限制等，并对于数据进行审计、记录、建档及外部验证。ISO14064－1是组织层次上对温室气体排放和移除的量化和报告的规范及指南，详细规定了组织或公司设计、开发、管理和报告GHG清单的原则和要求。包括确定温室气体排放限值，量化组织的温室气体排放，并确定公司改进温室气体管理具体措施或活动等要求。根据ISO 14064－1、GHG Protocol的《公司标准》等国际文件，以及《企业温室气体排放核算方法与报告指南（试行）》等国内规范，企业可以依靠排放因子法、质量平衡法或实测法进行相关的碳核算与报告。如果想要取得碳排放权交易资格，还需要通过我国碳排放监测、报告与核查体系（MRV）下第三方机构核查。针对企业，2016年6月1日，国家标准《工业企业温室气体排放核算和报告通则》（GB/T 32150－2015）实施，全部代替标准《工业企业温室气体排放核算和报告通则》（GB/T 15496－2003）；2019年起，生态环境部将碳排放的核算与报告要求文件升级为推荐性的国家标准计划，如《2020 1771－T－303 温室气体排放核算与报告要求第1部分：发电企业》，并将覆盖范围延伸到了种植业企业和畜禽规模养殖企业。针对第三方机构，2017年，在ISO 14064的基础上，国家认证认可监督管理委员会发布了行业标准《组织温室气体排放核查通用规范》；同年，国家发改委出台了《全国碳排放权交易第三方核查参考指南》，用于规范组织温室气体排放的核查工作。2021年《全国碳排放权交易配额总量设定与分配实施方案（发电行业）》实施以后，国内发电行业企业将根据国家级的文件和标准实施，进入全国碳市场体系的核算核查和交易履约阶段；发电行业以外其他行业的重点排放单位，将继续根据所在试点省市的原管理办法进行核算报告及交易履约。

项目层面碳核算。基于项目的核算，《京都议定书》中的清洁发展机制（CDM）。通过CDM，发达国家从发展中国家实施的温室气体减排或吸收项目中取得经证明的减排量（CER），用以抵消一部分其对《京都议定书》承诺的减排义务。CDM 的核心是 GHG 项目中 CER 的获取，而这依赖于对项目的 GHG 减排量的核算和证明，就是 GHG Protocol 系列标准中的“项目核算 GHG 协议（The GHG Protocol for Project Accounting）”。ISO14064 中也包含项目层面的碳核算。2006 年国际标准组织（ISO）发布了国际温室气体排放核算、验证标准 ISO14064，由三部分组成：第一部分 ISO14064－1 是指导企业/组织量化和报告温室气体排放与消除的规范，其功能与“企业核算 GHG 协议”类似；第二部分 ISO14064－2 着重讨论旨在减少 GHG 排放量或加快温室气体清除速度的 GHG 项目，它包括确定项目基准线和与基准线相关的监测、量化和报告项目绩效的原则和要求，同样类似于“项目核算 GHG 协议”；第三部分 ISO14064－3 阐述了实际验证过程，这使 ISO14064－3 可用于指导独立的第三方机构进行 GHG 报告验证及索赔。

产品层面碳核算。针对产品的碳排放核算，碳信托（Carbon Trust）和英国环境、食品和农村事务部（DEFRA）共同牵头，英国标准协会（BSI）于 2008 年制定《PAS 2050 标准》，是全球第一部产品碳足迹标准。PAS 2050 通过对产品或服务的全生命周期——从原材料到生产（或服务供给的各个环节）、分配、使用和回收处置的温室气体排放的核算，并根据各种温室气体的全球暖化潜力（GWP）折算成二氧化碳当量，反映产品或服务的碳足迹及其对气候变化的影响。自 2012 年开始，国际标准组织 ISO 颁布了产品碳足迹核算标准 ISO14067，用于指导使用生命周期评估方法而进行的产品碳足迹量化以及对外交流。ISO14067 的颁布是建立在现有国际标准的基础上的，如生命周期评价（ISO14040 和 ISO14044）、环境标志和声明（ISO14020、ISO14024 和 ISO14025）等。ISO14067 的颁布在全球形成面向市场的共识性框架文件。

3.4 绿色金融与 EOD 模式

3.4.1 绿色金融

绿色金融指为支持环境改善、应对气候变化和资源节约高效利用的经济活动，即对环保、节能、清洁能源、绿色交通、绿色建筑等领域的项目投融资、项目运营、风险管理等所提供的金融服务。

绿色金融有两层含义：一是金融业如何促进环保和经济社会的可持续发展，二是金融业自身可持续发展。

绿色金融的实施需要由政府政策推动。传统金融业在现行政策和“经济人”思想引导下，或者以经济效益为目标，或者以完成政策任务为职责，绿色金融是政策推动型金融。环境资源是公共品，只有通过政策推动，金融机构才能主动考虑贷款方的生产或服务是否有生态效率。截至2022年6月末，我国本外币绿色贷款余额19.55万亿元。其中，投向具有直接和间接碳减排效益项目的贷款余额分别为8万亿元和4.93万亿元，合计占绿色贷款余额的66.2%，主要分布在基础设施绿色升级产业和清洁能源产业等领域。

“双碳”目标的实现需要大量投资与技术孵化。为解决碳汇、减碳及碳封存等项目资金，国家推动财政补贴、绿色债券、绿色贷款、产业基金等绿色金融创新。2020年1月，生态环境部提出应对气候变化的投融资指导意见，引导社会资本投向环保相关领域。中国人民银行等三部门出台《绿色债券支持项目目录（2021年版）》，上交所、深交所发布《绿色公司债券上市的业务指引》，细化了绿色债券应用规则。2021年央行推进碳减排支持工具设立工作，支持清洁能源、节能环保、碳减排技术的发展，撬动更多社会资金促进碳减排。碳减排支持工具的设计按照市场化、法治化、国际化原则，充分体现公开透明，做到“可操作、可计算、可验证”，确保工具的精准性和直达性。

探索设立碳排放专项基金，引领撬动市场资金。中国人民银行2021年6月印发《银行业金融机构绿色金融评价方案》，将绿色债券纳入评价体系，将绿色金融评价结果纳入央行金融机构评级等中国人民银行政策和审慎管理工具。

国家开发银行发布《实施绿色低碳金融战略 支持碳达峰碳中和行动方案》，明确开发银行支持碳达峰、碳中和的时间表、路线图和施工图。《行动方案》提出到2025年开发银行绿色贷款占信贷资产比重较2020年底提高5个百分点以上，到2030年绿色贷款占信贷资产比重达到30%左右，2030年前实现集团投融资与自身运营碳排放“双达峰”；2060年前实现集团投融资与自身运营碳排放“双中和”。2021年11月工信部、人民银行、银保监会、证监会《关于加强产融合作推动工业绿色发展的指导意见》：鼓励运用数字技术开展碳核算，率先对绿色工业园区等进行核算；支持在绿色低碳园区推动基础设施领域不动产投资信托基金（基础设施 REITs）试点；鼓励建设中外合作绿色工业园区，推动绿色技术创新成果转化落地。开发与碳排放权相关的金融产品和服务，开展气候债券、气候保险、气候基金等金融创新，促进形成碳市场与银行等传统金融业互动，增强碳市场服务实体经济的能力。我国 2021 年境内绿色债券发行规模超过 6000 亿元，余额 1.13 万亿元。其中，绿色债务融资工具发行 3135 亿元，余额 3676 亿元，累计满足 200 多家企业绿色融资需求。截至 2022 年 5 月，银行间市场共支持发行碳中和债 2442 亿元。如按募投金额与项目总投比例折算，促进减排二氧化碳 4203 万吨，节约标准煤 1811 万吨。近年来，各地开始发行碳中和交易型开放式指数基金（ETF）、公开募集基础设施证券投资基金（公募 REITs）等。沪深交易所推出低碳转型债券、服务海洋经济发展的绿色债券等品种，我国已初步形成涵盖绿色贷款、绿色债券、绿色保险、碳金融产品等多层次绿色金融产品和市场体系，绿色贷款和绿色债券规模均居世界前列。截至 2022 年 6 月份，我国非金融企业在沪深交易所发行的绿色债券规模超 900 亿元。

3.4.2 绿色债务融资工具

银行间债券市场非金融企业债务融资工具（简称“债务融资工具”）指具有法人资格的非金融企业在银行间债券市场发行的，约定在一定期限内还本付息的有价证券。

绿色债务融资工具指绿色金融改革创新试验区内注册的具有法人资格的非金融企业在银行间市场发行的，募集资金专项用于节能环保、污染防治、资源节约与循环利用等绿色项目的债务融资工具。绿色项目的界定与分类参考《绿色债券支持项目目录》。

2019 年 5 月 13 日，中国人民银行发布《关于支持绿色金融改革创新试验区发行绿色债务融资工具的通知》，主要包括，第一，鼓励试验区内承担绿色项目建设且满足一定条件的城市基础设施建设类企业注册发行绿色债务融资工具；第二，研究探索试验区内企业发行绿色债务融资工具投资于试验区绿色发展基金，扩大募集资金用途，支持地方绿色产业发展；第三，探索试验区内绿色企业注册发行绿色债务融资工具，主要用于企业绿色产业领域的业务发展，可不对应到具体绿色项目。上述规定在满足绿色债务融资工具较为严格的发行规范的同时，适度放宽了其募集资金的应用领域，对于绿色企业、基础设施承建单位提供了政策支持；同时针对试验区发展诉求进行逆周期布局，增加地方绿色产业发展基金的资金来源。

绿色金融改革创新试验区指经国务院批准设立的绿色金融改革创新试验区（以下简称“试验区”）。支持试验区内企业注册发行绿色债务融资工具。鼓励试验区内承担绿色项目建设且满足一定条件的城市基础设施建设类企业作为。探索扩大绿色债务融资工具募集资金用途。研究探索试验区内企业发行绿色债务融资工具投资于试验区绿色发展基金，支持地方绿色产业发展。探索试验区内绿色企业注册发行绿色债务融资工具，主要用于企业绿色产业领域的业务发展，可不对应到具体绿色项目。鼓励试验区内企业通过注册发行定向工具、资产支持票据等不同品种的绿色债务融资工具，增加融资额度，丰富企业融资渠道。因地制宜，研究探索与试验区经济特征相适应的创新产品。支持试验区内企业开展绿色债务融资工具结构创新，鼓励试验区内企业发行与各类环境权益挂钩的结构性债务融资工具、以绿色项目产生的现金流为支持的绿色资产支持票据等创新产品。

绿色债务融资工具主要在银行间市场发行，一般由绿色金融改革创新试验区内注册、具有法人资格的非金融企业作为发行人，募集资金专项用于节能环保、污染防治、资源节约与循环利用等绿色项目。2019 年 5 月 13 日，中国人民银行发布《关于支持绿色金融改革创新试验区发行绿色债务融资工具的通知》，支持试验区内企业注册发行绿色债务融资工具。

我国债务融资工具市场已形成多层次、链环式、可组合的产品工具箱，其中既包括短期融资券、超短期融资券、中期票据等支撑型基础序列产品，也包括熊猫债、永续票据、并购票据、创投企业债务融资工具、扶贫票据、双创专项债务融资工具、社会效应债券、定向可转换票据、供应链融资票据等引领型创新序列产品。银行间市场的多层次产品体系，涵盖了不同发行期限、不同募集资金用途、不同增信方式、不同境内外发行主体、不同计息方式，能够满足市场多元化投融资需求。债务融资工具对募集资金投向有着严格的要求。坚持企业发行债务融资工具与地方政府债务严格切割，债务融资工具不具有地方政府信用，避免增加地方政府隐性债务。

绿色债务融资工具募集资金应 100% 投资于符合《绿色债券支持项目目

录（2021 年版）》规定的项目。从发行标准来看，2017 年 3 月 22 日，交易商协会发布《非金融企业绿色债务融资工具业务指引》及两个配套表格体系，首次明确企业在发行绿色债务融资工具时，应在注册文件中所披露的绿色项目具体信息，同时鼓励第三方认证机构在评估结论中披露债务融资工具的绿色程度，最终由银行间交易商协会对绿色债务融资工具接受注册通知书并进行 GN 统一标识。从发行后信息披露要求看，发行人应每半年对募集资金的使用情况进行披露。2019 年我国共发行 27 只绿色债务融资工具（不含资产支持票据），总规模达 328 亿元。从发行品种看，2019 年发行包含 23 只绿色中期票据、3 只绿色定向工具和 1 只绿色超短期融资券共 3 个品种，涵盖了绿色债务融资工具的基础序列产品。2019 年发行的绿色债务融资工具 100% 用于符合《绿色债券支持项目目录》规定的项目，投向节能、清洁交通、清洁能源、生态保护和适应气候变化、污染防治、资源节约与循环利用六个领域。

3.4.3 可持续发展挂钩债券

可持续发展挂钩债券（Sustainability - Linked Bond，SLB）指将债券条款与发行人可持续发展目标相挂钩的债务融资工具。国际上，可持续发展挂钩债券最早出现于 2019 年的欧洲，国际资本市场协会（ICMA）2020 年 6 月推出指导性文件《可持续发展挂钩债券原则》。

《可持续发展挂钩贷款原则（SLLPs）》2019 年 3 月由贷款市场协会（LMA）、亚太贷款市场协会（APLMA）和贷款银团贸易协会（LSTA）共同发布，2021 年 7 月 19 日更新，作为一套自愿性指导方针供市场参与者在评估贷款是否构成过渡融资时遵循。

可持续发展相关债券原则（SLBP）由国际资本市场协会（ICMA）发布于 2020 年 6 月作为一套债券结构特征、披露和报告的自愿性指导方针，用于评估债券是否为过渡融资。

可持续发展挂钩贷款（SLL）是一种可以通过贷款条款激励借款人实现预定的可持续绩效目标（SPT）的融资工具。借款人的可持续性绩效是由预定的关键绩效指标（KPI）衡量，若未达到预定目标，则有相应的惩罚（提高保证金或提高利率）。

可持续发展挂钩债券（SLB）可持续发展挂钩债券具有一定财务和结构特性，其票面利率会根据发行人是否实现其预设的可持续发展或ESG目标而发生改变。在本质上与可持续挂钩贷款相似是有前瞻性的、基于绩效指标的债券工具。

可持续发展挂钩贷款（SLL）和可持续发展挂钩债券（SLB）的评估方法。可持续发展挂钩贷款原则（SLLPs）旨在适用于任何类型的贷款或融资，以激励实现可持续发展绩效目标。这可以与可持续挂钩债券的SLBP进行比较。可持续发展挂钩贷款原则包括五个关键组成部分：

——选择关键绩效指标（KPI）

——可持续性绩效目标（SPT）的校验

——贷款特点

——信息披露

——审查

可持续发展挂钩债券原则（SLBP）旨在实施可持续发展挂钩债券（SLB）结构和披露的标准方法，使投资者可以相信可持续挂钩债券的资金用途。可持续发展挂钩债券原则包括五个核心组件：

——关键绩效指标（KPI）的选择

——可持续性绩效目标（SPT）的校验

——债券结构

——信息披露

——检验

关键绩效指标（KPI）的选择与发行人的整体经营业务和战略发展具有紧密的相关性且可被定量计算、量化，以便进行后续验证。

可持续发展绩效目标（SPT）应披露实现目标的时间表，包括目标绩效评估日期、触发事件和可持续发展绩效目标的评估频率等。发行人应尽可能披露如何达成其预设的可持续发展绩效目标。每个关键绩效指标（KPI）可对应选取一个或多个可持续发展绩效目标（SPT）。可持续发展挂钩债券的特性会因KPI是否达到SPT，而产生相应的财务或债券结构特性发生改变。

3.4.4　碳中和债

碳中和债是绿色债券的重要创新品种，它是在“双碳”目标的发展下提出来的，2021 年 3 月 18 日，交易商协会发布《关于明确碳中和债相关机制的通知》，其中对碳中和债的概念做了相关解释，指出碳中和债指募集资金专项用于具有碳减排效益的绿色项目的债务融资工具，需满足绿色债券募集资金用途、项目评估与遴选、募集资金管理和存续期信息披露等四大核心要素，属于绿色债务融资工具的子品种。

碳中和债募集资金全部专项用于清洁能源、清洁交通、可持续建筑、工业低碳改造等绿色项目的建设、运营、收购及偿还绿色项目的有息债务，募投项目应符合《绿色债券支持项目目录》或国际绿色产业分类标准，且聚焦于低碳减排领域。碳中和债是绿色债的一种，但其资金用途更加聚焦，同时碳中和债也需第三方专业机构出具评估认证报告；在发行管理方面，存续期信息披露管理也会更为严格。

碳中和债和绿色债券的主要区别，如表 3 –5 所示。

表 3 –5　　碳中和债与绿色债券的区别

主要区别	碳中和债	绿色债券
募投项目	聚焦低碳减排领域，包括清洁能源、清洁交通、可持续建筑、工业低碳改造等，以中票和公司债为主。	低碳减排、循环经济发展、水资源节约和非常规水资源开发利用、污染防治、生态农林业、节能环保产业等。
闲置资金管理	可投资绿色项目，以及安全性高、流动性好的国债、政金债、地方政府债等。	全部用于绿色项目。
发行机制	注册环节可暂无具体募投项目。	明确披露绿色项目的具体信息。
信息披露内容	需披露项目实际或预期产生的碳减排效益，对碳减排等环境效益进行定量测算。	无须披露项目的碳减排预期效益。

资料来源：国合华夏城市规划研究院。

截至 2021 年 9 月 6 日，我国碳中和债的发行额 1219. 19 亿元。碳中和债的发行券种以中票和公司债为主，其中，中票占比达 58. 27%；发行主体评级 90% 以上集中于 AAA 级发行期限以 1—3 年为主；碳中和债中以产业债为主，行业集中于公用事业；募集资金主要投向水电、风电等清洁能源领域，也涉及机场工程、清洁交通、绿色建筑等项目。我国碳中和债券发行主要在银行间市场和交易所市场。

3.4.5 EOD模式

生态环境导向的开发模式（Ecology - Oriented Development，EOD）是以生态文明思想为引领，以可持续发展为目标，以生态保护和环境治理为基础，以特色产业运营为支撑，以区域综合开发为载体，采取产业链延伸、联合经营、组合开发等方式，推动公益性较强、收益性差的生态环境治理项目与收益较好的关联产业有效融合，统筹推进，一体化实施，将生态环境治理带来的经济价值内部化，是一种创新性的项目组织实施方式。其核心内容是城市发展的问题，途径是生态建设引领，目标是实现可持续发展。EOD模式（见表3-6）由一个市场主体统筹，将生态环境治理作为整体项目的投入要素一体化推进，建设运维一体化实施，在项目边界内力争实现项目整体收益与成本平衡，减少政府资金投入。

表3-6　常见EOD模式

EOD模式	主要特征及条件
PPP	在政府财政支出额度大，支出额度未超过财政部规定的上限，且项目实施不紧迫的区域，EOD模式可采用PPP方式实施重点项目。
ABO	在政府财政支出额度大，支出额度未超过财政部规定的上限、但项目实施紧迫的区域，EOD模式可采用ABO方式实施重点项目。
"流域治理+片区开发"	在政府财政支出额度超过财政部规定的上限、项目实施紧迫，但土地市场较活跃的区域，EOD模式可采用"流域治理+片区开发"方式实施。
混合模式	基于上述多种模式的组合模式。

EDO模式实施项目可采用多种方式，常见的方式包括：

政府和社会资本合作（PPP）。在政府财政支出额度大，支出额度未超过财政部规定的上限，且项目实施不紧迫的区域，EOD模式可采用PPP方式实施重点项目。

授权—建设—运营（ABO）。在政府财政支出额度大，支出额度未超过财政部规定的上限、但项目实施紧迫的区域，EOD模式可采用ABO方式实施重点项目。ABO模式一般指授权（Authorize）—建设（Build）—运营（Operate）模式，由政府授权国有公司或特定机构履行业主职责，依约提供所需公共产品及服务，政府履行规则制定、绩效考核等职责，同时支付授权运营费用。

"流域治理 + 片区开发"。在政府财政支出额度超过财政部规定的上限、项目实施紧迫，但土地市场较活跃的区域，EOD 模式可采用"流域治理 + 片区开发"方式实施具体项目。

实践中，EOD 项目落地也可以采取混合模式：部分项目采用 PPP 模式，部分采用 ABO 模式、"流域治理 + 片区开发"等模式。

EOD 模式的项目实施单位应因地制宜、量力而行、统筹规划，通过招商引资与自身孵化的方式，为特定地区发展环境友好型的生态产业。要构建产业生态，推动主导产业与辅助产业协同布局，实施核心企业引领、辅助企业支撑的产业集群，打造资金、资源、产业与运营相融合的产业链、供应链、资金链，构建区域低碳产业生态体系。EOD 实施模式及步骤如图 3－2 所示。

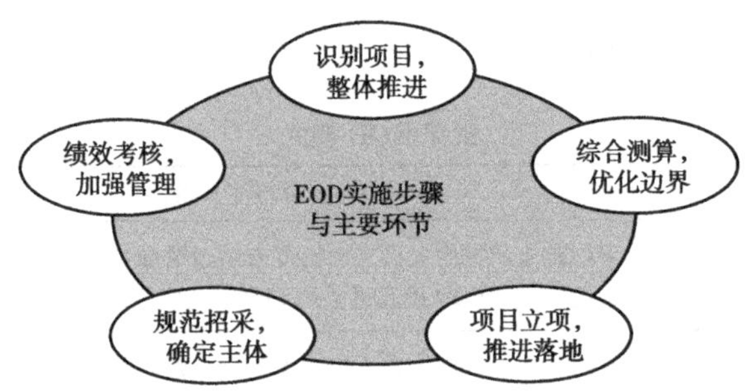

图 3－2　EOD 实施模式及五大步骤

资料来源：国合华夏城市规划研究院。

EOD 模式的五大步骤与实施环节，如下：

一是，识别项目，整体推进。分析项目综合收益与成本，算好账。在确保开发收益反哺生态环境治理项目的基础上，优化调整项目边界，构建项目成本与收益平衡的项目包，确定建设规模、建设内容、技术路线等。

二是，综合测算，优化边界。根据项目情况确立子项目，分别立项、整体实施，或者整体立项。属于政府投资的，按照《政府投资条例》（国务院令第 712 号）做好项目立项；属于企业投资的按照《企业投资项目核准和备案管理条例》（国务院令第 673 号）等要求进行立项；对采取政府与社会资本合资的（PPP）项目，按照 PPP 规范进行入库和实施。

三是，项目立项，推进落地。政府投资项目按照招标要求，采取市场竞争的方式，确定项目主体。

四是，规范招采，确定主体。企业投资项目按照招商引资等要求，确定项目实施主体。

五是，绩效考核，加强管理。明确生态环境治理成效要求，健全生态考评机制，发挥各方管理职能，加强项目施工过程监管。

3.4.6　ESG 报告

ESG（Environment、Social Responsibility、Corporate Governance）指环境、社会和公司治理，包括信息披露、评估评级和投资指引三个方面，是社会责任投资的基础，是绿色金融体系的重要组成部分。ESG 体系主要包括三个方面：ESG 信息披露标准、对企业 ESG 表现的评估评级方法以及 ESG 评级结果对投资的指引和参考作用。

ESG 因素可以从多个维度或路径影响企业的可持续经营发展潜力，并影响企业盈利的持续性和稳定性。对 ESG 因素及综合表现实施评级，可帮助投资者寻找可持续回报的投资机遇，规避因 ESG 因素引发投资风险，通过责任投资促进社会可持续发展。

在投资领域，ESG 是关注企业环境、社会、治理绩效而非财务绩效的投资理念和企业评价标准。在经营领域，ESG 是将环境、社会、治理要素纳入企业经营管理体系的经营实践，企业践行 ESG，一是为了满足资本市场与监管机构的信息披露与合规需求，也是企业通过践行 ESG 树立良好社会形象，追求高质量发展。

ESG 报告，也称企业可持续发展报告（企业社会责任报告，SUSTAINABILITY/ESG 报告）是企业将其履行社会责任的理念、战略、方法，及其经营活动在经济、社会、环境等维度产生的影响定期向利益相关方进行披露的沟通方式。企业通过编制和发布企业社会责任报告（ESG），系统梳理、分析面临各种责任风险，推动企业内部管理改进；推动企业战略实施，满足各利益相关方需求，提升企业形象和综合影响力。

国合华夏城市规划研究院认为，ESG 报告也可广泛用于各级政府、各类产业园、商协会以及其他社会组织。

3.5 碳达峰碳中和财政政策

3.5.1 财政支持双碳六大重点方向和领域

《财政支持做好碳达峰碳中和工作的意见》确定了我国碳达峰碳中和的财政支持方向与领域，如图 3－3 所示。

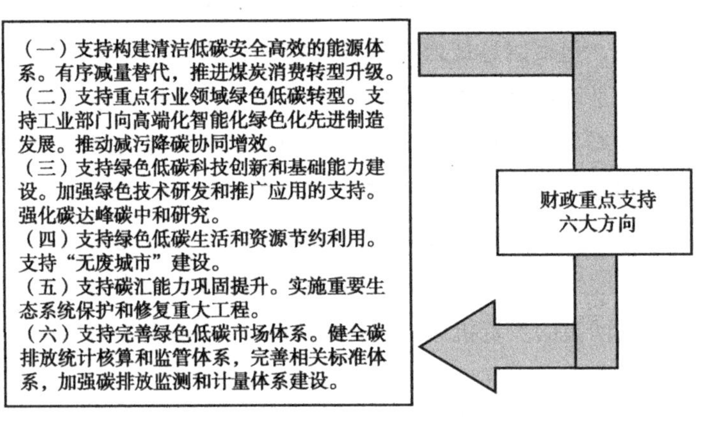

图 3－3 财政重点支持六大方向

（1）支持构建清洁低碳安全高效的能源体系。有序减量替代，推进煤炭消费转型升级。优化清洁能源支持政策，大力支持可再生能源高比例应用，推动构建新能源占比逐渐提高的新型电力系统。支持光伏、风电、生物质能等可再生能源，以及出力平稳的新能源替代化石能源。完善支持政策，激励非常规天然气开采增产上量。鼓励有条件的地区先行先试，因地制宜发展新型储能、抽水蓄能等，加快形成以储能和调峰能力为基础支撑的电力发展机制。加强对重点行业、重点设备的节能监察，组织开展能源计量审查。

（2）支持重点行业领域绿色低碳转型。支持工业部门向高端化智能化绿色化先进制造发展。深化城乡交通运输一体化示范县创建，提升城乡交通运输服务均等化水平。支持优化调整运输结构。大力支持发展新能源汽车，完善充换电基础设施支持政策，稳妥推动燃料电池汽车示范应用工作。推动减污降碳协同增效，持续开展燃煤锅炉、工业炉窑综合治理，扩大北方地区冬季清洁取暖支持范围，鼓励因地制宜采用清洁能源供暖供热。支持北方采暖地区开展既有城镇居住建筑节能改造和农房节能改造，促进城乡建设领域实现碳达峰碳中和。持续推进工业、交通、建筑、农业农村等领域电能替代，实施“以电代煤”“以电代油”。

（3）支持绿色低碳科技创新和基础能力建设。加强对低碳零碳负碳、节能环保等绿色技术研发和推广应用的支持。鼓励有条件的单位、企业和地区开展低碳零碳负碳和储能新材料、新技术、新装备攻关，以及产业化、规模化应用，建立完善绿色低碳技术评估、交易体系和科技创新服务平台。强化碳达峰碳中和基础理论、基础方法、技术标准、实现路径研究。加强生态系统碳汇基础支撑。支持适应气候变化能力建设，提高防灾减灾抗灾救灾能力。

（4）支持绿色低碳生活和资源节约利用。发展循环经济，推动资源综合利用，加强城乡垃圾和农村废弃物资源利用。完善废旧物资循环利用体系，促进再生资源回收利用提质增效。建立健全汽车、电器电子产品的生产者责任延伸制度，促进再生资源回收行业健康发展。推动农作物秸秆和畜禽粪污资源化利用，推广地膜回收利用。支持“无废城市”建设，形成一批可复制可推广的经验模式。

（5）支持碳汇能力巩固提升。支持提升森林、草原、湿地、海洋等生态碳汇能力。开展山水林田湖草沙一体化保护和修复。实施重要生态系统保护和修复重大工程。深入推进大规模国土绿化行动，全面保护天然林，巩固退耕还林还草成果，支持森林资源管护和森林草原火灾防控，加强草原生态修复治理，强化湿地保护修复。支持牧区半牧区省份落实好草原补奖政策，加快推进草牧业发展方式转变，促进草原生态环境稳步恢复。整体推进海洋生态系统保护修复，提升红树林、海草床、盐沼等固碳能力。支持开展水土流失综合治理。

（6）支持完善绿色低碳市场体系。充分发挥碳排放权、用能权、排污权等交易市场作用，引导产业布局优化。健全碳排放统计核算和监管体系，完善相关标准体系，加强碳排放监测和计量体系建设。支持全国碳排放权交易的统一监督管理，完善全国碳排放权交易市场配额分配管理，逐步扩大交易行业范围，丰富交易品种和交易方式，适时引入有偿分配。全面实施排污许可制度，完善排污权有偿使用和交易制度，积极培育交易市场。健全企业、金融机构等碳排放报告和信息披露制度。

3.5.2 碳达峰碳中和财政政策五大措施

《财政支持做好碳达峰碳中和工作的意见》确定了我国碳达峰碳中和的财政扶持政策措施，如图3-4所示。

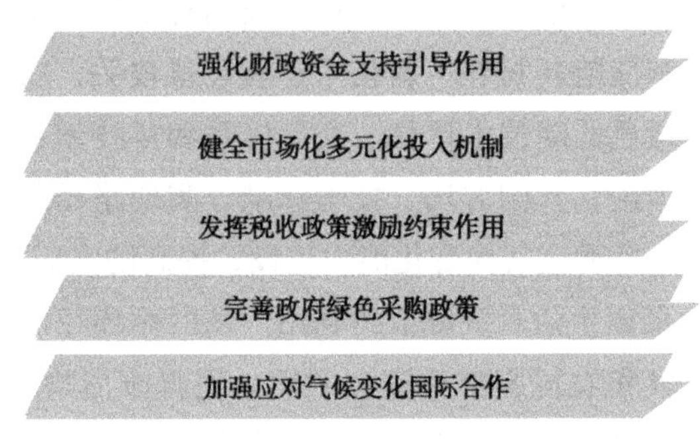

图3-4 财政资金重点支持五项措施

(1) 强化财政资金支持引导作用。加强财政资源统筹，优化财政支出结构，加大对碳达峰碳中和工作的支持力度。财政资金安排紧紧围绕党中央、国务院关于碳达峰碳中和有关工作部署，资金分配突出重点，强化对重点行业领域的保障力度，提高资金政策的精准性。中央财政在分配现有中央对地方相关转移支付资金时，对推动相关工作成效突出、发挥示范引领作用的地区给予奖励支持。

(2) 健全市场化多元化投入机制。研究设立国家低碳转型基金，支持传统产业和资源富集地区绿色转型。充分发挥包括国家绿色发展基金在内的现有政府投资基金的引导作用。鼓励社会资本以市场化方式设立绿色低碳产业投资基金。将符合条件的绿色低碳发展项目纳入政府债券支持范围。采取多种方式支持生态环境领域政府和社会资本合作（PPP）项目，规范地方政府对PPP项目履约行为。

(3) 发挥税收政策激励约束作用。落实环境保护税、资源税、消费税、车船税、车辆购置税、增值税、企业所得税等税收政策；落实节能节水、资源综合利用等税收优惠政策，研究支持碳减排相关税收政策，更好地发挥税收对市场主体绿色低碳发展的促进作用。按照加快推进绿色低碳发展和持续改善环境质量的要求，优化关税结构。

（4）完善政府绿色采购政策。建立健全绿色低碳产品的政府采购需求标准体系，分类制定绿色建筑和绿色建材政府采购需求标准。大力推广应用装配式建筑和绿色建材，促进建筑品质提升。加大新能源、清洁能源公务用车和用船政府采购力度，机要通信等公务用车除特殊地理环境等因素外原则上采购新能源汽车，优先采购提供新能源汽车的租赁服务，公务用船优先采购新能源、清洁能源船舶。强化采购人主体责任，在政府采购文件中明确绿色低碳要求，加大绿色低碳产品的采购力度。

（5）加强应对气候变化国际合作。立足我国发展中国家定位，稳定现有多边和双边气候融资渠道，继续争取国际金融组织和外国政府对我国的技术、资金、项目援助。积极参与联合国气候资金谈判，推动《联合国气候变化框架公约》及其《巴黎协定》全面有效实施，打造“一带一路”绿色化、低碳化品牌，协同推进全球气候和环境治理，密切跟踪并积极参与国际可持续披露准则制定。

3.6　典型案例

案例3－1：中德青岛生态产业园区

中德生态产业园位于青岛西海岸，以低碳循环经济理论为依托，注重绿色环保理念，推动园区开发的科技化、现代化、低碳化、国际化。

积极利用清洁能源：注重规划统筹，强化园区规划、基础设施建设、招商引资和园区管理等各环节的低碳、循环理念；制定了低碳循环发展的标准与规则，形成了完整的生态工业园发展模式。中德生态园重点发展太阳能、风能、地热能、空气能等可再生能源，作为青岛市首个“非煤化”试点区域之一，构建多元化清洁能源供给体系，并实施泛能网技术，运行山东省首例泛能网联网，强化园区能源审计、重点用能单位节能考核、提升企业节能绿色意识，加强能源管理。

推动绿色工业制造：设立循环低碳专项基金，鼓励节能技改、能源管理与低碳发展。鼓励新型基础设施建设，高效利用热能、污泥、厨余垃圾和废弃物，实现循环产业链。

建设低碳社区，试行低碳建筑改造，打造零碳建筑，发展被动式超低能耗和装配式建筑，实现100%绿色施工、绿色建筑。倡导绿色交通、低碳生活，实行生活垃圾分类管理。鼓励建设“幸福社区”，引入德国被动式超低能耗绿色建筑项目，成立德国被动式建筑研究所中国中心、被动房（中国）研究院，开工建设被动房技术体验中心，形成集设计、建设监理、关键设备制造、鉴定认证于一体的被动房产业链。园区坚持德国可持续建筑认证体系标准与中国绿色建筑标准相结合，提出建设“两个百分百”，即园区内所有建筑100%达到绿色施工、绿色建筑。

建设数字化监测大数据系统，推进园区管控数字化转型，建设零碳操作系统，实现数据支撑园区碳排放监测和管理，搭建开放的能源互联网共享服务中心，提高管理能效。

案例3－2：ESG报告撰写及EDG评级

国合华夏城市规划研究院组织专业评级机构联合对地方政府、园区或企业的ESG报告进行评级（见表3－7）并颁布评级结果，评级总分为百分制，满分为100分，分数越高代表ESG综合表现越好。在评分的基础上，可以设置三等九级ESG级别，分别用AAA、AA、A、BBB、BB、B、CCC、CC、C表示。

表3－7　ESG级别符号、定义与映射关系

符号	级别阐释
AAA	受评企业在环境、社会责任和公司治理总体表现很好
AA	受评企业在环境、社会责任和公司治理总体表现好
A	受评企业在环境、社会责任和公司治理总体表现较好
BBB	受评企业在环境、社会责任和公司治理总体表现一般
BB	受评企业在环境、社会责任和公司治理总体表现一般，其中两项指标表现较好
B	受评企业在环境、社会责任和公司治理总体表现一般，其中一项指标表现较好
CCC	受评企业在环境、社会责任和公司治理总体表现较差
CC	受评企业在环境、社会责任和公司治理总体表现很差

重点评价受评企业环境（E）、社会（S）与公司治理（G）方面的综合表现，同时揭露ESG方面风险或非财务风险。ESG评级体系指标包括环境、社会、公司治理三大类，指标和权重运用层次分析法（AHP模型）构建，指标权重将根据社会发展阶段和行业差异性进行统一调整。指标数据项的标准

值设置综合考虑行业技术标准、国家标准、地区统计数据、行业均值等因素，对环境、社会、公司治理因素的各类指标制定赋值评分标准。

具体操作可以由地方政府、园区、企业等提出评级的申请，委托专业机构评价，并给出评价 ESG 等级。

案例 3 -3：地方政府矿山修复 EOD 实施方案

为推动地方城市更新与矿山修复工程，充分利用《关于探索利用市场化方式推进矿山生态修复的意见》《关于鼓励和支持社会资本参与生态保护修复的意见》等文件精神，可以采用 EOD 生态环境融资模式，实现土地综合修复利用：

针对废弃国有建设用地修复性土地开发项目，编制土地修复方案，将其转化为经营性建设用地；签订矿山生态修复方案、土地出让方案，通过公开竞争方式，分别签订生态修复协议、土地出让合同；通过土地修复与出让捆绑的模式，实现融资开发，解决公益性项目的现金流，通过土地二级开发产生的经营性收入及土地使用权的转让收入完全或部分覆盖前期投资。主要有四个投资效果：

（1）废弃土地修复项目。针对废弃国有建设用地策划并修复为农用地的项目，采取市、县人民政府或其授权部门签订协议的形式，确定修复主体，签订国有农用地承包经营合同，主要从事种植业、林业、畜牧业或渔业生产。通过农业领域的业务收入实现其现金流。针对废弃集体建设用地策划并推动土地修复的项目，地方政府可自行投资修复，也可吸引社会资本参与。修复后国土空间规划确定为工业、商业等经营性用途，经依法登记的集体经营性建设用地，土地所有权人可出让、出租用于发展相关产业，符合《土地管理法》中对于集体经营性建设用地入市的有关规定。

地方政府依据国土空间规划，使用在矿山修复后的土地发展旅游产业，建设休闲旅游与康养类项目，在不占用永久基本农田、不破坏生态环境、自然景观、不影响地质安全的前提下，其用地可不征收（收回）、不转用，按现用途管理。

（2）存量废弃土地腾退或闲置利用项目。矿山存量及废弃建设用地修复为耕地的，符合“参照城乡建设用地增减挂钩政策，腾退的建设用地指标可在省域范围内流转使用。”其指标转让方不受贫困区县的限制。矿企从事修复，建设用地修复为农用地的，可用于其采矿活动占用同类地的占补平衡，建设用地修复为经营建设用地的，补缴出让金后可获得其使用权。

（3）合理利用废土石料。按照自然资源部《关于探索利用市场化方式推进矿山生态修复的意见》，矿山修复过程中产生的废土石料，纳入县级公共资源交易平台对外销售，销售收益全部用于地区生态修复，保障社会投资主体的合理收益。2019年财政部印发《重点生态保护修复治理资金管理办法》明确了财政资金对废弃工矿地整理的优先支持。以中央专项转移支付的形式对废弃工矿土地治理分配财政资金，鼓励社会资本参与，创新矿山生态环境修复治理模式。企业进行矿山环境治理，修复废弃矿山，可以给企业带来一定的投资回报。

（4）废弃矿物（共伴生矿，即尾矿除外）再利用。国家鼓励对废弃矿物的开发利用，在矿权人同意并支付了费用之后，投资人就可对废弃矿物进行再利用，无须新设采矿权。矿山尾矿的资源化、废弃矿山的生态利用等是重要的发展趋势，特别是探索二氧化碳地质封存、发展林草碳汇等是一个重要的探索。

通过上述四个方面的投资效果，可以为矿山修复项目提供再开发的价值，确保社会投资者（包括国企）策划开发经营性项目，利用EOD等模式对外融资，利用经营性现金回收投资，实现投资与收入自平衡。

上述四类投资收益中，矿山残留的矿产资源开发（废土石料销售和废弃物再加工）收益相对直接，但要符合相关法律规定，避免以矿山生态修复名义变相开采矿产资源的相关法律风险。因此，在矿山生态修复过程中，主要利益来自矿山生态修复后土地资源的再开发和再利用。

对地方政府实施矿山修复EOD项目的具体建议：

项目策划。按照国家法律规定，进行项目策划包装，推动国土规划编制与调整，具体核定矿区土地利用现状地类，与国土空间规划相一致，特别要考虑矿山生态修复后土地的再开发利用，是矿山生态修复规划的基础保证。

产业孵化。按照当地产业布局，引入符合矿山修复和产业开发实力的社会资本，孵化产业与项目，实现投融资、产业开发的协同，规划设计相关产业项目与园区布局，确保投资项目可以实现自平衡。

灵活用地。按照国家和地方土地管理要求，取建设用地指标省内流转、建设用地指标省内置换等优惠政策，灵活采用公开竞争方式分宗供地、废弃矿山生态修复和土地使用权“两标并一标”的方式公开竞争，签订矿山生态修复方案、土地出让方案，实现供应土地，鼓励使用弹性年期出让、长期租赁、先租后让、租让结合等供地方式，确保获得的土地用途合理、可用。

多方筹资。坚持统筹规划、分期滚动开发，科学规划资金来源与偿还计划，争取中央、省级专项资金、政府专项债、银行贷款等，吸引产业基金、央企国企等社会资本参与，实现资金期限、利率错配。

通过实施EOD矿山修复等融资模式，推动地方政府重点项目、重要领域以及战略性产业可持续开发与规划落地。

第4章

零碳城市规划编制指南

■规划是城市开发与建设的前提与基础。零碳城市的规划方法、规划模型与规划报告质量高低决定并影响着零碳城市的开发进度与示范效果。

本章着重分析零碳城市规划思路、低碳标准、规划方法、创建基础、创建要求、空间布局、主要任务、产业转型、推进思路、典型案例等。

4.1　零碳城市（园区）规划思路

4.1.1　低碳城市与园区标准

4.1.1.1　低碳城市概念与标准

低碳城市 Low - carbon City，指以低碳经济为发展模式及方向、市民以低碳生活为理念和行为特征、政府公务管理层以低碳社会为建设标本和蓝图的城市。

《国家低碳城市试点工作的通知》（发改气候〔2017〕66 号）确定了第三批国家级低碳城市创建的指导思想：以加快推进生态文明建设、绿色发展、积极应对气候变化为目标，以实现碳排放峰值目标、控制碳排放总量、探索低碳发展模式、践行低碳发展路径为主线，以建立健全低碳发展制度、推进能源优化利用、打造低碳产业体系、推动城乡低碳化建设和管理、加快低碳技术研发与应用、形成绿色低碳的生活方式和消费模式为重点，探索低碳发展的模式创新、制度创新、技术创新和工程创新，强化基础能力支撑，开展低碳试点的组织保障工作，引领和示范全国低碳发展。

指导思想强调了碳排放总量、低碳制度、低碳能源、低碳产业、低碳管理、低碳生活、技术应用、组织保障等工作内容，这也是研究低碳城市的主要参考维度。

第三批国家低碳城市创建的通知中提出了五条工作措施，具体如图 4 - 1 所示。

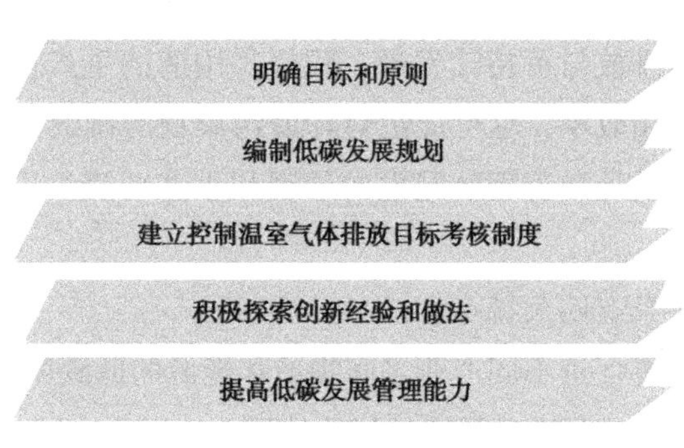

图 4 - 1　创建国家低碳城市五条措施

一是明确目标和原则。结合本地区自然条件、资源禀赋和经济基础等方面的情况，积极探索适合本地区的低碳绿色发展模式和发展路径，加快建立以低碳为特征的工业、能源、建筑、交通等产业体系和低碳生活方式。

二是编制低碳发展规划。根据试点工作方案提出的碳排放峰值目标及试点建设目标，编制低碳发展规划，并将低碳发展纳入本地区国民经济和社会发展年度计划和政府重点工作。发挥规划的综合引导作用，统筹调整产业结构、优化能源结构、节能降耗、增加碳汇等工作，并将低碳发展理念融入城镇化建设和管理过程中。

三是建立控制温室气体排放目标考核制度。将减排任务分配到所辖行政区以及重点企业。制定本地区碳排放指标分解和考核办法，对各考核责任主体的减排任务完成情况开展跟踪评估和考核。

四是积极探索创新经验和做法。以先行先试为契机，体现试点的先进性，结合本地实际积极探索制度创新，按照低碳理念规划建设城市交通、能源、供排水、供热、污水、垃圾处理等基础设施，制定出台促进低碳发展的产业政策、财税政策和技术推广政策，为全国低碳发展发挥示范带头作用。

五是提高低碳发展管理能力。完善低碳发展的组织机构，建立工作协调机制，编制本地区温室气体排放清单，建立温室气体排放数据的统计、监测与核算体系，加强低碳发展能力建设和人才队伍建设。

上述五条措施主要聚焦在低碳发展的主线（目标）、产业、考核、示范、管理等主要领域。

4.1.1.2 低碳产业园区概念

低碳产业园区。由政府集中统一规划，遵循“以人为本，统筹兼顾”的基本原则，兼顾碳排放与可持续发展，积极采用清洁生产技术，大力提高原材料和能源消耗使用效率，尽可能把对环境污染物的排放消除在生产过程之中，合理地规划、设计和管理区域内的景观和生态系统，尽快建成低碳产业集群与产业基地。

低碳产业园区具有四大特点：

一是产业结构要促进不同产业之间物质和能源的低碳循环；

二是注重清洁生产，构建低能耗能源体系；

三是土地要集约利用，产业功能结构合理，生态环境良好，建立产业园区内部固碳生态环境体系；

四是健全工业园区低碳运行政策、低碳规划建设和管理体系。

低碳园区标准体系框架。主要由基础通用、规划布局与土地利用、园区建设、低碳生产、低碳管理、循环经济与环境保护、低碳交通、低碳保障、低碳评价等组成，涵盖园区从规划设计到建筑低碳节能以及生产生活低碳化管理和评价等多个方面。

2014 年工业和信息化部发布了第一批“国家低碳工业园区”试点名单，共有 55 家申报园区通过审核。低碳园区建设为零碳园区创建积累了经验。

4.1.2　零碳城市标准体系

关于低碳城市标准，国家出台了评价标准并开展了具体实践与试点。而零碳城市的概念与创建标准，目前国家部委部门尚未公布。

零碳城市、零碳园区是以不牺牲生产生活和产业集聚为前提，通过能源清洁化、碳能动态化、产业绿色化、能源设施智慧化、管理长效化等方式，以二氧化碳净零排放为最终目标的经济高质量发展城市、载体与聚集区。

从已有实践看，我国低碳城市、低碳园区标准体系由基础通用、规划布局与土地利用、园区建设、低碳生产、低碳管理、循环经济与环境保护、低碳交通、低碳保障、低碳评价等维度组成，涵盖城市或园区从规划设计到建筑低碳节能以及生产生活低碳化管理和评价等维度。近 10 多年以来，我国积极推动园区绿色低碳转型，从低碳城市、生态示范工业园区、循环化改造示范园区、低碳示范园区、绿色园区到近零碳园区，在此过程中积累了大量低碳发展的经验和做法，为零碳城市全面建设奠定了实践基础。

关于零碳城市的创建过程与标准，上海、深圳、北京、杭州等开始进行了部分试点，上海推出了低碳重点实践区、低碳社区。山东省 2022 年开始了近零碳示范与碳达峰试点工程。具体标准参见后面的章节。

4.1.3　零碳城市“345”模型

为编制零碳城市专项规划或创建方案，国合华夏城市规划研究院经过多年实践探索，逐步形成了独具特色的“345”模型（见图4－2）、战略地图以及实施路线图。

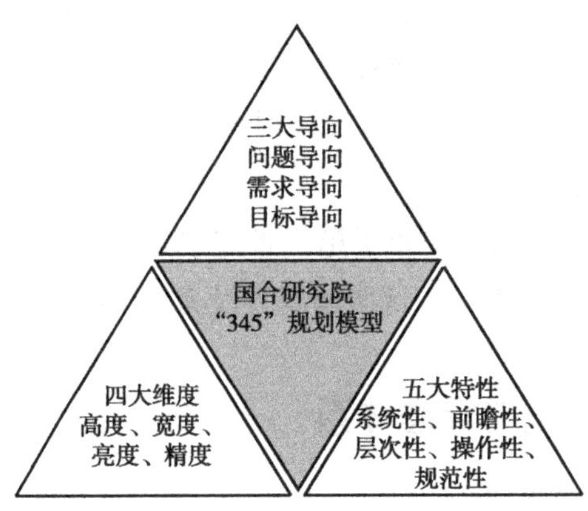

图4－2　国合院零碳城市规划“345模型”

4.1.3.1　三大导向

问题导向：人类生存的最大威胁（问题）是什么？环境。

需求导向：低碳发展的初心及出发点是什么？人民对美好生活的更高需求。

目标导向：我国未来30年奋斗目标是什么？创建零碳城市目标是什么？是建设富强民主文明和谐美丽的社会主义现代化强国。

4.1.3.2　四大维度

高度：从世界趋势、经济规律和国家战略中找低碳示范思路。

宽度：坚持五位一体，用全局和系统观念看发展。

亮度：突出城市特色，差异化低碳化发展。

精度：聚焦生态主线，作好零碳城市创建的文章。

4.1.3.3　五大属性

系统性：把握全球和国家政策、趋势，确立零碳城市发展规划及路径。

前瞻性：抢占风口，突出优势，超前布局零碳城市。

层次性：科学布局，统筹推进，突出关键，强化落地。

操作性：既要接天线，又要接地气，以“碳”为媒，产业为主线，园区为支撑，企业为基础。

规范性：遵循国家政策法规，遵循经济发展规律，落实政策监督机制。

依据产业结构、功能类型、碳排放场景等因素，可以将各类园区划分为生产制造型园区、物流仓储型园区、商务办公型园区、特色功能型园区和产城融合型园区五大类。

运用“345”模型，进行零碳城市创建方案撰写与课题研究：

一是全面梳理和确定三大导向（3 个清单）。系统分析和认真研究零碳城市创建目标是什么（目标清单）？人民群众、当地政府、企业等需求是什么（需求清单）？当前存在的问题和零碳城市创建要解决的问题是什么（问题清单）？可以把问题导向、需求导向和目标导向以“3 个清单”的形式列表归纳，并反复讨论和定稿，据此作为零碳城市创建方案的主线和行动指南。

二是研究和把握四个维度（4 个标准）。针对零碳城市创建方案，对标对表国际国内行业案例、国家政策和上位规划等，进行研究对象的“高度”界定；参考以往政策和上级工作部署，结合双碳目标与实际，进行“宽度”分析和报告目录推敲，确定报告目录，并在初稿阶段进行文稿对照，对照是否达到报告要求的宽度，是否覆盖了主要的领域和内容等；从较高的标准和专业性，进行报告目录、报告初稿的“深度”评价，评估报告目录或者已经成文的规划报告是否具有较深的观点或措施、是否达到了较高的政策水平和实施能力等。统筹规划目录和报告全文，分析和论证是否具有独有特色、是否发挥了区域优势、是否体现了上位规划或本级党委及政府的核心思想及有无自己的亮点和特色等（亮度）。通过“四个维度”的对标和自我测评、专家评价可以有效地发现零碳城市创建思路或报告的缺陷，精准提高和改进规划质量的重要环节。

三是对标和体现 5 个特性（5 大要求）。关于零碳城市创建方案编制质量和评价衡量标准，国家和有关部委至今没有出台一套严谨、科学、量化的考核评估办法，国合华夏城市规划研究院总结自身规划实践和案例，提出了“345”模型，特别强调“五个特性”的评价标准和基本要求。在零碳城市创建模型选择、目录设计、报告撰写和文稿优化过程中，要有系统性，避免思路和报告内容的偏差；要有前瞻性，既体现在当前的一般趋势与发展规律，同时发展思路和指标要有前瞻性、先进性；规划目录和各项工作内容繁杂，要分层阐述并且相互呼应，具有层次性；零碳城市创建作为综合性报告，文字风格、语言表述和报告格式等有一定的要求和模式，体现了规范性；零碳城市创建是立足国家、城市和地方双碳发展目标与实际，具体工程和行动计划由各单位组织实施，其资源条件和实施保障具有局限性和阶段性，同时必须可行和接地气，体现操作性和可行性。

使用国合华夏城市规划研究院独创的“345”规划模型，可以高质量进行零碳城市创建思路设计、创建目录确定、创建路径分析、创建方案撰写、方案报告评价、创建体系优化等，进而形成前瞻、系统、清晰、规范和实操的方案报告，提高零碳城市创建的能力与战略预判。

4.2 零碳城市（园区）规划方法

4.2.1 零碳城市规划编制要点

对特定城市、产业园编制零碳创建方案，必须遵循全球、国家或行业规则、运用规划编制模型与调研工具，进行具体调研、分析、撰写与修订、完善等。编制零碳城市、零碳产业园创建规划或者创建方案的核心内容，主要包括：

一是确立目标城市或产业园区创建零碳示范的总体思路与编制流程，确定规划研究方法与碳汇等数据清单、调研步骤、规划专业团队及总体架构等；

二是确立目标城市、园区的零碳核算涉及范围、编制边界、行业标杆、国家标准、行业标准、重点区域、涉及部门及领域等，组织初步论证并形成创建路径与主要任务清单等；

三是确立全辖、行业、重点区域、能源、生产、交通、建筑等有关领域的碳排放清单，研究重点区域、园区、产业、企业等碳排放核查报告，分析碳排放现状与主线；

四是确立需要遵循的国家标准、省市指南等，测算评价范围内碳排放总量。对于电力、钢铁、建材、有色、石化和化工等“两高”行业项目的产业园，重点评价主导产业碳排放结构与减碳水平，分析降碳潜力与路径等；

五是测算规划期内的园区碳排放强度、结构等变化，测算规划期内产业增长、产值数据、重点项目、交通建筑、能源结构以及涉及碳排放的配套基础设施等各种能耗、技术变化、碳排放等，系统测算并确定数据指标，核算分析与碳排放政策的符合性、系统性、操作性等；

六是根据区域和行业“双碳”目标，设定合理且符合区域特点的碳排放评价指标。结合城市、产业园区等碳排放水平和产业指标，从碳排放强度优化、资源利用效率提升、碳排放经济数据等方面确立未来指标与测算数据等；

七是确定主要任务、平台建设、行业策略、企业零碳化图谱、城市碳汇、绿色建筑、零碳交通及碳减排路径、基础设施改造等；

八是确立组织领导、资源资金、激励考核以及政策保障等。

4.2.2　零碳城市规划编制步骤

国合华夏城市规划研究院认为，地方政府、城市、园区编制零碳示范规划、控制性规划等，应引进智库力量，委托专业机构，签订编制委托合同。在此基础上，组建方案编制课题组，制定创建方案，确认调研提纲和访谈计划，组织现场调研，并遵循规划编制的“五步法”步骤（见图4－3）。

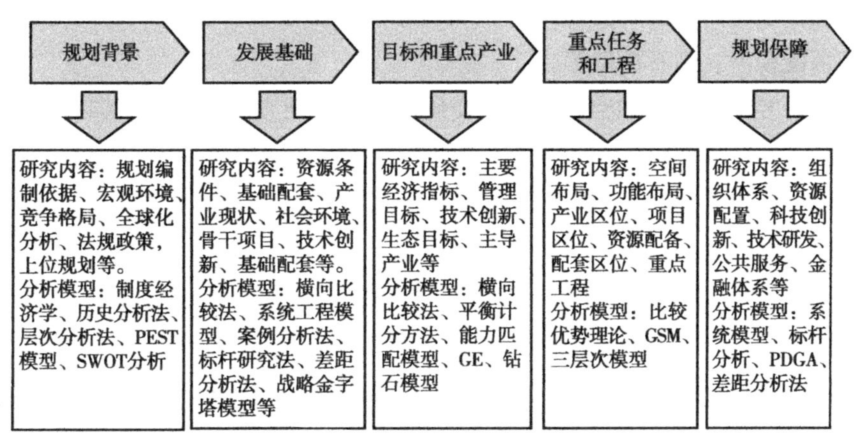

图4－3　零碳城市规划编制“五步法”

（1）规划背景：按照各类规划、创建方案的编制要求，组建规划编制研究团队。与委托单位协商，确立调研计划和时间安排，组织规划调研组，按照调研计划和规划程序，有计划地搜集、整理和分析国家政策、市场布局、地方政府提供的规划文本、地域性文件、年度报告、经济数据、统计报表、碳排放数据等。组织调研访谈。组织各种现场、非现场座谈与专家交流，开展现场调研，进行园区、企业或居民走访，发放调研问卷，开展网上调研等，充分进行特定城市、产业园的经济基础、产业现状等研究。该阶段可采取“345”规划模型、历史比较法、标杆分析法、比较优势法、PEST 等分析工具，研究撰写各类规划“编制背景”和“外部环境”等调研报告或者产业诊断报告，提交规划委托单位交流论证，为下一步规划编制与研究推进提供基础参考。

（2）发展基础：分析研究对象的经济现状与行业、产业、企业、市场、社会生活等情况，分析研究对象的能耗、碳排放以及资源与能力，研究核心竞争力，研究特定行业或产业链现状，对比标杆单位等，提出存在的问题与可能的挑战，寻找市场机遇与自身的优势等。该阶段规划研究采取区位法、案例分析、标杆研究、比较优势理论、差距分析、战略地图等分析工具。

（3）规划目标与重点产业：主要进行规划研究对象的减碳计划、产业布局、指标设计、行业选择、创建图谱以及管理目标、科技目标、降碳目标、人力目标、土地资源、交通条件、资金平台等重点目标确定，对特定功能区和重点产业进行选择与定位等。该阶段主要采用层次分析法、增长极理论、能力匹配模型、钻石模型等。

（4）空间规划与重点工程：主要研究确立空间布局、重点低碳工程、重点任务、实施步骤和区域分布等。通过编制、讨论，确定研究对象的实施路线图和工作重点等。该阶段主要采取系统工程、比较优势、增长极理论等理论模型与研究工具。

（5）规划保障：主要确定各类方案的保证措施及政策措施等。主要包括：政策、组织、财务、土地、交通、金融、人才、服务平台等。该阶段的分析工具主要有：PDCA、标杆分析、系统工程法、差距分析法等。

国合华夏城市规划研究院通过总结归纳各种方案与案例，形成了“6 +”“6 找”规划工具。其主要内容为：通过“规划 + 模型”找方法，通过“规划 + 政策”找依据；通过“规划 + 调研”找方向；通过“规划 + 对标”找标准；通过“规划 + 基础”找方位；通过“规划 + 路径”找策略（见图 4 – 4）。

基于以上编制思路与步骤，进行各类创建方案研究与文本撰写。

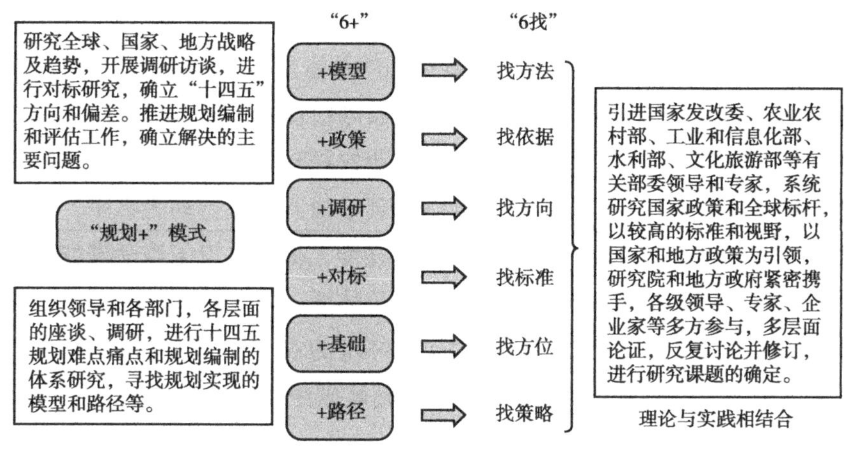

图4-4 "6+""6找"规划工具

4.3 零碳城市（园区）创建基础

4.3.1 零碳城市产业环境

创建零碳城市要进行政策环境、发展现状与产业基础等分析。主要包括国家、省、市零碳与节能等政策。

以国家政策分析为例，规划零碳城市所在省市的产业政策环境。

4.3.1.1 绿色高效农业相关政策

《中华人民共和国乡村振兴促进法》——各级人民政府应当采取措施加强农业面源污染防治，推进农业投入品减量化、生产清洁化、废弃物资源化、产业模式生态化，引导全社会形成节约适度、绿色低碳、文明健康的生产生活和消费方式。

《"十四五"推进农业农村现代化规划》——推动农业农村减排固碳。加强绿色低碳、节能环保的新技术新产品研发和产业化应用；以耕地质量提升、渔业生态养殖等为重点，巩固提升农业生态系统碳汇能力；推动农业产业园区和产业集群循环化改造，开展农业农村可再生能源替代示范；建立健全农业农村减排固碳监测网络和标准体系。

《农业农村减排固碳实施方案》——按照二氧化碳排放力争于2030年前达到峰值、努力争取2060年前实现碳中和的总体要求，落实把碳达峰、碳中和纳入生态文明总体布局的决策部署，以保障粮食安全和重要农产品有效供给为前提，以全面推进乡村振兴、加快农业农村现代化为引领，以农业农村绿色低碳发展为关键，以实施减污降碳、碳汇提升重大行动为抓手，全面提升农业综合生产能力，降低温室气体排放强度，提高农田土壤固碳能力，大力发展农村可再生能源，建立完善监测评价体系，强化科技创新支撑，构建政策保障机制，加快形成节约资源和保护环境的农业农村产业结构、生产方式、生活方式、空间格局，为全国实现碳达峰碳中和作出贡献。

4.3.1.2 零碳工业相关政策

《“十四五”节能减排综合工作方案》——城镇绿色节能改造工程。全面推进城镇绿色规划、绿色建设、绿色运行管理，推动低碳城市、韧性城市、海绵城市、“无废城市”建设。全面提高建筑节能标准，加快发展超低能耗建筑，积极推进既有建筑节能改造、建筑光伏一体化建设。

《“十四五”工业绿色发展规划》——加强工业领域碳达峰顶层设计，提出工业整体和重点行业碳达峰路线图、时间表，明确实施路径，推进各行业落实碳达峰目标任务、实行梯次达峰。

《工业能效提升行动计划》——到2025年，重点工业行业能效全面提升，数据中心等重点领域能效明显提升，绿色低碳能源利用比例显著提高，节能提效工艺技术装备广泛应用，标准、服务和监管体系逐步完善，钢铁、石化化工、有色金属、建材等行业重点产品能效达到国际先进水平，规模以上工业单位增加值能耗比2020年下降13.5%。能尽其用、效率至上成为市场主体和公众的共同理念和普遍要求，节能提效进一步成为绿色低碳的“第一能源”和降耗减碳的首要举措。

《环保装备制造业高质量发展行动计划（2022—2025年）》——促进绿色低碳转型。引导污水处理、流域监测利用光伏、太阳能、沼气热联发电，推广高能效比的水源热泵等技术，实现清洁能源替代，减少污染治理过程中的能源消耗及碳排放。鼓励环保治理长流程工艺向短流程工艺改进，推动治理工艺过程药剂减量化、加强余热利用，推广节能、节水技术装备，提高资源能源利用效率。鼓励企业运用绿色设计方法和工具，从全生命周期角度对产品进行系统优化，开发环境友好型药剂、低碳化工艺、轻量化环保装备，提高污染治理绿色化水平。在大气治理、污水治理、垃圾处理过程中通过工艺技术过程的改进，实现二氧化碳、甲烷、氧化亚氮等温室气体的抑制、分解、捕捉，研发应用减少污染治理过程中温室气体排放的工艺技术。

4.3.1.3 零碳服务业相关政策

《“十四五”数字经济发展规划》——加快建设信息网络基础设施。建设高速泛在、天地一体、云网融合、智能敏捷、绿色低碳、安全可控的智能化综合性数字信息基础设施。

《“十四五”冷链物流发展规划》——绿色智慧，安全可靠。顺应绿色生产生活方式发展趋势和推进碳达峰、碳中和需要，把绿色发展理念贯穿到冷链物流全链条、各领域，以数字化转型整体驱动冷链物流运行管理和治理方式变革，提升行业绿色智慧发展水平。坚守安全底线，压实各方责任，强化行业监管，加强冷链风险预警防控机制和应急处置能力建设，提高冷链产品安全保障水平。

4.3.2 零碳城市管理政策

《2030年前碳达峰行动方案》——实施节能降碳重点工程。实施城市节能降碳工程，开展建筑、交通、照明、供热等基础设施节能升级改造，推进先进绿色建筑技术示范应用，推动城市综合能效提升。实施园区节能降碳工程，以高耗能高排放项目（以下简称“‘两高’项目”）集聚度高的园区为重点，推动能源系统优化和梯级利用，打造一批达到国际先进水平的节能低碳园区。实施重点行业节能降碳工程，推动电力、钢铁、有色金属、建材、石化化工等行业开展节能降碳改造，提升能源资源利用效率。实施重大节能降碳技术示范工程，支持已取得突破的绿色低碳关键技术开展产业化示范应用。

《国务院关于加快建立健全绿色低碳循环发展经济体系的指导意见》——改善城乡人居环境。相关空间性规划要贯彻绿色发展理念，统筹城市发展和安全，优化空间布局，合理确定开发强度，鼓励城市留白增绿。建立“美丽城市”评价体系，开展“美丽城市”建设试点。增强城市防洪排涝能力。

《减污降碳协同增效实施方案》——开展城市减污降碳协同创新。统筹污染治理、生态保护以及温室气体减排要求，在国家环境保护模范城市、“无废城市”建设中强化减污降碳协同增效要求，探索不同类型城市减污降碳推进机制，在城市建设、生产生活各领域加强减污降碳协同增效，加快实现城市绿色低碳发展。

《“十四五”支持老工业城市和资源型城市产业转型升级示范区高质量发展实施方案》——以智能化和绿色化改造为重点的产业转型升级发展路径更加完善。推进数字技术与经济社会发展和产业发展各领域广泛融合，推进先进节能低碳技术、装备和管理模式普遍应用，推进能源资源产业绿色化转型，全面优化经济结构和产业结构。

4.3.3　零碳城市创建申报

关于零碳城市建设，目前国家发改委、生态环境部等部门没有专门的申报文件，预测未来五年内将发布零碳城市、零碳园区的创建政策与文件。

分析与零碳城市创建相关的政策文件如下：

绿色建筑与建材应用试点。《关于组织申报政府采购支持绿色建材促进建筑品质提升试点城市的通知》——具备较好的政府采购绿色建筑和绿色建材应用试点基础，包括有较强试点意愿、政府绿色采购政策执行情况良好等。具有较好的绿色建材发展政策环境、产业能力和市场规模；具有较好的试点项目条件，覆盖新建和既改等不同项目类型，工程项目规模较大。本地区的建筑工程项目和建材生产企业近3年未发生较大及以上等级的生产安全事故。本地区在绿色建材生产、应用、认证工作上建立了工作机制，发布了指导文件或开展了相关工作。

国家园林城市申报试点。《国家园林城市申报与评选管理办法》——城市园林绿化规划、建设、管理等方面的规章制度、政策和标准较为健全；城市园林绿化建设资金纳入政府财政预算，能够保障城市园林绿化规划建设、养护管理、科学研究及宣传培训等工作的开展；城市园林绿化主管部门明确，职责清晰，人员稳定，并有相应的专业管理人员和技术队伍，园林绿化管理规范；编制并有效实施城市绿地系统规划、公园体系规划、生物多样性保护规划和海绵城市建设专项规划。县城可在绿地系统规划中增加公园体系、生物多样性保护专章内容；重视城市园林文化保护传承与发展，在园林绿化建设中体现地域、历史、人文特色，弘扬地方传统文化。定期组织开展专业培训和技能竞赛，使园林营造技艺得到较好传承；及时更新“全国城市园林绿化管理信息系统”中相关信息，真实地反映城市园林绿化基础工作。申报国家生态园林城市，须获得国家园林城市称号 2 年以上，近 2 年内（申报当年及前一年自然年内，下同）未发生重大安全、污染、破坏生态环境、破坏历史文化资源等事件，未发生违背城市发展规律的破坏性“建设”和大规模迁移砍伐城市树木等行为，未被省级以上住房和城乡建设（园林绿化）主管部门通报批评。

零碳城市创建申报。目前，国家层面尚未出台零碳城市、零碳园区创建流程与政策文件。但是，上海、山东、浙江等省市出台了近零碳重点实践区、零碳社区、低碳城市等创建工程，并且规定了不同的申报与创建流程。国合华夏城市规划研究院与中国出入镜检疫检验协会、国家林草局规划院、中国西促会等联合发起中国碳中和研究院，与各行业、商协会、企事业、央企国企、认证机构等于 2021 年 7 月在京联合发起“百城千企零碳行动”，在组织编写零碳城市社团标准、企业标准中制定了零碳城市申请与创建流程，包括：方案撰写、自行申报、专家评审、初步认定、创建实践、阶段性评估、创建授牌、部委推荐等基本流程（具体见官微：国合华夏城市规划研究院）。

4.3.4　零碳城市创建基础

零碳城市、零碳园区创建基础包含但不限于：发展基础、存在问题、面临形势三大部分。

规划基础：结合统计数据重点对近五年来节能减碳及碳汇成果进行总结。包括能源行业碳排放减少、能源利用效率提升、新能源产业发展加速、低碳建筑新能源基础设施逐步完善、节能减碳技术重大进展、生态环境治理成效、工业三废处理利用情况、零碳城市管理体系建设情况、低碳生活普及情况等。

存在问题：主要包括零碳规划缺失、能源利用效率偏低、技术工艺有待提升、生态环境相对脆弱、管理机制有待完善等。

面临形势：依据我国双碳政策对国内零碳城市建设形势进行分析，根据规划编制单位的不同，对所在省、市、县政策进行分析，并总结有利及不利外部环境因素。

其中：零碳城市已有成果与创建基础，包含但不限于：

（1）零碳城市建设成果总结。对城市、乡镇、产业园区、龙头企业获得节能减排牌照数量进行统计，并对其建设成就进行简要概括。对城市三次产业结构优化成果进行总结，归纳零碳城市建设有效做法，并根据城市单位GDP碳排放量对近年来产业零碳转型进行进一步说明。总结近年来节能减排相关规划、地方法规体系制定及落地成效。

（2）能源转型及清洁能源设施建设成果总结。依据城市统计公报及统计年鉴，对城市清洁能源使用比例的增长和煤炭等高污染能源的取缔进行总结。对城市风力、水力、光伏电站及超高压输电、蓄能设施建设重大工程进行总结。对新能源公共交通、充电桩建设等民生工程建设成果进行总结。

（3）环境保护及污染治理成果总结。对新增森林面积、地表水质、空气质量优良天数等城市环境保护成果进行总结。梳理城市生态建设重点工程及生活垃圾、污水处理设施建设成果。依据数据总结工业“三废”治理利用成效。

（4）居民生活及公共事业节能减排成果总结。简要总结居民低碳生活方式及政府、事业单位在低碳办公等方面推广普及工作成果。

（5）节能减排科技研发成果总结。对城市取得节能减排技术成果进行总结。

4.4　零碳城市（园区）创建要求

4.4.1　零碳城市创建准则

零碳城市创建包含但不限于以下基本理念：

总体部署、分类施策；系统推进、重点突破；双轮驱动、两手发力；稳妥有序、安全降碳；以人为本、惠民利民；清洁低碳、绿色发展；改革创新、协同高效；筑牢底线、保障安全；坚持生态优先，绿色低碳；坚持系统优化，安全高效；坚持创新驱动，智慧融合；坚持深化改革，扩大开放；坚持服务民生，共享发展等。

零碳城市创建的基本原则。编制零碳城市、零碳园区及开发建设，应该遵循如下基本原则：

一是经济增长和生态环保并行。统筹规划，因地制宜，多策并举，有序推进。坚决遵循“绿水青山就是金山银山”，以大项目、大资金、大产业为主线，尽量做到经济发展和生态环保有机统一、相互推动。零碳示范要确保经济增长同时统筹考虑生态保护和环境改善。

二是经济质量与低碳发展要求并行。结构调整，政府引导，各方参与，市场化运作“双碳”不是以牺牲发展质量为代价的“一刀切”，零碳示范必须兼顾经济发展预期指标和绿色低碳约束指标。

三是产业转型升级和城市建设并行。以人为本，科技引领，节能优先，减排同步。围绕“以人为本”初心，进行产业升级布局，招引新兴产业，同时进行城市策划、园区规划与开发建设，不断构建产业升级与城市更新相衔接、生产、生活、生态三位一体的新发展格局。

四是零碳发展与政策激励并行。科学补偿，城乡统筹，区域协同，制度保障。完善低碳发展的政策体系，创新绿色金融模式，加大财政外行补贴力度，注重城乡一体化，实施跨区域政策、规划、制度、运行与资源协同布局、均衡化、可持续发展。

《城乡建设领域碳达峰实施方案》确定的工作原则。坚持系统谋划、分步实施，加强顶层设计，强化结果控制，合理确定工作节奏，统筹推进实现碳达峰。坚持因地制宜，区分城市、乡村、不同气候区，科学确定节能降碳要求。坚持创新引领、转型发展，加强核心技术攻坚，完善技术体系，强化机制创新，完善城乡建设碳减排管理制度。坚持双轮驱动、共同发力，充分发挥政府主导和市场机制的作用，形成有效的激励约束机制，实施共建共享，协同推进各项工作。

4.4.2　零碳城市创建思想

以习近平新时代中国特色社会主义思想为指导，全面贯彻党的二十大会议精神，深入践行习近平生态文明思想，遵循能源安全新战略，全面贯彻落实党中央、国务院关于碳达峰、碳中和的重大战略决策，因地制宜扎实推进碳达峰行动。落实规划单位所在省市双碳政策，以“十四五”规划为指导，统筹能源、生态环境、工业产业、园区建设、零碳建筑、零碳交通等各类专项规划，依据创建单位零碳建设总体布局，明确未来3—5年乃至10年以上零碳城市建设的总体定位、实施路径与保障机制，提出创建零碳城市的中长期发展目标与宏伟蓝图。

4.4.3 零碳城市创建目标

零碳城市创建目标是碳达峰碳中和工作的重要决策依据，是建成零碳示范的核心内容，需要进行科学测算与系统研究。

对于特定城市来说，确定零碳城市的创建目标，应该学习领会中央、国家部委等政策文件，遵循国家双碳建设的指导思想，立足国家重大战略，突出区域发展优势，以以往年份低碳目标数据为支撑，围绕城市减碳规模、生态环境建设、能源效率提升，以及零碳园区、零碳工业企业、零碳社区、零碳公共机构、零碳旅游景区等建设进行总体布局。依照国家双碳总体进度和本地经济社会发展实际，对照前期节能减碳基础和产业结构，以及本地区碳汇碳减排等潜力与需求，编制零碳城市创建的主要指标（单位GDP碳排放、人均碳排放、森林碳汇、零碳政策等）、实施路径、创建目标（碳减排目标等）、总体定位等，并对2030年、2035年及2060年零碳城市建设进行展望。

4.4.4 零碳城市规划体系

基于国家战略与零碳城市创建的核心需求，因地制宜、统筹兼顾，研究并确立零碳城市创建方案、专项规划与行动计划、制度体系等三大类的报告体系，包括但不限于表4-1所示内容：

各地区、各城市可以根据本地碳达峰碳中和发展目标与核心需求，研究并确定本地区碳达峰碳中和、零碳城市创建等方案与规划体系，出台可操作的激励制度与操作办法，构建可持续发展的碳达峰碳中和行动路线图与施工图。

表4-1　零碳城市规划方案与报告体系

类型	规划方案名称
规划类	省市县碳达峰碳中和总体规划
	省市县清洁能源专项规划
	省市县近零碳生产发展规划
	省市县科技支持碳达峰碳中和发展规划
	省市县零碳建筑发展规划
	省市县零碳交通发展规划
	省市县零碳办公发展规划
	省市县财政支持碳中和专项规划
	省市县绿色金融创新发展规划
	省实现零碳农业发展规划
	省市县零碳工业发展规划
方案类	省市县2030年前碳达峰行动方案
	省市县零碳发展总体方案（行动计划）
	省市县零碳农业创建方案
	省市县工业零碳发展行动方案
	省市县零碳服务业实施方案
	省市县EOD与绿色金融实施方案
	省市县低碳建筑实施方案
	省市县绿色低碳交通实施方案
	省市县碳中和评价标准
	省市县零碳城市、零碳园区等创建标准等
	省市县碳汇核算与碳交易体系建设
	零碳园区、零碳企业、零碳社区、零碳学校、零碳政府等创建方案
	零碳城市大数据服务系统、碳金融碳信用服务系统
	……
制度类	国家层面碳中和实施条例
	国家部委与地方碳达峰碳中和财税政策
	地方绿色金融、EOD与专项债发行规程
	地方行业、部门碳达峰碳中和政策与激励政策、考核制度
	支持民营企业绿色发展制度
	碳交易碳补偿与碳积分制度
	……

资料来源：国合华夏城市规划研究院、世界零碳标准联盟。

4.5 零碳城市（园区）空间布局

4.5.1 零碳城市总体布局

零碳城市的创建与特定城市的总体谋划、空间规划、产业布局、生态红线以及城乡土地用途等紧密相关。

从空间布局来看，零碳城市的创建与能源布局、产业布局、交通布局、建筑区位等联系紧密。创建零碳城市需明确城市的区域布局、零碳城市产业布局、零碳园区布局、零碳乡村布局、零碳企业布局、零碳社区布局、零碳公共机构布局、零碳景区布局等各种要素的空间布局。

创建零碳城市，积极推动城市组团式发展，建设城市生态和通风廊道，提升城市绿化水平；合理规划城镇建筑面积发展目标，严格管控高能耗公共建筑建设；实施工程建设全过程绿色建造，健全建筑拆除管理制度，杜绝大拆大建；加快推进绿色社区建设；结合实施乡村建设行动，推进县城和农村绿色低碳发展。

零碳城市建设应综合考虑国际形势、城市业态、政策环境、经济社会、零碳发展、生态环保、能源结构、工业产业等上位规划，明确城市所处的生态廊道、产业结构、零碳经济带、主要产业区、交通干线等，以零碳发展的视角进行总体布局与功能设计。

零碳城市创建的主要内容，如图 4－5 所示。

如图 4－5 所示，零碳城市创建主要从产业转型、循环化示范基地、清洁能源基地、绿色生态业、数字经济及制造园区、营商环境与发展环境等重点领域。

4.5.2 零碳发展先行区布局

零碳先行区、示范区是部分省份推进零碳发展的通常做法，也是零碳城市开发建设的重要承载与改革创新平台。根据各地区零碳建设的基础与条件，可以选择并确定若干零碳发展先行区，进行能源、产业、交通、建筑、办公

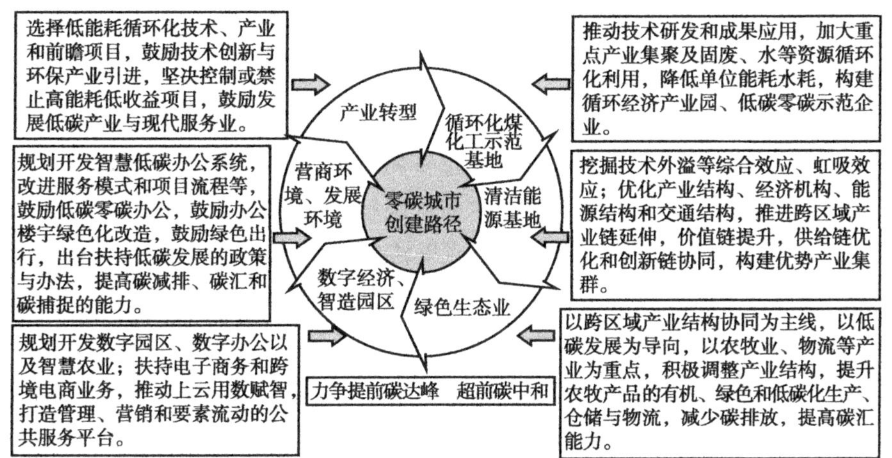

图 4－5　零碳城市创建路径

等技术、模式、平台的先行先试，积累经验，在特定城市全面推广。

为创建零碳先行区，就要对零碳城市创建目标、先行区的作用与空间布局、先行区的功能与重点项目、先行区的平台与资源，以及政策与激励等进行谋划，并获得当地政府认可与执行，才能确保先行区落地。

零碳先行区的总体布局，包括但不限于：创建环境、发展基础、先行区定位、规划原则、创建目标、空间布局、主要任务、能源结构、生产生活布局、交通物流、建筑改造、基础设施、公共服务、实施保障等。具体规划要与零碳城市的试点紧密挂钩。

4.5.3　零碳园区布局

"零碳中国"建设是总体目标，是碳中和的重要体现。"零碳中国"需要无数个"零碳城市""零碳园区"等组成，"零碳园区"是"零碳城市"的主要构成部分，是生产、生活、生态三位一体的低碳运行综合体。"零碳园区"的独有性质与功能决定了它的特殊价值与各种布局的相对性、差异化与体系化。

零碳园区的布局分为功能布局、空间布局、资源布局等多个维度。从产业上包括农业园区、工业园区、服务业园区、混合型园区等。

以零碳工业园区建设为例。建设零碳工业园区，可确立零碳园区管委会为实施主体，优先考虑规划建设生态工业示范园区、绿色工业园区或循环化园区等，园区内产业以先进制造业、新兴产业等为主，能源结构以电力、天然气等清洁能源为主，逐步实施光伏、氢能、地热能等能源替代。根据园区土地性质、产业基础与招商条件，确定零碳园区空间布局、产业体系、商贸物流、零碳建筑，等。积极推动园区的低碳技术创新应用转化，鼓励与扶持高新技术企业和科研院所进行研发与成果转化，开展清洁能源替代、碳捕集、利用与封存技术、工艺降碳技术、低碳管理技术等，促进碳达峰关键技术的研究和应用、转化。鼓励示范园区建立低碳技术企业孵化器，推动低碳技术的产业化、集群化。同时，鼓励进行零碳建筑、零碳交通等改造与项目建设，鼓励固废垃圾的再利用，鼓励污水循环化利用，打造零碳循环化发展的新型基建服务体系。

4.5.4 零碳工业布局

根据零碳城市总体要求，对工业产业进行诊断、摸底，编制低碳零碳工业发展规划，制定具体行动计划与施工图。

推动传统工业产业高端化、低碳化、链条化，集群化改造。鼓励建设绿色工厂、零碳企业，引导规上企业推动能源结构向电力、天然气、氢能等清洁能源改造，推动单位产品综合能耗达到行业先进要求。加大企业办公低碳化改造，鼓励企业技术改造与工艺改进，鼓励降低能耗与参与碳汇活动，鼓励参与碳交易，目标期限内推动企业单位产品、（或单位产值）碳排放量和碳排放总量稳步下降，打造一批零碳示范工业与低碳循环化示范厂区。

4.5.5 零碳社区布局

零碳社区是零碳城市的重要组成部分，也是人民生活与环境治理的重要区域。通过选择与打造一批零碳社区，实现清洁能源、低碳消费、绿色出行、循环化用水，垃圾分类处理，低碳购物、建筑零碳化改造，以及餐饮的“光盘行动”等，杜绝奢侈之风，培养零碳意识，打造零碳社区。

零碳社区应优先考虑基础设施绿色化水平高、公共交通便捷，居民低碳意识较强，已开展城市更新、建筑节能改造的既有社区或小区集合开展试点。

建设期内应实现社区公共区域碳排放总量稳步下降，社区公众绿色低碳意识持续提升，达到零碳示范的量化目标。

住房和城乡建设部、国家发展改革委联合印发《城乡建设领域碳达峰实施方案》规定，社区是形成简约适度、绿色低碳、文明健康生活方式的重要场所。推广功能复合的混合街区，倡导居住、商业、无污染产业等混合布局。按照《完整居住社区建设标准（试行）》配建基本公共服务设施、便民商业服务设施、市政配套基础设施和公共活动空间，到2030年将地级及以上城市的完整居住社区覆盖率提高到60%以上。通过步行和骑行网络串联若干个居住社区，构建十五分钟生活圈。推进绿色社区创建行动，将绿色发展理念贯穿社区规划建设管理全过程，60%的城市社区先行达到创建要求。探索零碳社区建设：鼓励物业服务企业向业主提供居家养老、家政、托幼、健身、购物等生活服务，在步行范围内满足业主基本生活需求；鼓励选用绿色家电产品，减少使用一次性消费品；鼓励“部分空间、部分时间”等绿色低碳用能方式，倡导随手关灯，电视机、空调、电脑等电器不用时关闭插座电源；鼓励选用新能源汽车，推进社区充换电设施建设。

4.5.6　零碳农房布局

提升农房绿色低碳设计建造水平，提高农房能效水平，到2030年建成一批绿色农房，鼓励建设星级绿色农房和零碳农房。按照结构安全、功能完善、节能降碳等要求，制定和完善农房建设相关标准。引导新建农房执行《农村居住建筑节能设计标准》等相关标准，完善农房节能措施，因地制宜推广太阳能暖房等可再生能源利用方式；推广使用高能效照明、灶具等设施设备；鼓励就地取材和利用乡土材料，推广使用绿色建材，鼓励选用装配式钢结构、木结构等建造方式；大力推进北方地区农村清洁取暖。在北方地区冬季清洁取暖项目中积极推进农房节能改造，提高常住房间舒适性，改造后实现整体能效提升30%以上。

4.5.7　零碳公共机构布局

贯彻国务院建设节能型机关等重要部署，积极开展办公、公共建筑等零碳化布局，编制零碳公共机构创建工作计划，从分工到行业、部门和建筑物，要优先考虑公共机构能效领跑者。以零碳公共机构为基础，制定三年减碳零碳行动计划，确定参与主体与实施单位，确立实施计划表、路线图、资金来源等，建设期内应实现单位建筑面积或人均碳排放量和碳排放总量稳步下降。

创新零碳积分制度，实施减碳有奖活动。通过零碳示范、零碳排名以及减碳激励等激励手段，鼓励各级政府、学校、医院、企业等主动进行低碳零碳办公示范，主动践行绿色办公、绿色出行等，打造零碳公共服务体系。

4.5.8 零碳景区布局

旅游景区是城市的重要亮点，也是节能减碳的主战场。景区涉及到交通、消费、建设、仓储、能源、购物、森林碳汇等领域，需要统筹布局，以低碳化、循环化、品牌化的高度，重新审视与规划设计。

建设零碳景区要规划先行，编制减碳零碳发展规划与行动计划，确立景区低碳改造方案，优先选择纳入城市公众低碳场景的景区进行试点。要推动景区光伏、地热能等清洁能源利用，推动景区管理智慧化、低碳化，进行交通、购物、餐饮等低碳化改造，推动绿色出行与循环化污水利用，采用低碳无水循环化利用的厕所革命等技术，推动游客人均碳排放量和碳排放总量稳步下降，尽快实现零碳创建的中长期目标。

4.6 零碳城市（园区）主要任务

4.6.1 完善降碳管理机制

零碳城市及零碳园区建设的主要任务，包括但不限于：完善组织领导体系、确立重点支撑项目、完善降碳管理机制、促进能源低碳转型、推动节能低碳发展、完善园区规划编制、开展零碳先行试点等。

优化完善能耗双控制度。以城市、园区、社区等为考核单元，强化能耗强度降低约束性指标管理，加强城市能耗双控政策与国家、省碳达峰、碳中和目标任务的衔接，合理确定各县、园区能耗强度降低目标。加强节能形势分析预警，对高预警等级地区加强指导。推动科学有序实行用能预算管理，优化能源要素合理配置。

健全污染物排放总量控制制度。以城市或园区为核算单元，细化总量减排指标分解方式，按照可监测、可核查、可考核的原则，将重点工程减排量逐级下达，优化城市、园区总量减排核算方法，对表对标国家及省标准，制定碳排放核算指南，提升总量减排核算信息化水平，完善碳排放监督考核指标体系，健全减碳激励约束机制，强化总量减排监督与补偿机制。

健全法规标准。对标国家、省标准，制定修订一批强制性节能标准，开展能效、水效领跑者引领行动，落实大气污染物排放标准等法规标准，健全能源与碳排放计量体系，加强重点用能单位能耗、碳排放等在线监测系统建设和应用。

4.6.2　促进能源低碳转型

围绕零碳城市建设目标，制定行动方案，加快实施清洁能源革命，推动零碳社区、零碳企业、零碳园区、零碳城市试点。

优化能源供求结构。降低煤炭在能源供给和消费结构中的占比；提高清洁能源供给占比，推动碳中和为目标的可再生能源试点；加快推动燃煤替代，控制非电行业燃煤消费量，提高煤炭用于发电的比例；减少能源产业碳排放，加强化石能源开发生产的碳减排管控；推动能源加工储运提效降碳，加快燃煤发电机组清洁高效利用、超低排放改造和降低煤耗改造；推动天然气与太阳能、地热源、水源等可再生能源融合发展。

促进重点行业能源消费结构调整。强化重点领域节能提效；优化产业布局，加强工业、建筑、交通运输、新基建、公共机构等重点领域节能；实施重点节能试点工程；以重点行业能效提升为抓手，构建覆盖全产业链和产品全生命周期的绿色制造体系。

4.6.3　建设绿色低碳生活

健全绿色低碳循环发展的消费体系。促进绿色产品消费，加大政府绿色采购力度，扩大绿色产品采购范围，逐步将绿色采购制度扩展至国有企业。

加强对政府、企业和居民采购绿色产品的引导，鼓励地方采取补贴、积分奖励等方式促进绿色消费。

倡导绿色低碳生活方式。完善电动车公交体系，鼓励使用电动车与氢能轿车，鼓励自行车等低碳绿色出行，鼓励厉行节约，坚决制止餐饮浪费行为。利用真空技术与无水无管等节能节水低碳技术，推进城乡生活垃圾分类和减量化、资源化，开展碳中和的宣传、培训和成效评估，建设零碳社会。

推动能源体系绿色低碳转型。坚持节能降碳优先，推动能源消费总量和强度双控制度向节能与减碳固碳转化激励制度转型。加大无废城市申报，提升可再生能源利用比例，积极发展风电、光伏发电等，因地制宜规划并开发水能、地热能、海洋能、氢能、生物质能、光热发电等清洁能源。鼓励乡村、县城的供暖做饭使用生物质能技术，降低农民与城镇居民的采暖成本；鼓励政府、企业与居民利用屋顶、工厂等光伏发电，打造园区自用的光伏清洁能源供给体系。

4.6.4 完善零碳园区规划

规划是行动的指南。强化零碳示范的规划编制与政策引领。紧密结合当地城市碳达峰碳中和路径与目标，将零碳园区建设与统筹城乡一体化发展、提升园区管理水平，因地制宜、因城施策编制零碳园区实施方案，完善零碳园区产业结构、基础设施与建设评估机制，健全绿色零碳产业发展体系与服务体系，建设低碳循环化发展的新格局，尽快建成零碳园区。

4.6.5 开展零碳先行试点

重点选择院园区、企业、社区等进行零碳城市的组织细胞试点。

零碳园区试点。选择以先进制造业、新经济产业为主，能源结构以电力、天然气等清洁能源为主的园区开展试点。

零碳工业企业试点。依托国家绿色发展政策与减碳方案，积极开展绿色工厂、零碳企业试点，鼓励使用清洁能源，鼓励进行光伏产业一体化设计开发，鼓励进行建筑物低碳改造，不断降低单位产品综合能耗、单位碳排放等总体水平。

零碳社区试点。选择部分政策到位、建筑物可以改造、交通与生活条件较好的社区进行试点。重点鼓励建设低碳循环化社区，鼓励电动公交车替代、自行车出行，开展居民低碳宣传与教育，开展城市更新、建筑节能改造以及居民减碳积分银行等改革。

零碳公共机构试点。优先考虑公共机构能效领跑者开展试点。以政府办公楼、体育场、博物馆、园区与学校等为重点，进行试点示范，开展“减碳合同管理”“能源合同管理”，试行使用者付费等创新模式。

零碳景区试点。优先考虑4A级及以上景区开展试点。采取一揽子规划方案与低碳技术、产品应用的推进策略，打造低碳零碳景区。

4.7　零碳城市（园区）产业转型

零碳城市与零碳园区的创建必须逐步与国际标准接轨，力争符合并有可能引领国际标准。符合“国际零碳产业园标准”的零碳产业园一般呈现四大特征：形成以可再生能源为基础的现代工业体系，孵化零碳产业和减碳技术，具有智能管理与数字化支撑，构建区域型低碳发展与零碳示范体系。

零碳城市重点发展的产业，包括但不限于：培育绿色高效农业、扶持发展零碳节能工业、提升发展零碳服务业。

4.7.1　零碳城市转型总体思路

遵循零碳城市、零碳园区发展基本规律，立足各城市与园区特色，因地制宜，科学谋划，精准定位，不搞一刀切，不搞大跃进，注重碳减排工作与科技进步、与经济增长等相衔接，确立特定城市、产业园区的产业节能减碳路径与零碳创建路线图、施工图、场景图，确立零碳示范目标与部门分工，明晰产业转型方向与减碳技术等。

强化零碳城市、零碳园区的能源端、供给端、需求端等综合研究，科学测算、统筹确定与经济发展相适应的碳减排数据与技术路径、重大项目与实现模式，完善创建零碳示范的任务目标，强化宣传推动与激励考核，打造零碳示范的新高地等。

4.7.2 零碳城市（园区）产业转型

以系统观念谋划特定城市、特定园区零碳发展思路。持续研究创建城市、示范园区的产业转型协同机制，聚焦目标城市、目标园区有减污降碳协同效应的优先领域、龙头企业和产业链条，强化规划引领，积极调整空间布局，优化产业布局、能源结构、产业结构、交通结构、建筑结构、办公结构、基础设施、政策机制等，提出前瞻性、系统性、操作性、层次性的推进策略与具体路径，以重大项目、龙头企业、优势产业、服务平台等为支撑，全面建设零碳城市示范、零碳园区示范等。

4.7.3 推进城镇环境基础设施升级

把城市环境低碳化建设作为重要的创建内容，强化零碳城市总体目标引领下的城市环境低碳改造升级工程与推进计划。推进城市污水管网全覆盖，推动城市生活污水收集处理设施“厂网一体化”，因地制宜布局污水资源化利用设施。加快城镇生活垃圾处理设施建设，推进生活垃圾焚烧发电，减少生活垃圾填埋处理。加强危险废物集中处置能力建设，提升信息化、智能化监管水平，严格执行经营许可管理制度，完善污染物处理与生态环境建设的数字化、智慧化、全程化。

4.7.4 促进交通基础设施绿色发展

零碳交通是零碳城市建设的重要内容，要从交通规划、空间布局、能源供应、材料选择、项目建设、网络优化、数字平台、降碳激励等方面有序推进。立足低碳交通工作目标，统筹经济发展、交通网络、物流模式等总体设计与开发建设，强化土地等资源集约化利用，强化建筑材料低碳化循环化，不断提高交通网络优化与集约利用土地水平，合理避让具有重要生态功能的国土空间，积极打造绿色公路、绿色铁路、绿色航道、绿色港口、绿色空港。加强新能源汽车充换电、加氢等配套基础设施建设。积极推广节能环保先进技术和产品。加大工程建设中废弃资源综合利用力度。积极鼓励新材料、新技术、新模式等创新，打造零碳数字化智能化综合交通网络与监督运行机制。

4.7.5　持续改善人居生态环境

突出人民中心，进行零碳城市总体规划与工程设计，强化生态环境、污染治理与人、产、城融合发展，一体化推进。编制低碳发展的空间规划，全面贯彻绿色发展理念，统筹城市优化空间布局，凸显人居环境建设主线。强化城乡空间布局与自然环境整治，鼓励城市留白增绿。建立“美丽城市”评价体系，开展“美丽城市”建设试点，打造美丽零碳庭院。加大城乡水利设施建设，进行河流、水库、塘坝等扩容改造，增强城乡防洪排涝能力。加大湿地公园等建设，提高水网覆盖率。鼓励发展绿色低碳建筑，建立绿色建筑统一标识制度，结合城镇老旧小区改造，推动社区基础设施绿色化和既有建筑节能改造，建设美丽零碳人居环境。

4.8　零碳城市（园区）创建指南

4.8.1　零碳城市（园区）规划建设架构图

零碳城市建设基本路径的内容包括：规划零碳城市创建方案与行动计划、分解目标任务、建设零碳园区、培育零碳工业企业、创建零碳排放社区、建设零碳排放公共机构、打造零碳排放景区等。创建零碳城市的保障措施，包括加强组织领导、强化规划引领、加强政策支持、完善实施机制等。

对各类城市、园区因地制宜，分类推进零碳示范与数字化管理。强化零碳园区空间布局与产业优化，实施清洁能源替代工程，促进低碳化、循环化、集约化发展。以工业园区低碳改造为重点，优化园区布局，升级改造基础设施，提高土地资源产出率。加快推进既有建筑节能改造，提高绿色建筑比重。园区交通采用低碳化设计，提高绿色交通出行比例。加大园区重点项目、降碳技术与资源要素平台建设，推进绿色零碳示范。

4.8.2 零碳城市（园区）清洁能源图谱

强化能源结构优化，鼓励发展清洁能源，加大余热余压回收利用，提高常规能源利用效率和能源产出率。鼓励园区企业节能减碳，鼓励改进工艺流程，加快实施电能替代，积极参与绿色电力消费，提升运输工具等终端用能电气化水平。因地制宜利用光伏、地热能、生物质能、空气源等可再生能源。鼓励建设光伏、风能、地热能等综合利用体系，鼓励使用电动车、氢能源汽车等进行原材料物流运输，降低高碳排放传统能源的比例。

4.8.3 零碳城市（园区）资源环境图谱

强化零碳城市、零碳园区建设的资金筹措，积极争取财政补贴、国开行贷款、政府发债等优先扶持，探索零碳园区创建国家级示范试点。优化园区生态环境、用水、电力、能源等供应网络，推进园区内企业间用水系统集成优化，实现串联用水、分质用水、一水多用和梯级利用，建设污水集中处理设施，提高工业用水重复利用率和再生水回用率。强化工业固体废弃物资源化综合利用和危险废弃物安全处置。加强景观绿化与自然生态系统有机协调，提高园区绿化覆盖率。

4.8.4 零碳城市（园区）开发运营图谱

加大城市、园区综合开发与零碳运营，严格入园企业与项目门槛，坚决遏制引进“两高”项目，全面淘汰落后生产技术、工艺和设备。强化园区土地指标集约利用、水电低碳改造、建筑节能改造以及路网管道综合建设，提高园区基础设施综合利用率。建立能源、环境及碳排放统计管理制度，鼓励建设园区能源管理监测平台，鼓励采用绿色认证手段提升园区管理水平。创新园区开发新模式，引进专业机构共同开发产业园区，打造集约高效循环化发展的零碳产业园区。

4.8.5 零碳城市创建要点及实施指南

成立碳达峰碳中和工作领导小组和专项办公室，办公室设在发改委，各部门主要领导为成员。研究双碳目标和政策。按照全口径、多维度，调研政府、城市碳排放、双控及生态产品价值等现状与规模等，形成碳中和发展现状调查报告和系列报告。

基于“双碳”目标和绿色发展主线，委托第三方编制“十四五”时期清洁能源规划、特定地区新能源发展规划、重点城市碳中和专项规划，创建低碳城市实施方案、循环经济示范城市，创建国家级生态产品价值实现机制试点城市实施方案、建设低碳零碳示范城市规划与行动方案。具体操作指南，如图4－6所示。

创建核心要点

- 组织机制。成立碳达峰碳中和工作领导小组和专项办公室，办公室设在发改委，各部门主要领导为成员，研究双碳目标和政策。
- 摸底调研。委托第三方智库牵头谋划，联合研究国家和地方“双碳”目标、有关政策以及测算方法、价值交易机制等。
- 价值核算。按照全口径、多维度，调研政府、城市碳排放、双控及生态产品价值等现状与规模等，形成碳中和发展现状调查报告和系列报告。
- 差距分析。分析对比“十四五”目标和现状的差距，测算和确立弥补差距、达成目标需要开展的工作。
- 规划方案。基于“双碳”目标和绿色发展主线，委托第三方编制“十四五”时期清洁能源规划、“十四五”时期新能源发展规划、“十四五”时期碳中和专项规划，创建低碳城市实施方案、循环经济示范城市，创建国家级生态产品价值实现机制试点城市实施方案、建设低碳零碳示范城市规划与行动方案。
- 分解任务。按照省市县镇村、企业、居民、一二三产和环境治理等口径，进行节能双控、行业减碳、技术改造、能源结构、经济结构、交通结构等优化目标指标分解，分2025年、2030年、2060年三个时间节点。
- 补偿交易。多维度、全社会进行减碳节能及生态产品价值确定边界、价值核算、补偿规则、额度交易等。
- 政策激励：政府、企业、社会、居民等多方参与，资金扶持、技术改造、开放合作及考核激励等。

图4－6　零碳城市创建核心及操作指南

4.9　典型案例

案例4－1：深圳市近零碳排放区试点建设实施方案

深圳市推动近零碳排放区域试点。遴选若干个区域边界明确、减排潜力较大或低碳基础较好的城区、新区或重点片区开展近零碳排放区域试点建设。

以区域人均碳排放量和碳排放总量稳步下降为目标，以低碳经济为发展模式和方向，以低碳生活为理念和行为特征，着力实施能源、产业、建筑、交通、碳汇等重大工程，形成体系完备的近零碳排放区域发展模式。

一是，近零碳排放园区试点。

遴选若干个减排潜力较大或低碳基础较好的园区开展近零碳排放园区试点建设。以单位产值或单位工业增加值碳排放量和碳排放总量稳步下降为主要目标，在保证工业企业或研发办公企业正常生产经营活动的前提下，优化园区空间布局，推进可再生能源利用，严格实行低碳门槛管理，合理控制工业过程排放，建立减污降碳协同机制，推进创新发展和绿色低碳发展。

二是，近零碳排放社区试点。

遴选若干个减排潜力较大或低碳基础较好的社区开展近零碳排放社区试点建设。以社区人均碳排放量和碳排放总量稳步下降为主要目标，发展绿色建筑、超低能耗建筑等节能低碳建筑，提供多层次绿化空间，建设慢行道路，利用碳普惠机制与各类宣传活动提升居民低碳意识，倡导绿色生活。

三是，近零碳排放校园试点。

遴选若干个减排潜力较大或低碳基础较好的校园开展近零碳排放校园试点建设。以校园人均碳排放量和碳排放总量稳步下降为主要目标，构建校园可持续能源体系，降低校园建筑运营能耗，促进校园用车全面电动化，优化校园绿地碳汇空间，引导师生绿色出行和低碳生活。将近零碳理念融入学校教育及技术创新体系，推动碳中和有关人才培养和科技创新，实现校园可持续发展。

四是，近零碳排放建筑试点。

遴选若干个减排潜力较大或低碳基础较好的建筑物开展近零碳排放建筑试点建设。以单位建筑面积碳排放量和碳排放总量稳步下降为主要目标，引导开展建设超低能耗建筑、近零能耗建筑，着力提升建筑节能水平，实施可再生能源替代，开展绿色运营，引导购买核证自愿减排量，降低建筑碳排放。

五是，近零碳排放企业试点。

遴选若干个减排潜力较大或低碳基础较好的企事业单位开展近零碳排放企业试点建设。以单位产值或单位工业增加值碳排放量和碳排放总量稳步下降为主要目标，推进可再生能源利用、工艺流程低碳化改造、运输工具电动化、办公场所低碳化改造与运行，带动供应链减碳行动，强化碳排放科学管理，提升员工低碳意识，降低企业碳排放。

案例4－2：国合华夏城市规划研究院团队编制《贵阳高新区国家级低碳示范区规划》

2010年应贵阳高新区委托，工业和信息化部原直属院所研究总监吴维海博士带队编制贵阳高新区创建国家级示范园区规划。该规划提出了一系列创新思路、实施办法、低碳图谱与建设体系，有很强的科学性、预判性与应用性，与2020年以来中央、国务院、国家发改委等推出的碳达峰碳中和政策、规划体系有高度的一致性及引领性。

《贵阳高新区国家级低碳示范区规划》研究了国际环境、国家政策、贵州和贵阳高新区发展基础，分析了高新区能耗结构、产业结构及低碳现状，确立了贵阳高新区创建国家级低碳经济示范区的总体思路：

发展战略："1246"发展规划，即：一个立足，两大目标，四类指标，七大保障。具体阐释如图4－7所示。

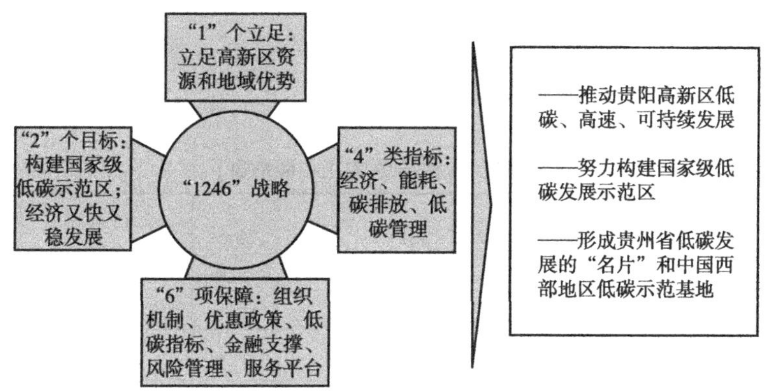

图4－7　贵阳高新区创建国家级地毯示范园区总体思路

发展战略。立足贵阳高新区的地域和资源优势（"1"个立足）；突出"构建国家级低碳示范区"和"又快又稳"的发展目标（"2"个目标）；制定和实施经济、能耗、碳排放和低碳管理指标（"4"类指标）；逐步构建"组织机制、优惠政策、指标体系、金融支撑、风险管理、共享平台（"6"项保障）的保障体系。大力调整产业结构，实现经济增长方式转变，推动贵阳高新区低碳、高速、可持续发展，努力构建国家级低碳发展示范区，形成贵州省低碳发展的"名片"和中国西部地区低碳示范基地。具体目标体系如表4－2所示。

表4－2　　2016—2020年凯里市低碳城市试点建设目标体系

低碳指标	2015年计划	比2010年增减%	2020年计划	比2010年年均增减%
规模以上工业总产值（亿元）				
规模以上单位工业总产值能耗（吨/万元）				
规模以上工业增加值（亿元）				
规模以上单位工业增加值能耗（吨/万元）				
人均 CO_2 排放				
森林覆盖率				
低碳政策				

根据贵阳高新区产业规划和产品结构，结合现有能耗和碳排放情况，进行重点数据统计，进行单位产值和能耗结构的预测分析，测算并制定了基准情景、节能情景、低碳情景的产业结构调整与能耗、碳排放指标体系（示例），如表4－3所示。

表4－3　　总能耗：万吨标准煤（节能情景）

年份	2010	2011	2012	2013	2014	2015	2015年比2010年增长%	2020
电子信息								
高端制造								
新材料								
生物医药								
新能源								
节能环保								
其他								
工业								

基于以上指标预测与分析，课题组确定了贵阳高新区2011—2020年规模以上工业增加值碳排放情景，如图4－8所示。

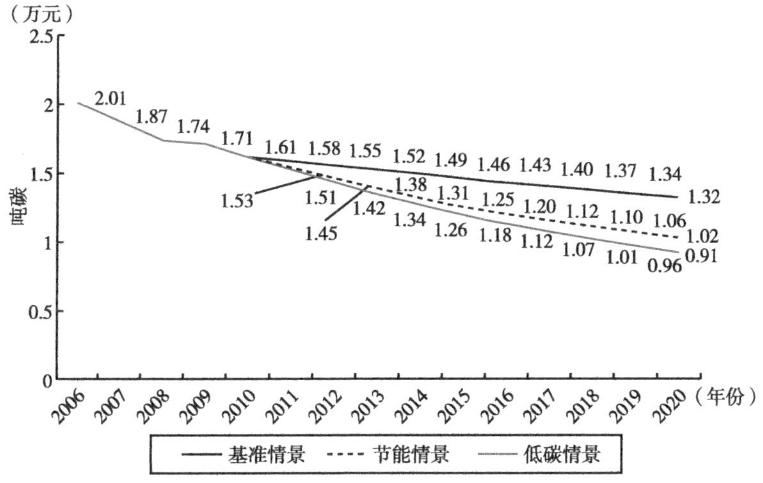

图 4-8　贵阳高新区 2011—2020 年规模以上单位工业增加值碳排放三种情境预测图

《贵阳高新区创建国家级低碳示范区发展规划》前瞻谋划了创建国家级高新区发展规划等图谱，方案确立的实施路径包括但不限于：开展“机制、制度、交易、评价与规划融合”等领域，推动“产业、能源、交通、消费、建筑、生态”等工程，推进“产业、能源、交通、办公、生活、交易机制、生态、政策”等任务，具有较强的理论性、政策性、系统性、操作性及示范性。

第5章

零碳城市创建标准

■ “百城千企零碳行动”需要选择一批城市、园区进行零碳示范。零碳中国的打造需要从城市的零碳化抓起，不断示范与推广，积少成多，有序实施，最终达到零碳的顶峰。

本章着重分析欧美国家零碳城市创建标准、我国零碳城市创建标准、创建原则、评价维度、关键技术、生态环境标准、碳排放、典型案例等。

5.1　欧美国家零碳城市创建标准

2013 年，ISO 技术管理局（TMB）成立气候变化协调委员会（CCCC），成员由 ISO、国际电工委员会（IEC）、国际电信联盟（ITU）、欧洲标准化委员会（CEN）等下设相关技术委员会（TC）代表组成，负责分析 ISO 气候变化相关标准的现状，协调指导相关标准制定，研究提出气候变化领域国际标准工作路线图等。目前，碳达峰碳中和相关国际标准已初具规模。此外，根据 IEC 统计，其发布的 8211 项国际标准中有 1770 项与气候变化相关。

5.1.1　温室气体管理

国际标准化组织环境管理技术委员会（ISO/TC207）2007 年成立了温室气体管理标准化分技术委员会（SC7），主要负责温室气体管理标准体系的研究及相关系列标准的制定。针对温室气体管理，ISO/TC207/SC7 已发布 13 项国际标准，有 6 项标准正在修订过程中，主要涉及了温室气体核算方法、核查程序、项目减排量、碳足迹、信息披露以及碳金融等方面。

5.1.2　节能标准

针对节能和能效，ISO 能源管理和能源节约技术委员会（ISO/TC301）、ISO 建筑环境热性能和能源利用技术委员会（ISO/TC163）、ISO 建筑环境设计（ISO/TC205）、光和照明等标准化技术委员会（ISO/TC274）等 7 个 TC 及 SC 制定了相关国际标准 254 项。主要涉及能源管理、节能量评估、建筑节能、电能效率等技术。截至目前，ISO 能源管理和能源节约技术委员会（ISO/TC301）已发布国际标准 20 余项，在制定多项国际标准。ISO 建筑环境热性能和能源利用技术委员会（ISO/TC163）已发布国际标准 40 余项，在制定系列国际标准。ISO 建筑环境设计（ISO/TC205）已发布国际标准 36 项，在制定一系列国际标准。光和照明等标准化技术委员会（ISO/TC274）已发布国际标准 8 项，在制定多项国际标准。

能效标准即能源利用效率标准，是对用能产品的能源利用效率水平或在一定时间内能源消耗水平进行规定的标准。能效标准具有较高的社会和经济效益。我国已颁布实施了至少22项用能产品的能效标准，涉及家用电器、照明器具和交通工具等。

5.1.3 可再生能源

ISO太阳能技术委员会（ISO/TC180）、IEC风能发电系统技术委员会（IEC/TC88）等14个TC及SC制定了针对可再生能源相关国际标准746项，其中涉及太阳能、风能、氢能、生物质能、海洋能源、智慧能源、可再生能源电力系统等技术（见表5-1）。

表5-1　可再生能源标准

可再生能源类型	主要标准
太阳能	ISO/TC180主要负责太阳能供暖、供热水和制冷以及工业过程太阳能加热领域标准化；（IEC/TC 82）主要负责为太阳能到电能的光伏转换系统以及整个光伏能源系统中的所有元素制定国际标准。
风能	（IEC/TC 88）主要负责风力发电系统领域的标准化。
氢能	（ISO/TC 197）负责氢的生产、储存、运输、测量和使用的系统和设备领域的标准化。
生物质能	（ISO/TC238）主要负责固体生物燃料来源的原材料和加工材料领域的术语、规格和类别、质量保证、取样和样品制备以及测试方法的标准化，发布系列建设标准。（ISO/TC255）主要负责厌氧消化制气、生物质气化和生物质发电制气领域的标准化。
新能源汽车	国际标准化组织道路车辆标准化技术委员会电动汽车分技术委员会（ISO/TC22/SC37）主要负责电力推进道路车辆、电力推进系统、相关部件及其车辆集成的标准化工作；国际标准化组织气体燃料分技术委员会（ISO/TC 22/SC 41）主要负责使用气体燃料的车辆部件的构造、安装和测试规范；国际电工委员会电动道路车辆和电动载货车技术委员会（IEC/TC69）主要负责电力驱动道路车辆和工业卡车（以下简称EV）从可充电储能系统（RESS）汲取电流的电力/能量传输系统的标准化。
核能	国际标准化组织核能、核技术和放射防护技术委员会（ISO/TC 85）主要负责和平应用核能、核技术领域以及保护个人和环境免受所有电离辐射源影响领域的标准化。
海洋能	国际电工委员会海洋能源-波浪、潮汐和其他水流转换器技术委员会（IEC/TC114）主要负责海洋能源转换系统的国际标准。
碳捕集、利用与封存技术（CCUS）	ISO二氧化碳捕集运输和地质封存技术委员会（ISO/TC265）于2011年成立，主要负责二氧化碳捕集、运输和地质封存（CCS）领域的设计、施工、运营、环境规划和管理、风险管理、量化、监测和验证以及相关活动的标准化。

资料来源：国合华夏城市规划研究院、世界零碳标准联盟。

太阳能：ISO/TC180主要负责太阳能供暖、供热水和制冷以及工业过程太阳能加热领域标准化，这些标准用于测量太阳能和太阳能测量的仪器和程序。ISO太阳能技术委员会（ISO/TC180）针对太阳能发布的国际标准有19项，正在制定的国际标准有7项。国际电工委员会太阳光伏能源系统技术委员会（IEC/TC 82）主要负责为太阳能到电能的光伏转换系统以及整个光伏能源系统中的所有元素制定国际标准，已发布的相关国际标准155项。国际电工委员会太阳能热发电厂技术委员会（IEC/TC 117）主要负责为太阳能热电（STE）工厂系统制定国际标准，以将太阳能热能转换为电能，并为STE能源系统中的所有元素（包括所有子系统和组件）制定国际标准，已发布6项国际标准，正在组织制定新的标准。

风能：国际电工委员会太风能发电系统技术委员会（IEC/TC 88）主要负责风力发电系统领域的标准化，这些标准涉及场地适用性和资源评估、设计要求、工程完整性、建模要求、测量技术、测试程序、操作和维护。IEC/TC 88已发布42项国际标准，正在组织制定30余项标准。

氢能：国际标准化组织氢能技术委员会（ISO/TC 197）负责氢的生产、储存、运输、测量与使用的系统和设备领域的标准化，已发布18项国际标准，正在组织制定17项标准。国际标准化组织道路车辆技术委员会电动汽车分委会（ISO/TC22/SC37）主要负责电力推进道路车辆、电力推进系统、相关部件及其车辆集成的具体方面标准的制定，发布和在制定至少44项标准。国际电工委员会燃料电池技术委员会（IEC/TC105）主要负责为所有FC类型和各种相关应用准备有关燃料电池（FC）技术的国际标准，已发布17项国际标准。

生物质能：国际标准化组织固体生物燃料技术委员会（ISO/TC238）主要负责固体生物燃料来源的原材料和加工材料领域的术语、规格和类别、质量保证、取样和样品制备以及测试方法的标准化，发布系列建设标准。国际标准化组织沼气标准化技术委员会（ISO/TC255）主要负责厌氧消化制气、生物质气化和生物质发电制气领域的标准化，已发布4项国际相关标准，正在制定2项标准。

新能源汽车：国际标准化组织道路车辆标准化技术委员会电动汽车分技术委员会（ISO/TC22/SC37）主要负责电力推进道路车辆、电力推进系统、相关部件及其车辆集成的标准化工作，已发布28项相关标准，正在制定16

项标准。国际标准化组织气体燃料分技术委员会（ISO/TC 22/SC 41）主要负责使用气体燃料的车辆部件的构造、安装和测试规范，包括其组件和与加油系统的接口的标准化工作，已发布 91 项标准，正在组织制定 38 项标准。国际电工委员会电动道路车辆和电动载货车技术委员会（IEC/TC69）主要负责电力驱动道路车辆和工业卡车（以下简称“EV”）从可充电储能系统（RESS）汲取电流的电力/能量传输系统的标准化工作，已发布 25 项相关标准。

核能：国际标准化组织核能、核技术和放射防护技术委员会（ISO/TC 85）主要负责和平应用核能、核技术领域以及保护个人和环境免受所有电离辐射源影响领域的标准化，已发布 249 项标准，正在制定 50 多项相关标准。

海洋能：国际电工委员会海洋能源 - 波浪、潮汐和其他水流转换器技术委员会（IEC/TC114）主要负责海洋能源转换系统的国际标准，已发布 18 项相关标准。

碳捕集、利用与封存技术（CCUS）：ISO 二氧化碳捕集运输和地质封存技术委员会（ISO/TC265）于 2011 年正式成立，主要负责二氧化碳捕集、运输和地质封存（CCS）领域的设计、施工、运营、环境规划和管理、风险管理、量化、监测和验证以及相关活动的标准化工作。ISO/TC265 已发布 12 项相关的国际标准，正在组织制定 8 项标准。TC265 发布的标准涉及碳捕集、运输、地质封存、量化与验证等技术。

已发布的 12 项国际标准：ISO/TR 27912：2016，二氧化碳捕集—二氧化碳捕集系统、技术和工艺。ISO 27913：2016，二氧化碳捕获、运输和地质储存—管道运输系统。ISO 27914：2017，二氧化碳捕获、运输和地质储存—地质储存。ISO/TR 27915：2017，二氧化碳捕获、运输和地质储存—量化和验证。ISO 27916：2019，二氧化碳捕获、运输和地质储存—利用提高石油采收率（CO_2 - EOR）储存二氧化碳。ISO 27917：2017，二氧化碳捕获、运输和地质储存—词汇—交叉术语。ISO/TR 27918：2018，综合 CCS 项目的生命周期风险管理。ISO 27919 - 1：2018，二氧化碳捕集—第 1 部分：与发电厂集成的燃烧后二氧化碳捕集性能评估方法。ISO 27919 - 2：2021，二氧化碳捕集—第 2 部分：确保和保持与发电厂集成的燃烧后二氧化碳捕集装置性能稳定的评估程序。ISO/TR 27921：2020，二氧化碳捕获、运输和地质储存—交叉问题—二氧化碳流组成。ISO/TR 27922：2021，二氧化碳捕集—水泥行业二氧化碳捕集技术概述。ISO/TR 27923：2022，二氧化碳捕获、运输和地质储存—注入作业、基础设施和监测。

5.1.4　绿色可持续金融

环境管理技术委员会（ISO/TC207）成立于 1993 年，主要负责环境管理领域的标准化，以解决环境和气候影响，包括相关的社会和经济方面，支持可持续发展。TC207 已发布 59 项相关的国际标准，正在组织制定 18 项相关标准。可持续金融技术委员会（ISO/TC322）成立于 2018 年，主要负责可持续金融领域的标准化，已将包括环境、社会和治理实践在内的可持续性考虑因素纳入经济活动的融资中。TC322 将与金融服务领域的 TC68、环境管理领域的 TC207、资产管理领域的 TC251 和组织治理领域的 TC309 密切合作。TC322 已发布 1 项国际标准，正在组织制定多项国际标准。

5.1.5　生态环境

生态环境相关国际标准涉及了环境管理、大气、水污染防治，以及固体废物处理和处置等领域。

在环境管理领域，环境管理技术委员会（ISO/TC207）下设环境管理系统、环境审计及相关环境调查、环境标志、环境绩效评价、生命周期评估、温室气体和气候变化管理及相关活动六个小组委员会对于环境管理领域进行标准的制定。在大气污染防治领域，空气质量技术委员会（ISO/TC 146）主要负责排放物、工作空间空气、环境空气、室内空气的空气质量表征工具标准化工作，已发布 191 项相关标准，正在制定 34 项标准。在水污染防治领域，水再利用技术委员会（ISO/TC282）主要负责任何类型和任何目的的水再利用标准化工作，已发布 29 项相关标准，正在制定 13 项标准。水质技术委员会（ISO/TC147）主要负责水质领域的标准化，包括术语定义、水体取样、水体特征测量和报告，已发布 324 项相关标准，正在制定 42 项标准。在固体废物处理处置领域，污水（污泥）回收、循环、处理和处置技术委员会（ISO/TC275）主要负责对来自城市污水收集系统、粪便、雨水处理、供水处理厂、城市和类似工业用水的污水处理厂的污泥和产品进行表征、分类、制备、处理、回收和管理的方法标准化工作，已发布2项相关标准，正在制定多项标准。

5.2　我国零碳城市创建标准

5.2.1　我国零碳城市标准进展

2020年以来，我国碳达峰碳中和标准化工作发展迅速。我国双碳标准体系已覆盖能源、工业、建筑、交通、农业、金融、民生等众多方面，实现了碳排放重点行业全覆盖。

我国在石油、天然气、煤炭、电力等传统能源领域的国家标准共计有900余项。其中，石油类国家标准300余项，煤炭类国家标准40余项，天然气类国家标准200余项，电力类国家标准近300项。

在现有国家标准中，覆盖计量、能耗限额、能效、在线监测、检测、系统优化用能、能量平衡、能源管理、节能量与节能技术评价、分布式能源及绩效评估等节能类国家标准390余项，现行强制性能耗限额与能效标准分别为112项和75项。碳排放领域涉及计量、监测、核算、管理和评估等系列标准，已发布温室气体管理相关16项国家标准，在制修订的标准30余项，其中行业企业温室气体核算与报告标准28项、项目减排量核算标准4项、核查系列标准3项、企业碳管理系列标准3项、单位产品碳排放限额标准4项。绿色制造、包装和评价等国家标准有50余项，循环经济类国家标准有10余项。

我国现有行业中，石油、天然气、煤炭、电力等传统能源领域的行业现行标准共计6100余项，其中煤炭类行业标准1500余项（现行1300余项），电力类行业标准2700余项（现行2300余项），石油天然气类行业标准4500余项（现行2500余项），另外，上述传统能源领域行业现行标准共计6100项，其中涉及绿色、节能、可再生能源、循环经济、能效、能耗、温室气体等多个领域的行业标准700余项。

5.2.2　我国重点行业减碳标准

5.2.2.1　温室气体管理

全国碳排放管理标准化技术委员会（SAC/TC548）主要负责碳排放管理术语、统计、监测，区域碳排放清单编制方法，企业、项目层面的碳排放核算与报告，低碳产品、碳捕获与碳储存等低碳技术与设备，碳中和与碳汇等领域。TC548 已发布 16 条相关标准，正在组织制定 42 项标准。在已发布的标准中，温室气体排放核算与报告标准 12 项，项目减排量核算标准 3 项，工业企业温室气体排放核算标准 1 项。此外，涉及温室气体的行业标准有 20 项，涉及温室气体的团队标准共计 38 项，涉及碳排放的团队标准共计 21 项。

我国能效标准规定的主要是能效限定值，根据产品特性不同，有时也包括节能评价值、能效分等分级、超前能效指标等。能效限定值指在规定测试条件下所允许的用能产品的最大耗电量或最低能效值，是产品在能效领域的市场准入要求，是强制要求。节能评价值是用能产品是否达到节能产品认证要求的评价指标，达到或超过节能评价值的产品可申请国家节能产品认证，粘贴统一的节能标志，以此告知消费者该产品既节能，质量又可靠，它属于推荐性指标。

能效分等分级是根据耗电量和能效水平的高低将产品分为 1、2、3、4、5 级，1 级表示能效水平最高，最节能，是最好的产品，5 级表示达到了能效限定值指标，是合格产品；一般来说，我国制定的 1 级标准是一般企业努力的目标，2 级代表节能型产品，3、4 级代表国家的平均水平，5 级产品是未来淘汰的产品。超前能效指标指在标准发布 3—5 年后实施的能效限定值，它是目前国际上普遍采用的指标。

在我国，国家标准委发布《工业企业温室气体排放核算和报告通则》规定了工业企业温室气体排放核算与报告的基本原则、核算边界、工作流程、核算步骤与方法、质量保证、报告内容等 6 项重要内容（见表 5 -2）。

表 5－2　　工业温室气体排放的核算边界与核算范围

主要定义	主要内容
核算边界	包括企业的主要生产系统、辅助生产系统和附属生产系统。
核算范围	包括企业生产的燃料燃烧排放，过程排放以及购入和输出的电力、热力产生的排放。
核算方法	核算方法分为“计算”与“实测”两类，并给出了选择核算方法的参考因素，方便企业使用。
核算要求	要求国家标准，除规定了二氧化碳排放核算外，还包括六氟化硫、氧化亚氮等温室气体的排放核算。

资料来源：国合华夏城市规划研究院。

核算边界包括了企业的主要生产系统、辅助生产系统和附属生产系统，其中辅助生产系统包括动力、供电、供水、化验等，附属生产系统包括生产指挥系统（厂部）和厂区内为生产服务的部门和单位，如职工食堂、车间浴室等。核算范围包括企业生产的燃料燃烧排放，过程排放以及购入和输出的电力、热力产生的排放。核算方法分为“计算”与“实测”两类，并给出了选择核算方法的参考因素以方便企业使用。发电、钢铁、镁冶炼、平板玻璃、水泥、陶瓷、民航等 7 项温室气体排放核算和报告要求国家标准，主要规定了企业二氧化碳排放的核算要求，电网、化工、铝冶炼等 3 项温室气体排放核算和报告要求国家标准，除规定了二氧化碳排放核算外，还包括六氟化硫、氧化亚氮等温室气体的排放核算。

《温室气体自愿减排交易管理暂行办法》适用于二氧化碳（CO_2）、甲烷（CH_4）、氧化亚氮（N_2O）、氢氟碳化物（HFCs）、全氟化碳（PFCs）和六氟化硫（SF_6）等六种温室气体的自愿减排量的交易活动。温室气体自愿减排交易应遵循公开、公平、公正和诚信的原则，所交易减排量应基于具体项目，并具备真实性、可测量性和额外性。国家部委作为温室气体自愿减排交易的国家主管部门，对中华人民共和国境内的温室气体自愿减排交易活动进行管理。国内外机构、企业、团体和个人均可参与温室气体自愿减排量交易。国家对温室气体自愿减排交易采取备案管理。参与自愿减排交易的项目，在国家主管部门备案和登记，项目产生的减排量在国家主管部门备案和登记，并在经国家主管部门备案的交易机构内交易。

中国境内注册的企业法人可申请温室气体自愿减排项目及减排量备案。

国家主管部门建立并管理国家自愿减排交易登记簿（以下简称“国家登记簿”），用于登记经备案的自愿减排项目和减排量，详细记录项目基本信息及减排量备案、交易、注销等有关情况。在每个备案完成后的10个工作日内，国家主管部门通过公布相关信息和提供国家登记簿查询，引导参与自愿减排交易的相关各方，对具有公信力的自愿减排量进行交易。

自愿减排项目管理。参与温室气体自愿减排交易的项目应采用经国家主管部门备案的方法学并由经国家主管部门备案的审定机构审定。方法学是指用于确定项目基准线、论证额外性、计算减排量、制定监测计划等的方法指南。对已经联合国清洁发展机制执行理事会批准的清洁发展机制项目方法学，由国家主管部门委托专家进行评估，对其中适合于自愿减排交易项目的方法学予以备案。

5.2.2.2 节能标准

节能和能效领域的标准化技术委员会主要包括全国能源基础与管理标准化技术委员会（SAC/TC20）、全国建筑节能标准化技术委员会（SAC/TC452）、全国能量系统标准化技术委员会（SAC/TC459）、全国燃烧节能净化标准化技术委员会（SAC/TC441）、全国暖通空调及净化设备标准化技术委员会（SAC/TC143）等。此外涉及节能领域的标准化技术委员会有：全国汽车标准化技术委员会汽车节能分技术委员（SAC/TC114/SC32）专业范围为汽车节能；全国石油天然气标准化技术委员会油气田节能节水分技术委员会（SAC/TC355/SC11）负责油气田及油气输送管道领域的节能节水技术及方法领域；全国轻质与装饰装修建筑材料标准化技术委员会建筑密封材料分技术委员会（SAC/TC195/SC3）负责建筑节能保温、密封材料；全国家用电器标准化技术委员会中央电暖系统分技术委员会（SAC/TC46/SC19）负责专业范围为家用和类似用途中央电暖系统领域地热、直热、蓄热、热泵等供暖形式和系统集成、智能控制、安装布线、系统节能、运行维护等方面的系统安全、系统性能、系统评价。

国务院办公厅《关于加强节能标准化工作的意见》（国办发〔2015〕16号）提出，到2020年，建成指标先进、符合国情的节能标准体系，主要高耗能行业实现能耗限额标准全覆盖，80%以上的能效指标达到国际先进水平。选择具有示范作用和辐射效应的园区或重点用能企业，建设节能标准化示范项目，推广低温余热发电、吸收式热泵供暖、冰蓄冷、高效电机及电机系统等先进节能技术、设备，提升企业能源利用效率。

5.2.2.3 可再生能源

可再生能源包括太阳能、风能、氢能、生物质能、新能源汽车、核能、海洋能以及碳捕集、利用与封存技术（CCUS）等。具体见其他章节。

5.2.2.4 绿色金融

2016 年 8 月 31 日，中国人民银行、财政部等七部委联合印发了《关于构建绿色金融体系的指导意见》。《指导意见》中将绿色金融的定义为：为支持环境改善、应对气候变化和资源节约高效利用的经济活动，即对环保、节能、清洁能源、绿色交通、绿色建筑等领域的项目投融资、项目运营、风险管理等所提供的金融服务。

绿色金融体系是指通过绿色信贷、绿色债券、绿色股票指数和相关产品、绿色发展基金、绿色保险、碳金融等金融工具和相关政策支持经济向绿色化转型的制度安排。绿色可持续金融领域的技术委员会为全国金融标准化技术委员会（SAC/TC180），主要负责的专业范围为全国银行、证券、保险等专业领域标准化工作，已发布 126 项相关标准。2018 年，SAC/TC180 成立绿色金融标准工作组（WG8）。WG8 负责金融标准化技术归口工作；负责国际标准化组织下设的金融服务标准化技术委员会（ISO/TC 68）、个人理财标准化技术委员会（ISO/TC 222）及可持续金融技术委员会（ISO/TC 322）的归口管理工作。2021 年 7 月，中国人民银行发布了中国首批绿色金融标准，包括《金融机构环境信息披露指南》及《环境权益融资工具》。

5.2.2.5 生态环境标准

我国生态环境标准体系框架主要由环境质量和污染物排放、污染防治、生态系统保护与修复等部分组成。

在环境质量和污染物排放领域，技术委员会包括全国环境管理标准化技术委员会（SAC/TC207），全国环保产业标准化技术委员会（SAC/TC275）。SAC/TC207 主要负责专业范围为负责全国环境管理等专业领域标准化工作，已发布相关国家标准 45 项，SAC/TC207 对口国际标准化组织环境管理标准化技术委员会（ISO/TC207）。SAC/TC275主要负责专业范围为环保设备，主要包括水污染防治设备、大气污染防治设备、噪声污染防治设备、固体废弃物处理设备、污染监测设备等；资源循环利用（不包括电子电器产品资源循环利用），主要包括废渣、废水（液）、废气、余热余压的循环利用等；环保服务，主要包括环境污染治理的运营、管理和评价等。SAC/TC275发布52项相关国家标准。生态环境部已发布水环境质量国家标准5项，水污染排放国家标准60余项，相关行业标准40余项；大气环境质量国家标准4项、固定源和移动源污染物排放国家标准近60项，相关行业标准17项；土壤环境保护领域已发布行业标准50余项。

在污染防治领域技术委员会包括全国环保产业标准化技术委员会（SAC/TC275），全国城镇给水排水标准化技术委员会（SAC/TC434）、全国海洋标准化技术委员会（SAC/TC283），全国化学标准化技术委员会（SAC/TC63），全国环境管理标准化技术委员会（SAC/TC207），全国产品回收利用基础与管理标准化技术委员会（SAC/TC415），全国船用机械标准化技术委员会（SAC/TC137），全国电工电子产品与系统的环境标准化技术委员会回收利用分技术委员会（SAC/TC297/SC4）等。污染防治包括大气污染控制、水污染控制、固体废物污染控制、噪音与振动污染控制、环境监测等各个细分领域。

在生态系统保护与修复领域技术委员会包括全国荒漠化防治标准化技术委员会（SAC/TC365）、全国畜牧业标准化技术委员会（SAC/TC274）、全国环境管理标准化技术委员会（SAC/TC207）、全国营造林标准化技术委员会（SAC/TC385）等。现行生态系统保护与修复领域相关国家标准共计6项，行业标准共计61项，部门标准共10项。

5.3 零碳城市创建原则

5.3.1 先进性与时代性相融合

坚持把先进性和时代性作为建设零碳城市的出发点，既要全面贯彻党中央、国务院、国家部委零碳政策与总体部署，确保创建目标的先进性，也要立足我国和地方实际，以人民为初心，从人民群众对美好生活的更高需求出发，因地制宜，有序推进，统筹推动单位能耗降低、稳健减少单位碳排放，要统筹经济发展、民生事业与碳减排的多个目标与需求，体现时代性、系统性、规范性、合理性与包容性。

5.3.2 客观性与代表性相结合

坚持把客观性和代表性作为发展零碳城市的落脚点，既要体现零碳城市发展的内涵和客观规律，也要探索零碳城市的典型特征和创新做法，在符合客观经济规律的基础上，典型带路，以点带面，积极推动，实现零碳示范，积累经验，更大范围进行推广。

5.3.3 约束性和引导性相协调

坚持把约束性和引导性作为建设零碳城市的着力点，突出零碳发展的战略意图和约束指标，统筹产业、能源等重点领域的引导性降碳指标，量力而行、尽力而为，主动谋划，有序推进，不断提升，达成最终目标。

5.3.4 科学性和可行性相衔接

坚持把科学性和可行性作为建设零碳城市的支撑点，既要研究制定科学有效的零碳城市创建标准、考核指标以及实施路线图，又要做好城市创建与重大项目的可行性研究、数据监测、项目分析与科学论证，推动科学性、政策性、可行性的融合化、体系化。

5.4 零碳城市创建评价维度与重点

从已有实践看，碳中和重点聚焦于能源、工业、建筑、交通、农业、办公、环境等关键领域，根据各类城市的主导产业类型及产业结构，可将零碳城市分为三类（即三种零碳城市建设标准体系及维度）：一产主导的农业型零碳城市标准体系、二产主导的工业型零碳城市标准体系以及三产主导的综合型零碳城市标准体系。

5.4.1　农业型零碳城市标准

按照三产分类，一产主导的农业型零碳城市标准的特点：农作物、林业、草场等碳汇占比大，生物质技术、沼气等清洁能源开发程度较高，农业废弃物再利用、绿色种养殖等水平较高。

农业生产环节的碳减排标准，包括但不限于：生物制燃料、粪便沼气堆肥等清洁能源应用，农业机械低碳化，废弃物再利用，低碳节能灌溉，生态绿色农药，有机耕种等。

农业领域的生态低碳创建标准与重点工作，包括但不限于：森林碳汇，农田固碳、草地固碳，林地、草地及农业用地固碳，农药合理使用，自然生态系统标准，人工生态标准，改良土壤质量标准等。

林业碳汇是通过实施造林、再造林、森林经营管理等林业活动，利用森林吸收和固定二氧化碳，并将这些活动按照 CCER 规则（或其他减排机制下的规则）设计开发成林业碳汇项目，从而产生标准化 CCER 产品的碳汇过程（认定标准见表 5－3）。林业碳汇是碳汇的一种，是 CCER 的一种项目类型。CCER 项目必须采用经国家主管部门备案的方法学。因此要开发一个 CCER 项目，必须先确定要采用的方法学。方法学是指适用于减少温室气体排放特定领域可适用的方法指南，用于确定项目基准线、论证额外性、计算减排量、制定监测计划等。

表 5－3　林木草地碳汇认定

类型	认定标准
造林项目	权属清晰（有土地权属证书）；2005 年 2 月 16 日以来的无林地；开工时间在 2013 年后。
经营林项目	树种起源是人工林；树种组成是乔木林（建议剔除经济林）；树种龄级属幼、中龄林（参见龄级标准）；林地权属清晰（有林权证）；开工时间要求应在 2013 年后；存在经营活动。
草地管理碳汇项目	确认项目开始前草地用于放牧或多年生牧草生产；确认项目区都在政府划定的草原生态保护奖补机制的草畜平衡区，且牧户都已签订了草畜平衡责任书；存在增加草地生产力的管理措施；开工时间要求在 2013 年后。

资料来源：国合华夏城市规划研究院。

林业碳汇项目的方法学共5个，分别是：《碳汇造林项目方法学》（AR－CM－001－V01），《森林经营碳汇项目方法学》（AR－CM－003－V01），《竹子造林碳汇项目方法学》（AR－CM－002－V01），《竹林经营碳汇项目方法学》（AR－CM－005－V01），《可持续草地管理温室气体减排计量与监测方法学》（AR－CM－004－V01）。

如果拟开发的项目没有适用的方法学，可新开发方法学。对新开发的方法学，开发者可向国家主管部门申请备案，并提交该方法学及所依托项目的设计文件。国家主管部门接到新方法学备案申请后，委托专家进行技术评估，依据专家评估意见对新开发方法学备案申请进行审查，并对具有合理性和可操作性、所依托项目设计文件内容完备、技术描述科学合理的新开发方法学予以备案。

其中：对造林项目，土地合格性要求造林地一是要权属清晰（有土地权属证书），二是为 2005 年 2 月 16 日以来的无林地；开工时间要求在 2013 年后。

对经营林项目，一是树种起源是人工林，二是树种组成是乔木林（建议剔除经济林），三是树种龄级属幼、中龄林（参见龄级标准），四是林地权属清晰（有林权证），五是开工时间要求应在 2013 年后，六是存在经营活动。

对草地管理碳汇项目，一是确认项目开始前草地用于放牧或多年生牧草生产，二是确认项目区都在政府划定的草原生态保护奖补机制的草畜平衡区，且牧户都已签订了草畜平衡责任书，三是存在增加草地生产力的管理措施，四是开工时间要求应在 2013 年后。

5.4.2　工业型零碳城市标准

工业型零碳城市标准从零碳技术、零碳产业从两个方面开展：

引进孵化低碳零碳技术，促进产业升级。确立零碳发展目标，以低碳零碳技术应用，促进工业零碳升级。制定峰值目标，倒逼电力、石化、钢铁、水泥等重点行业减碳，鼓励电力行业等减少煤电厂、钢铁行业调整产品结构，开发工业能效管理云平台，推动工业节能改造。针对园区基础设施及绿色建筑、交通、仓储等实施清洁能源利用，打造近零碳排放示范区、零碳工业园区。

孵化培育零碳产业体系，大力拓展绿色经济。围绕区域产业优势，因地制宜，推动工业节能改造，引进碳捕捉、碳封存、碳转化技术，实施园区废弃物处理、垃圾分类综合处理，实施绿色建筑标准的低碳改造。扶持引导零碳技术应用，规划开发园区风光互补、太阳能路灯、屋顶光伏等；安装电动车配套的充电桩，鼓励使用电动车、氢能源仓储物流、地热能等；孵化并鼓励使用建筑光伏发电，举办零碳国际论坛、碳减排技术交易会等；鼓励零碳技术产业化与零碳产业集群建设。

5.4.3　综合型零碳城市标准

三产综合型零碳城市的标准包括但不限于：建筑、交通、金融、生活等领域的低碳零碳技术推广。代表案例：悉尼南巴兰加鲁区递进式、全流程"零碳排放"理念指引，低碳导向的项目招标，采取"绿色租约"策略，遵循分步递进式三大措施"避免（Avoid）—降低（Reduce）— 消除（Mitigate）"：

避免（Avoid）：采用节能建筑设计减少建设过程中建材碳排放，推行公众教育减少碳排放。

降低（Reduce）：采用可再生能源和可持续水资源管理降低碳排放。

减轻（Mitigate）：通过购买碳配额的方式，抵消温室气体排放。

低碳导向招标：控制土地和设定可持续目标的高门槛，鼓励开发商提出减碳方案实现低碳采购要求。

全方位建筑低碳技术运用：片区建筑低碳建造，采用星级绿色建筑标准，应用节能科技，如建筑布局减少西部立面的热量，提升风环境适宜性，采用与太阳路径对齐的垂直遮阳板，提供遮光效果，减少冷却需求；采用科技环保保温材料；对建筑垃圾分类和分类废物回收或再利用，减少垃圾填埋；建设集中式冷却系统，节省能源消耗；配备雨水储蓄池，雨水循环利用在生态灌溉及家庭厕所等；建设太阳能光伏板，提供区域照明电力以及再生水处理厂、公共场所照明等能源；对既有建筑大规模翻新、改造升级。

通过低碳城市设计，构建低碳宜居生态环境空间。强化城市低碳消费，低碳采购，强化生活服务低碳化、循环化。规划并开发、集成利用低碳、可持续规划的绿色发展理念，进行产业园区或办公建筑物、住宅等低碳改造、节能低碳运营管理，试行能源、减碳合同管理，量化监测指标及效能评价，提高城市或园区减碳效果。鼓励零碳出行、低碳生活、低碳办公，鼓励绿色公交与短途步行，提高节能减碳效能。

零碳服务业创建的基本思路，如图 5 - 1 所示。

图 5 - 1　零碳服务业创建路径

如图 5 - 1 所示，零碳服务业重点从绿色物流、绿色服务业、合同能源管理、绿色零碳办公与生活、绿色零碳交通建筑等领域展开。具体内容将在各章节中阐述。

5.4.4　零碳城市创建标准体系

归纳国内外低碳城市、零碳城市及零碳示范园区等实践经验，可将零碳城市试点项目分为区域、园区、社区、校园、建筑、企业等各种类型。如有未能涵盖的，可以特定法人为主体申报近零碳试点项目。

总体思路。借鉴 2010 年以来国家发改委审批的 3 批国家级低碳城市指标体系，吸收深圳、上海等近零碳城市、近零碳园区等示范文件、指标体系，参照零碳城市试点确定的碳中和目标，提出在规划统筹、技术路线、管理体系、重大工程等方面的零碳城市创建思路与指标体系。

国合华夏城市规划研究院课题组认为，零碳城市指标体系可以分为 8 个一级指标、21 个二级指标。指标类型分为核心指标、一般指标（借鉴上海、浙江等实践）。

其中：一级指标包括：

碳排放规模。包括：城市碳排放总量下降率、单位GDP碳排放、人均碳排放量3个二级指标。

清洁能源。包括：可再生能源消费比重、绿色电力比例、单位产值能耗等2个二级指标。

绿色建筑。包括：二星级及以上绿色建筑面积比例、新建民用建筑达到绿色建筑二星级及以上比例等2个二级指标。

绿色交通。包括：新建停车场新能源汽车充电桩配置率、公共交通出行比例、新能源路灯占比、万人新能源汽车保有量等4个二级指标。

生态环境。包括：森林覆盖率、平均空气质量指数AQI、购买中国核证自愿减排量（CCER）与城市碳普惠制核证减排量占碳排放量的比例等3个二级指标。

废弃物。包括：人均生活垃圾末端清运处理量、垃圾无害化处理率、人均用水量等2个二级指标。

零碳试点与碳抵消。包括：国家零碳园区及零碳社区数量、购买中国核证自愿减排量（CCER）、城市碳普惠制核证减排量占碳排放量的比例等2个二级指标。

零碳管理。包括：碳排放管理体系、零碳示范实施方案、碳排放监测系统等3个二级指标。

具体指标体系如表5-4所示。

表5-4　　零碳城市主要指标体系（拟）

一级指标	指标名称	单位	低碳城市参考值	2030年	2060年	指标类型
碳排放	城市碳排放总量下降率	%	较2020年下降30%以上			核心指标
	单位GDP碳排放	吨CO_2/万元				核心指标
	人均碳排放量	吨CO_2/（人·年）	≤3.5			核心指标
清洁能源	可再生能源消费比重	%	≥5			核心指标
	绿色电力比例	%	≤30			一般指标
	单位产值能耗	顿标准煤/万元	待定			一般指标

续表

一级指标	指标名称	单位	低碳城市参考值	2030 年	2060 年	指标类型
绿色建筑	二星级及以上绿色建筑面积比例	%	≥50			一般指标
	新建民用建筑达到绿色建筑二星级及以上比例	%	≥90			一般指标
绿色交通	新建停车场新能源汽车充电桩配置率	%	≥40			一般指标
	公共交通出行比例	%				
	新能源路灯占比	%	≥20			一般指标
	万人新能源汽车保有量	辆	待定			一般指标
生态环境	森林覆盖率	%				一般指标
	平均空气质量指数 AQI	%				一般指标
	购买中国核证自愿减排量（CCER）、城市碳普惠制核证减排量占碳排放量的比例	%	≤5			一般指标
废弃物	人均生活垃圾末端清运处理量	%	≤5			一般指标
	垃圾无害化处理率	%	100			一般指标
	人均用水量	L/（人·日）	≤160			一般指标
零碳试点与碳抵消	国家零碳碳园区、零碳社区数量	个				一般指标
	购买中国核证自愿减排量（CCER）、城市碳普惠制核证减排量占碳排放量的比例	%	≤5			一般指标

续表

一级指标	指标名称	单位	低碳城市参考值	2030 年	2060 年	指标类型
零碳管理	碳排放管理体系	—	建立			核心指标
	零碳示范实施方案	—	编制			一般指标
	碳排放监测系统	—	建立			一般指标

注：（1）可再生能源为风能、太阳能、水能、生物质能、地热能、海洋能等，其中生物质能指利用自然界的植物、粪便以及城乡有机废物转化成的能源。对于可再生能源转化而来的电力消费，是指电网电力外的可再生能源消费电力，指试点项目场地内的可再生能源发电与消费；“购买绿色电力”指通过中国绿色电力证书认购交易平台或其他正规认可的交易平台购买绿色电力并获得证书。

（2）“碳排放管理体系”指成立碳排放管理专门机构，明确职责；建立碳排放统计、核算与考核制度，制作能源统计台账；对主要碳排放管理人员进行专业技能教育与培训；定期监测审核碳排放目标指标，制定纠正措施和预防措施确保目标完成。鼓励试点对象根据自身项目特点，综合利用能源、产业、建筑、交通、农业、林业、废弃物处理等领域各种低碳技术、方法和手段以及实施碳中和、增加碳汇等机制，最大限度减少温室气体排放。试点单位可参考《国家重点推广的低碳技术目录》《国家重点节能低碳技术推广目录》《低碳产品认证目录》《广东省节能技术、设备（产品）推荐目录》《广东省建筑节能协会绿色建筑技术与产品推荐目录》《深圳市绿色建筑适用技术与产品推广目录》等，或咨询相关技术供应商和低碳服务机构，获取详细技术信息，综合考虑成本效益，选择可行的技术方案。

①空间规划领域技术包括提升职住平衡、采取 TOD/EOD 开发模式、混合开发布局等；

②能源领域技术主要包括可再生能源利用技术、化石能源高效清洁利用技术、分布式能源技术、先进储能技术、智能电网技术等；

③产业领域技术主要包括明确产业准入目录、限制引进高耗能与高排放产业、采用行业先进的工艺路线与装备技术等；

④建筑领域技术主要包括被动式及主动式相结合的技术，如自然通风、自然采光、提高建筑围护结构性能、低碳建筑材料以及采用高效的照明、空调设备、电梯系统等，在建筑物的屋顶及立面等有条件的区域利用光伏发电、太阳能热水等，建筑智慧低碳控制运行管理系统等；

⑤交通领域低碳技术主要包括慢行道路系统、新能源汽车、增设充电桩、机动车节能技术、新能源路灯、智慧灯杆、智慧交通控制系统、提升非道路移动机械排放标准以及推广清洁能源机械等；

⑥废弃物领域低碳技术主要包括垃圾分类回收全覆盖、降低生活垃圾末端清运处理量、提高工业园区固体废物处置利用率与工业用水重复利用率、提高节水器具普及率、雨水与中水回收利用技术等；

⑦碳汇领域技术主要包括提升地面绿地率、立体绿化及屋顶绿化技术、优化植物群落、乔灌草合理搭配、采用本地物种等；

⑧碳抵消机制包括通过购买中国核证自愿减排量（CCER）、深圳碳普惠制核证减排量等；

⑨碳排放管理领域主要包括建立碳排放管理体系，建设碳监测平台；社区内居民、物业公司、居委会积极参与低碳社区创建工作，形成人人有责、共同参与的社会氛围，充分利用碳普惠机制提升低碳意识；鼓励校园结合教育主体的特殊性，将近零碳理念融入学校教育及科学技术创新体系，培养碳中和有关人才，推动科技创新，推行可持续发展理念；符合条件的企业，加入全国或深圳市碳排放交易市场，按要求完成履约等。

国合华夏城市规划研究院认为，零碳城市不同于低碳城市，它的时间跨度较长，可以申报试点，分年度组织评估，并不断优化改进，直到达成零碳目标：

申报主体。零碳城市试点的申报主体为城市人民政府或者发改委等职能部门。城市规模较大的，可将其部分区域作为申报试点范围。

创建年限。零碳城市试点的阶段性验收年限为 4 年，实现零碳目标的期限最长可以延长到 40 年后的 2060 年。

零碳城市创建方案指标体系。

5.5 零碳城市创建的关键技术

5.5.1 零碳城市关键技术分类

我国零碳城市创建技术包括：清洁能源技术、零碳生产技术（含工艺节能改造）、零碳建筑技术、零碳交通技术、零碳仓储技术、零碳办公技术、零碳生活技术（含固废循环化使用、循环用水等）、零碳大数据监测技术等。具体技术目录参照国家发改委等产业指导目录以及工信部、科技部等高精尖技术指导目录。

5.5.2 零碳城市关键技术应用

各地零碳试点城市、零碳示范园区在推进过程中，积极实施新能源和清洁能源，推动形成“光伏—储能—充电桩—天然气分布式”区域能源互联网络。强化重点技术应用，推动能源、产业、建筑、交通、生活等零碳化改造，全面落实能耗“双控”要求，大力推动能耗“双控”向碳排放“双控”转变，持续提高节能与碳排放总体效果。

围绕零碳城市建设，确立阶段性减碳目标，大力发展能源、产业、建筑、交通、办公、生活等节能减碳技术与产业化项目，鼓励投产 CCUS 技术运用，努力实现固碳、减碳、碳转化等碳中和功能。

5.6 生态环境标准与碳排放

5.6.1 碳排放基本概念

碳排放指煤炭、石油、天然气等化石能源燃烧活动和工业生产过程以及土地利用变化与林业等活动产生的温室气体排放，也包括因使用外购的电力和热力等所导致的温室气体排放。2019年，全球碳排放量达343.6亿吨，创历史新高。2020年，受全球新冠肺炎疫情影响，世界各地碳排放量普遍减少，全球碳排放量下降至322.8亿吨，同比下降6.3%。

据国际能源署（IEA）数据显示，2020年，全球碳排放主要来自能源发电与供热、交通运输、制造业与建筑业三个领域，分别占比43%、26%、17%。2020年，亚太地区碳排放量占全球总排放量的一半以上，合计占比达52%，其中中国占比30.7%，远超其他地区；北美地区碳排放量占比16.6%；欧洲地区碳排放量占比11.1%。2020年，我国碳排放量约96.6亿吨。从碳排放来源看，我国碳排放主要来自能源（包括能源供给以及能源消耗）领域，2020年，我国来自能源领域的碳排放占全国排放总量的77%，工业过程碳排放量占14%，农业及废弃物碳排放占比分别为7%和2%。

碳排放权指分配给重点排放单位的规定时期内的碳排放额度。

国家核证自愿减排量指对我国境内可再生能源、林业碳汇、甲烷利用等项目的温室气体减排效果进行量化核证，并在国家温室气体自愿减排交易注册登记系统中登记的温室气体减排量。

2021年10月生态环境部《关于在产业园区规划环评中开展碳排放评价试点的通知》：选取一批具备碳排放评价工作基础的国家级和省级产业园区开展试点工作，以生态环境质量改善为核心，采取定性与定量相结合的方式，探索开展不同行业、区域尺度上碳排放评价的技术方法，包括碳排放现状核算方法研究、碳排放评价指标体系构建、碳排放源识别与监控方法、低碳排放与污染物排放协同控制方法等方面。通过试点工作，重点从碳排放评价技术方法、减污降碳协同治理、考虑气候变化因素的规划优化调整方式和环境管理机制等方面总结经验，形成一批可复制、可推广的案例，为碳排放评价纳入环评体系提供工作基础。

5.6.2　生态环境标准

生态环境标准指由国务院生态环境主管部门和省级人民政府依法制定的生态环境保护工作中需要统一的各项技术要求。

生态环境标准分为国家生态环境标准和地方生态环境标准（见表5-5）。

表 5－5　国家和地方生态环境标准分类

标准类型	主要种类	使用范围
国家生态环境标准	国家生态环境质量标准、国家生态环境风险管控标准、国家污染物排放标准、国家生态环境监测标准、国家生态环境基础标准和国家生态环境管理技术规范。	在全国范围或者标准指定区域范围执行。
地方生态环境标准	地方生态环境质量标准、地方生态环境风险管控标准、地方污染物排放标准和地方其他生态环境标准。	在发布该标准的省、自治区、直辖市行政区域范围或者标准指定区域范围执行。
生态环境质量标准	包括大气环境质量标准、水环境质量标准、海洋环境质量标准、声环境质量标准、核与辐射安全基本标准。	主要内容：功能分类；控制项目及限值规定；监测要求；生态环境质量评价方法；标准实施与监督等。

资料来源：国合华夏城市规划研究院、世界零碳标准联盟。

国家生态环境标准包括国家生态环境质量标准、国家生态环境风险管控标准、国家污染物排放标准、国家生态环境监测标准、国家生态环境基础标准和国家生态环境管理技术规范。国家生态环境标准在全国范围或者标准指定区域范围执行。

地方生态环境标准包括地方生态环境质量标准、地方生态环境风险管控标准、地方污染物排放标准和地方其他生态环境标准。地方生态环境标准在发布该标准的省、自治区、直辖市行政区域范围或者标准指定区域范围执行。

有地方生态环境质量标准、地方生态环境风险管控标准和地方污染物排放标准的地区，应当依法优先执行地方标准。

国家和地方生态环境质量标准、生态环境风险管控标准、污染物排放标准和法律法规规定强制执行的其他生态环境标准，以强制性标准的形式发布。法律法规未规定强制执行的国家和地方生态环境标准，以推荐性标准的形式发布。

强制性生态环境标准必须执行。推荐性生态环境标准被强制性生态环境标准或者规章、行政规范性文件引用并赋予其强制执行效力的，被引用内容必须执行，推荐性生态环境标准本身的法律效力不变。

生态环境质量标准包括大气环境质量标准、水环境质量标准、海洋环境质量标准、声环境质量标准、核与辐射安全基本标准。

生态环境质量标准应当包括下列内容：功能分类；控制项目及限值规定；

监测要求；生态环境质量评价方法；标准实施与监督等。

污染物排放标准包括大气污染物排放标准、水污染物排放标准、固体废物污染控制标准、环境噪声排放控制标准和放射性污染防治标准等。

水和大气污染物排放标准，根据适用对象分为行业型、综合型、通用型、流域（海域）或者区域型污染物排放标准。

行业型污染物排放标准适用于特定行业或者产品污染源的排放控制；综合型污染物排放标准适用于行业型污染物排放标准适用范围以外的其他行业污染源的排放控制；通用型污染物排放标准适用于跨行业通用生产工艺、设备、操作过程或者特定污染物、特定排放方式的排放控制；流域（海域）或者区域型污染物排放标准适用于特定流域（海域）或者区域范围内的污染源排放控制。

5.6.3　碳汇主要方法学

国家发改委批准备案的林业碳汇项目方法学有 5 个，适用的项目类型有乔灌碳汇造林、乔木森林经营、竹子造林、竹子经营及小规模非煤矿区生态修复等项目类型。符合《碳排放权交易管理办法（试行）》和《温室气体自愿减排交易管理暂行办法》规定的企业可以参与这些项目类型的开发或交易。

国家部委、各省市、行业协会等出台了一系列碳汇、节能与减碳等行业标准、社团标准，可作为零碳示范的实践借鉴。

城市绿地是城市生态系统发挥减排和增汇功能的重要载体。截至 2020 年，我国已建成城市绿地面积为 331.2 万公顷。到 2025 年，全国城市建成区绿化覆盖率将超过 43%。

《碳汇造林检查验收办法（试行）》规定了碳汇造林验收的依据和检查验收的依据：（1）《碳汇造林技术规定（试行）》；（2）GB 6000－1999 主要造林树种苗木质量分级；（3）GB 7908－1999 林木种子质量分级；（4）GB/T 15776－2006 造林技术规程；（5）LY/T 1000－1991 容器育苗技术。同时规定，碳汇造林检查验收实行县级自查、省级复查和国家级检查验收的三级检查验收方式。

碳汇造林实施单位所在的县级林业主管部门应在造林后一年内，对碳汇造林地块进行全面自查；应在林木生长稳定后开展碳汇造林的保存情况自查。内容包括：

（1）是否按照批复的碳汇造林实施方案和作业设计文件、计划文件完成建设任务。

（2）碳汇造林的实施面积、保存面积，合格面积、待补植面积、失败面积等。

（3）整地方式及规格、树种选择及配置、栽植密度、株行距、种苗质量、栽种年限、施肥情况等与作业设计一致的情况。

（4）造林地的抚育、管护情况。

自查方式。核实面积、保存面积的检查验收采用现地逐个小班调绘或实测，量算小班面积。调绘和实测的小班均需留存 GPS 控制点位的坐标。采用样行或样地调查法调查株数成活率和株数保存率。样行或样地调查的面积比例：当小班面积在 100 亩以下时，样行或样地面积应不少于小班面积的 5%；100—500 亩时应不少于 3%；500 亩以上时应不少于 2%。样行或样地应均匀布设在小班内有代表性的地段。

2022 年 2 月 21 日，自然资源部公示了《海洋碳汇经济价值核算方法》及《海洋碳汇经济价值核算方法》编制说明。该文件提出了海洋碳汇能力评估和海洋碳汇经济价值核算的方法，适用于海洋碳汇能力评估和海洋碳汇经济价值核算与区域比较。海洋碳汇包括红树林、盐沼、海草床、浮游植物、大型藻类、贝类等从空气中或海水中吸收并存储二氧化碳的过程、活动和机制。

5.6.4 碳排放核算方法

《关于加快建立统一规范的碳排放统计核算体系实施方案》明确规定，建立全国及地方碳排放统计核算制度。由国家统计局统一制定全国及省级地区碳排放统计核算方法，明确有关部门和地方对能源活动、工业生产过程、排放因子、电力输入输出等相关基础数据的统计责任，组织开展全国及各省级地区年度碳排放总量核算。鼓励各地区参照国家和省级地区碳排放统计核算方法，按照数据可得、方法可行、结果可比的原则，制定省级以下地区碳排放统计核算方法。

碳核算主要有三种方式：排放因子法、质量平衡法、实测法。

5.6.4.1　碳排放因子法

排放因子法是适用范围最广、应用最普遍的碳核算办法，该方法适用于国家、省份等较为宏观的核算层面。

计算公式：

根据IPCC提供的碳核算基本方程：温室气体(GHG)排放=活动数据(AD)×排放因子(EF)

其中，AD是导致温室气体排放的生产或消费活动的活动量，如每种化石燃料的消耗量、石灰石原料的消耗量、净购入的电量、净购入的蒸汽量等。EF是与活动水平数据对应的系数，包括单位热值含碳量或元素碳含量、氧化率等，表征单位生产或消费活动量的温室气体排放系数。EF既可以直接采用IPCC、美国环境保护署、欧洲环境机构等提供的已知数据，也可以基于代表性的测量数据来推算。

我国已基于实际情况设置了国家参数，如《工业其他行业企业温室气体排放核算方法与报告指南（试行）》的附录二提供了常见化石燃料特性参数缺省值数据。

适用范围：该方法适用于国家、省份、城市等较为宏观的核算层面，可对特定区域的整体情况进行宏观把控。但在实际工作中，由于地区能源品质差异、机组燃烧效率不同等原因，各类能源消费统计及碳排放因子测度容易出现较大偏差，成为碳排放核算结果误差的主要来源。

5.6.4.2　质量平衡法

质量平衡法可根据每年用于国家生产生活的新化学物质和设备，计算为满足新设备能力或替换去除气体而消耗的新化学物质份额。

计算公式：

在碳质量平衡法下，碳排放由输入碳含量减去非二氧化碳的碳输出量得到：

二氧化碳(CO_2)排放=(原料投入量×原料含碳量－产品产出量×产品含碳量－废物输出量×废物含碳量)×44/12

其中，是碳转换成CO_2的转换系数(即CO_2/C的相对原子质量)。

适用范围：采用基于具体设施和工艺流程的碳质量平衡法计算排放量，

可反映碳排放发生地的实际排放量、区分各类设施之间的差异，还可以分辨单个和部分设备之间的区别。

5.6.4.3 实测法

实测法基于排放源实测基础数据，汇总得到相关碳排放量。包括现场测量和非现场测量。

现场测量一般是在烟气排放连续监测系统（CEMS）中搭载碳排放监测模块，通过连续监测浓度和流速直接测量其排放量；非现场测量是通过采集样品送到有关监测部门，利用专门的检测设备和技术进行定量分析。二者相比，由于非现场实测时采样气体会发生吸附反映、解离等问题，现场测量的准确性要明显高于非现场测量。

5.7 典型案例

案例5－1：上海低碳示范创建工作方案

为贯彻落实本市碳达峰碳中和目标，引领倡导全社会绿色低碳转型，积极推进上海市“十四五”期间低碳示范创建工作，特制定《上海市低碳示范创建工作方案》。

一、总体目标

“十四五”期间在全市范围内创建完成一批高质量的低碳发展实践区（含近零碳排放实践区）和低碳社区（含近零碳排放社区），充分发挥引领示范作用，营造全社会绿色低碳生活新时尚。

二、低碳发展实践区（近零碳排放实践区）申报条件

1. 申报主体

由各区政府和相关市级园区管委会（开发公司）作为申报主体，提出创建申请。商务区、郊区新城、城镇、园区等各类区域均可申报，鼓励条件较好的区域申报近零碳排放实践区创建。

2. 申报条件

（1）原则上区域面积1平方公里以上，特殊情况由专家评审认定。

（2）有明确的领导机构和相关工作机构，具体负责组织和推进低碳示范区域的建设、运行和管理。

（3）有明确的区域边界和低碳发展目标，创建期满后区域的碳排放强度应低于全市同类区域的平均水平或较创建基期下降20%以上，碳源碳汇比明显下降，可再生能源利用占比显著提升；对于申报近零碳排放实践区的，碳排放强度应达到全市同类区域的先进水平或低于创建基期的50%以上，碳源碳汇比达到2以下，可再生能源利用占比达到20%以上；创建区域均应在若干领域达到国际国内同类先进水平，在新技术应用、机制创新方面形成具有借鉴意义的经验。

（4）已建立科学合理的能耗和温室气体排放统计、监测和核算体系。

（5）具有较高的经济社会发展水平，具备建设低碳示范区域的基础条件。

3. 申报材料

（1）关于申报本市低碳示范创建的函。

（2）低碳示范创建方案，内容包括区域基本情况、低碳发展的基本思路和基础条件（包括能耗和碳排放的现状数据、已开展工作和采取的措施等）、预期节能降碳目标、建设内容及进度安排、预期成效等。

（3）低碳示范创建工作自评材料，可结合创建方案，参照低碳实践区创建评价指标体系进行自评。

4. 创建周期

低碳发展实践区和近零碳排放实践区的创建周期为5年。

二、低碳社区（近零碳排放社区）

1. 申报主体

由街道办事处或镇政府作为申报主体，择优选择辖区内的一个或多个居住社区（含镇管社区）或由区生态环境局直接提出创建申请。

2. 申报条件

（1）社区内的住户须达到2000户（含）以上（中心城区）或1500户（含）以上（郊区）。

（2）有明确的领导机构和相关工作机构，具体负责组织和推进低碳社区的建设、运行和管理。

（3）有明确的创建范围和低碳发展目标，创建期满后社区的人均碳排放强度低于全市平均水平或创建基期的10%以上（新建社区须较基准情景下降

20%以上)；对于申报近零碳排放社区的，社区的人均碳排放强度应达到全市先进水平或低于创建基期的40%以上；创建社区均应形成具有特色的低碳社区发展模式，在新技术应用、机制创新方面形成具有借鉴意义的经验。

（4）要建立社区碳排放统计、监测和核算体系。

（5）社区在节能减排、低碳等方面已取得较好成绩，具有较好工作基础。

3. 申报材料

（1）街道办事处或镇政府关于申报本市低碳社区创建的函，区生态环境局关于本市低碳社区创建的函或推荐意见。

（2）低碳社区的创建方案，内容包括社区基本情况、低碳发展的基本思路、基础条件（包括能耗和碳排放的现状数据、已开展的工作和采取的措施等)、预期节能降碳目标、建设内容及进度安排、预期成效等。低碳创建的建设内容应对照但不限于国家发展改革委发布的《低碳社区试点建设指南》（发改办气候〔2015〕362号）中的相关内容。

（3）低碳示范创建工作自评材料，可结合创建方案，参照创建评价指标体系进行自评。

4. 创建周期

低碳社区和近零碳排放社区的创建周期为3年。

案例5-2：鄂尔多斯零碳产业园建设

《内蒙古自治区发展和改革委员会关于推进鄂尔多斯零碳产业园建设工作任务分工的通知》工作分工：

（1）高起点高标准高质量编制零碳产业园规划。立足国家“双碳”战略和自治区“十四五”规划布局，树立系统观念，突出功能定位，着眼长远发展，对零碳产业园规划进一步研究论证、修改完善，尽快印发实施。

（2）加快推进园区项目和产业谋划。加大与产业链上下游企业对接力度，加快推进重点项目建设，着力打造零碳产业集群，有力支撑园区发展。加快推进园区水电气暖等基础设施建设，为园区发展提供基本保障。

（3）统筹园区新能源项目布局以及新能源配置。在推进国家大型风电光伏基地建设中统筹园区新能源项目布局。根据园区产业发展实际，主动对接自治区能源局，按照总体规划、一次批复、分期核准的原则进行新能源配置，有效满足园区绿电需求。（牵头单位：市能源局，配合单位：伊金霍洛旗人

民政府）

（4）协助开展矿产的勘查与开发战略合作。围绕产业发展需求，积极与自治区地矿集团、自然资源厅协商开展锂、镍等矿产的勘查与开发战略合作，进一步明确合作的重点、方式和机制，依法依规按照市场化原则推进。

（5）加大用能与原料供应保障。在推动优化鄂尔多斯零碳产业园用能结构，保障零碳产业园可再生能源供应的基础上，积极与自治区能源局、自治区发展和改革委员会、自治区工业和信息化厅等厅局对接，加大源网荷储体系建设，推动可再生能源就地消纳，加强配售电体系创新改革，探索并推动与新型电力系统和用能需求相适应的体制机制。积极发展氢能经济，合理布局储能设施。保障产业园新材料与高端装备产品制造业原料供应。

（6）推进园区微电网建设。按照总体规划、分步实施、科学安全、确保零碳的原则，加快推进园区微电网建设。

（7）推动标准体系建设。与中国标准化研究院、必维国际检验集团等国际、国内知名检验认证企业开展合作，研究并构建鄂尔多斯零碳产业园标准化管理体系，制定工程建设管理、低碳设施设备、绿色生产工艺、低碳产品质量、碳足迹、能耗水平、检测认证和评估等全流程、多环节管理和技术标准、绿色电力评价标准、零碳产业园建设标准等，推进工艺技术体系再造与低碳技术认证，推动零碳产业园建设、运行、管理、监测等各项工作标准化发展。

（8）强化要素保障。推动落实园区项目立项、用地、能评、环评、工程建设等要素保障，尽快建立快速审批通道，简化审批核准程序，推动项目尽早落地。进一步明确零碳产业园的电价审批，包括输电电价、配电电价、电网交易电价以及用户电价。

（9）加大科技和人才支撑。积极对接并争取国家重大科技研发计划，在清洁能源开发、碳汇技术、新能源高端装备制造等领域加大前瞻性、突破性、颠覆性技术布局。推动大数据、新一代信息网络、工业互联网技术与产业深度融合，促进工业领域数字化转型。联合国内外企业、高校、研究院构建关键技术研发平台，加快科技成果转化应用。建立零碳产业园专家库，大力引进高端科研技术与管理人才。

（10）提升园区内生动力。在产业基金、科技研发、人才引进、教育培训等方面加大支持力度。研究建立园区碳排放标准计量体系，做好监测、分析、核查等工作。加强技术、研发、平台等支持，联合企业开展科技攻关，推动更多成果在园区转化应用。加大园区绿色低碳循环改造力度，研究制定园区考核激励机制。

（11）召开国际零碳产业园峰会。筹办2022年8月上中旬召开的国际零碳产业园峰会，做好相关准备工作。尽快拟定相关工作方案并上报研究。

（12）推进深化战略合作。配合自治区人民政府与远景能源有限公司开展深化战略合作的相关工作。

（13）推进园区绿色低碳运营。发展零碳产业园国家核证自愿减排量项目，促进零碳产业园深度参与碳排放市场，利用市场机制推动产业园碳净零排放。提高零碳产业园用能效率，深挖节能潜力，加大节能改造。推进零碳产业园循环化改造，提升资源综合利用水平。推进降碳减污协同增效，加强零碳产业园环境监测体系建设，推行园区环境污染第三方治理。

第6章

零碳城市创建图谱

■城市如何实现节能与低碳化？零碳城市创建方案如何编制与实施？零碳企业、零碳社区如何建设？如何绘制路线图与施工图？需要系统谋划，不断探索。

本章着重分析“百城千企零碳行动”的发起背景、创建实践、零碳企业与园区建设、编制方案、清洁能源、零碳产业、零碳建筑、零碳交通、零碳办公与生活、典型案例，等。

6.1　“百城千企零碳城市”总体施工图

零碳城市的规划、开发与运营是国家双碳战略的重要实施路径，也是各地区、各城市转型、生态治理的奋斗目标。国合华夏城市规划研究院与其他国家级院所共同推动“百城千企零碳行动”，是适应全球和国家发展战略的重大选择，也是实现碳中和目标的重大行动。

产业园指由政府（包括企业与政府合作）规划建设的，供水、供电、供气、通信、道路、仓储及其他配套设施齐全、布局合理且满足从事某种特定行业生产和科学实验需要的标准性建筑物或建筑物群体。我国几十年以来先后出现了工业园区、经济技术开发区、高新技术产业开发区、产业园区等各种“园区”。根据行政级别，园区分为国家级、省（市）级、省内（地市）级、县（市）级；根据功能，园区分为服务型、生产型、科技型、文化型等；根据主导产业，园区划分为软件园、物流园、文化创意产业园、高新技术产业园、影视产业园、化工产业园、医疗产业园和动漫产业园等。自1979年蛇口工业区成立至今，我国已建成各类产业园区15000多个，国家级和省级工业园区约2500家，贡献了全国一半以上的工业产值。

2021年10月，国务院发布《2030年前碳达峰行动方案的通知》，提出“打造一批达到国际先进水平的节能低碳园区”，“建设绿色工厂和绿色工业园区”，“推进产业园区循环化发展”，“选择100个具有典型代表性的城市和园区开展碳达峰试点建设”。我国园区低碳化转型经历了国家生态工业示范园区、循环化改造园区、UNIDO绿色工业园区、低碳工业园区、绿色园区、碳排放评价试点产业园区等类型。截至2020年11月，国内通过验收的国家生态工业示范园区48家、园区循环化改造示范试点44家、国家级绿色工业园区171家。

以城市为主体，以园区、企业为载体，实施零碳城市、零碳园区、零碳企业示范工程，持续打造区域性、国家级零碳示范，是党中央、国务院、国家部委、各地政府较常见的推动城市转型、生态绿色发展重要的战略选择。落实“百城千企零碳行动”，以行动方案的方式推进碳中和，实现零碳发展，是国家、各地区、各城市、各类产业园行之有效的工作方法。

6.1.1 “百城千企零碳行动”提出背景

世界各国全面推动碳达峰碳中和，多数欧美国家提出2050年实现碳中和。由于发展阶段，技术水平、科技研发与产业布局等存在区域性差异化、产业梯度等原因，亚洲、非洲、拉美等国家实现碳达峰碳中和的压力较大。各国已意识到碳达峰碳中和对于控制地球温度、对于人类生存发展的重大价值，因此，推动碳中和以及零碳发展是全球共同努力的方向。

中国处于工业化和城镇化的推进过程中，2020年，全国常住人口城镇化率达63.89%，城市数量达687个，城市建成区面积达6.1万平方公里。碳足迹是推动零碳发展的有效工具，它有助于精准刻画和回答“碳从何而来”，构建全社会的低碳消费格局及构建未来低碳生产工业体系和打破绿色贸易壁垒。在一些基础条件较好、有规范的管理体系与发展潜力的城市、产业园区、企业等开展零碳示范，是落实碳汇、碳减排、碳循环，夯实碳足迹，提高零碳意识，完成减碳任务目标，实现典型推广，达成全国碳中和目标的必然选择。2021年，深圳发布《深圳市近零碳排放区试点建设实施方案》，正式启动近零碳排放区试点建设。深圳确定第一批近零碳排放区试点项目28个。其中，园区类4个，社区类3个，校园类7个，建筑类8个，企业类6个。

为践行历史使命，国合华夏城市规划研究院牵头，10多家国家级院所、地方政府与部委专家等联合，2021年7月17日发出“中国碳中和宣言”倡议，共推“百城千企零碳行动”。

“百城千企零碳行动”的主要内容：在国家部委机构的大力支持和政策指导下，部委智库、商协会、地方政府、投资机构和大型企业等联合设定标准和创建体系，按照国家低碳政策和指导目录，与地方合作共建，从全国选择约100家市县级城市、选择约1000家科研机构与低碳节能企业，进行低碳零碳产业（能源、交通、建筑、办公、生活等）结构调整，技术研发与应用、工艺流程优化、园区开发等低碳零碳规划编制与试点辅导，与地方共建零碳城市、零碳园区和零碳企业，积累案例经验，在全国和重点行业推广，共建高水平零碳城市案例及零碳产业集群，提升创建城市的竞争力和创建企业的盈利水平。

6.1.2 “百城千企零碳行动”实践价值

推动“百城千企零碳行动”，具有多方面的实践价值：

6.1.2.1 为实现国际接轨争取更多的时间与空间

以零碳城市、零碳园区、零碳企业的创建为目标及支点，统筹国家与地方双碳行动方向，符合全球减碳惯例与行业规范。欧美国家推进碳中和以政府引导，行业组织、智库等为驱动，通过非官方、相对公开、公正、客观的社团组织、智库与行业机构等开展标准研究与碳核算，推进碳减排与碳交易，政府以政策支持与窗口指导等方式协同推进。多年以来，欧美国家积极开始零碳城市、零碳小镇、零碳企业、零碳技术等示范与产业化，在重点领域初步形成了全球竞争力与话语权，这对我国和地方经济、国际贸易等是很大的挑战。

国家智库、央企与地方政府共建，探索“百城千企零碳行动”遵从国际惯例与行业准则，为地方园区与企业开展节能减碳、产品出口等争取了国际认同，拓宽了空间，这对于 3060 目标实现具有导向性、创新性与引领性、融合性。

6.1.2.2 “百城千企零碳行动”把相互矛盾、碎片化的专项规划与相关项目聚焦化、项目化、示范化、统筹化

2021 年以来，中国碳中和研究院（联盟）邀请了院士、部长司长，集聚了国内知名智库、央企、投资机构，专家学者等，与地方城市、园区、大型企业，共编共建零碳城市（园区、企业），以技术与产业导入，成建制解决地方发展的节能减碳、碳汇、碳中和、碳交易、碳补偿等难题，既弥补了地方城市、园区与企业在全球趋势、国家政策、标准研究、减碳技术、成果转化等方面的短板，也为实现碳达峰碳中和目标确定了规划定位、推进了图谱与载体，积极导入技术、资源、资金，实现弯道超车。通过零碳行动，以点带面，提高全国、全社会、各行业的减碳能力，促进合作城市、园区与企业超前发展。

6.1.2.3 “百城千企零碳行动”注重规划引领下的技术创新、成果应用与企业辅导

碳达峰碳中和的主要实施者是各级政府、企业和居民，而城市、园区是重要的经济业态，它们的减碳、碳捕捉碳利用等需要目标引领、技术驱动与持续辅导。部委智库共同推进的“百城千企零碳行动”肩负了这一使命，具有较强的实践性与政策性。2021 年以来，我院已在部分城市、园区和企业实施了零碳示范与试点，并取得了初步效果。

6.1.2.4 “百城千企零碳行动”高水平融合了经济发展与两山理论

碳中和研究院倡导推进的零碳城市、零碳企业等，始终以党中央、国务院及部委部门、省市双碳部署为指引，发挥智库平台优势，创新碳测算与统筹“十四五”规划目标，以经济增长的资源能源利用为数据，努力做到经济增长、能源替代、减碳增汇与碳产业培育一体化、平台化与园区化，这是其他组织、单个项目无法实现的，我们倡导的零碳行动是把规划与招商、零碳与绿色、青山与发展、创新与转型等融为一体。同时，为零碳城市、零碳园区、零碳企业等注入资金、技术、人才与平台，推动实现智库赋能、科技赋能、金融赋能。

6.1.2.5 “百城千企零碳行动”既是创新示范，又是政策融合、资源集聚

国家部委智库与央企地方政府等，联合实施“百城千企零碳行动”，研究团队受托编制零碳城市、零碳园区与零碳企业行动方案，是以实际行动践行习近平总书记、党中央、国务院和国家部委有关部署，推动实现示范城市、园区与企业的先行先试，探索挂牌并颁布企业标准、社团标准与城市标准等，推动碳汇、减碳、用碳一体化，对示范案例可优选报送国家部委审批指导，积极推动申批零碳先行试点。同时，结合部委已有示范与创建的牌照，推动实现碳达峰碳中和——零碳示范的产业升级，并与创建国家级循环经济示范城市、生态文明城市、无废城市、绿色工厂等部委牌照相结合，形成各种示范的“旋转门”，打造综合效益与城市名片。

6.1.2.6 零碳行动遵循严选、优选、产业辅导孵化及国际化原则

“百城千企零碳行动”选取的示范城市、园区或企业有一些共同的特征：

有相对完善的规划体系或联合编制零碳创建方案，并纳入业绩考核；生态环境良好或有较高的节能减排目标；有改革精神、创新力与执行力的核心团队；有积极参与的企业、产业或可孵化的项目；有产业升级与高质量绿色发展的意愿等。同时，创建零碳示范工作中，不搞一刀切，不搞大跃进，实事求是地与经济发展、财政实力与园区招商相结合，与国际环境、国家政策、碳交易、产业目录以及区域资源相结合，因地制宜，长规划，短计划，项目孵化，企业辅导，平台共建，量而行、尽力而为，久久为功，每年部署，循序渐进。

6.1.3 “百城千企零碳行动”创建步骤

申请零碳城市、零碳园区、零碳企业创建，主要申请与实施步骤，如图6－1所示。

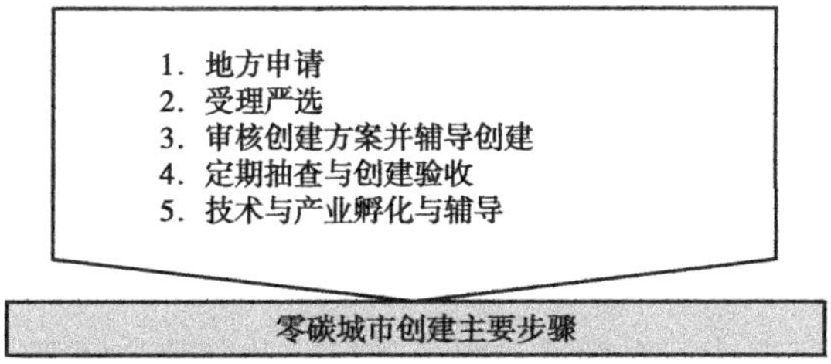

1. 地方申请
2. 受理严选
3. 审核创建方案并辅导创建
4. 定期抽查与创建验收
5. 技术与产业孵化与辅导

零碳城市创建主要步骤

图6－1　零碳城市创建主要步骤

资料来源：国合华夏城市规划研究院。

6.1.3.1 地方申请

申报创建“零碳城市”“零碳园区”“零碳企业”的单位，必须已建立了碳达峰碳中和相关组织领导机制，有较好的绿色产业基础，制定了碳达峰碳中和专项规划，能够提交创建零碳示范的可操作的行动计划，具体可以由各地区发改或者生态环境部门牵头，组织申报零碳城市或零碳园区，企业可自行申报。申请创建单位应填写创建零碳城市、零碳园区或零碳企业申请表，提交创建零碳示范方案。

6.1.3.2 受理严选

接到地方政府、园区或企业创建零碳城市、零碳园区或零碳企业的申请表及附件资料，提交碳中和专家委员会审核评估，看是否满足申请条件，如满足将要求创建单位提供更多成果材料并现场调研评估，并尽快提交创建实施方案，出具专家评价意见，联合多家国家社团等示范挂牌，在实施 2 年后组织阶段性验收，在各个阶段性时间之内，确定碳减排的具体成效。如评估不符合创建阶段性要求，则通知未通过初审。

6.1.3.3 审核创建方案并辅导创建

组织专家进行创建零碳城市等实施方案的审核，进行各具特色的创建辅导、日常指导、技术孵化、产业引进、零碳项目孵化与大数据平台建设等深度合作并进行年度督导并纳入综合考核。

6.1.3.4 定期抽查与创建验收

组织综合评价并验收是否合格。创建案例优选后推荐报送国家有关部委部门、主要领导人、国际绿色循环经济组织等，并组织全国推广示范经验，辅导申请创建国家部委各类示范、牌照、碳汇额度、专项资金等政策。

6.1.3.5 技术与产业孵化与辅导

根据创建单位申请，提供重点服务辅导，共同整合资源、技术与资金等，进行创建单位的产业孵化与项目引进，开展零碳城市策划、零碳园区招商与零碳技术（项目）孵化（招商），提高创建单位的减碳能力、零碳技术产业化与综合竞争力。同时，共同召开零碳城市峰会，打造区域影响力与全国知名度。

6.1.4 零碳城市创建方案

“百城千企零碳行动”的落脚点在城市，主要通过园区、乡村和企业等推进实施。零碳城市的创建应分析现有的生态基础、能耗与碳排放数据以及国家政策、行业趋势，因地制宜地统筹规划并科学设计。同时，兼顾经济发展与减碳固碳的关系，注重单位能耗降低与能耗总量管理，体现城市生态环境与整体开发的基本规律，有序推动零碳示范及目标实现。具体创建条件、步骤、任务等在后续章节中予以阐述。

6.1.5　零碳企业创建方案

创建零碳企业，需要从能源利用、资源环境、技术应用、政策环境等领域推动试点示范。具体如图6－2所示。

图6－2　零碳企业创建方案

资料来源：国合华夏城市规划研究院。

能源利用。优化能源消费结构，推广使用工业电锅炉、电窑炉、电热釜及生产用电加热工艺，积极实施锅炉窑炉“气改电”、使用电蓄冷空调等。倡导绿色电力消费，提升运输工具等终端用能电气化水平。因地制宜利用光伏、地热能、生物质能、空气源等可再生能源。推进企业能效对标和数字化转型，提高用能效率和管理水平。探索碳捕集利用与封存技术应用示范，推进化石能源低碳排放利用。

资源环境。瞄准源头清洁高效、过程智能控制、末端循环利用等方向，推进减污降碳协同增效。采用先进清洁生产技术和高效末端治理装备，降低污染物排放。推进“三废”资源化利用，降低单位工业增加值新鲜水耗，提高工业固体废弃物综合利用率。深化厂区绿化，合理提升绿化覆盖率。

技术工艺。以《国家重点推广的低碳技术目录》《国家重点节能低碳技术推广目录》《绿色技术推广目录》《国家工业节能技术装备推荐目录》《“能效之星”产品目录》《高耗能行业重点领域节能降碳改造升级实施指南（2022年版）》为指导，严控工业过程碳排放，应用工业绿色制造、节能节材技术，推动实施工艺流程低碳化改造。

运营管理。建立健全企业碳排放统计管理制度，鼓励开展供应链绿色管理，带动供应链低碳行动。

6.1.6 零碳社区创建方案

零碳社区创建要确定阶段性目标，制定行动路线图，分解落实各阶段任务目标，逐步推进实现。一般来说，零碳社区的创建目标应在2060年前显著实现。零碳社区的主要碳减排内容如图6－3所示。

图6－3 零碳社区创建方案

资料来源：国合华夏城市规划研究院。

规划建设。完善服务配套设施，加强社区与公共交通接驳建设，增强低碳出行便利度。加快既有建筑节能改造，推动新建建筑达到二星级及以上绿色建筑标准。

能源利用。公共区域采用高效节能设备设施，推广使用新能源路灯，推进充电桩“统建统管”。合理利用光伏、浅层地温能等可再生能源。

资源环境。完善社区给排水、污水处理、中水利用、雨水收集设施，提升非传统水源利用率。布局垃圾分类回收设备，探索“互联网＋垃圾分类＋资源回收”新模式，提高社区绿化覆盖率。

共建共治。推行低碳物业管理和服务，组建社区志愿者组织，建立常态化宣教机制，定期开展低碳宣传教育活动，倡导绿色低碳生活方式。

6.1.7 零碳机关创建路径

零碳机关创建要遵循国家政策部署，立足各自实际，确定阶段性减碳目标，制定具体行动路线图，分解落实各阶段的任务目标，逐步推进碳中和目标的全面实现。一般来说，零碳机关创建时间表应该较2060年显著提前，其主要内容如图6－4所示。

图 6 - 4　零碳机关创建方案

资料来源：国合华夏城市规划研究院。

政策扶持。出台零碳建筑改造的激励政策，引进低碳改造机构与资金。试行低碳办公管理办法，鼓励绿色低碳办公与绿色出行。

能源优化。优化办公楼宇能源结构，鼓励屋顶光伏、楼宇光伏与地热能使用，鼓励空气源、节能空调系统改造等，推广使用新能源公务车、节能路灯与节能节水办公器具等，鼓励办公区域采用高效节能设备，鼓励节约纸张与办公用笔，减少使用一次性纸杯等。

资源环境。进行口语与办公场地绿化改造，鼓励循环利用雨水、中水等非传统水源，采用节水器具，提升用水效率。保护办公区域生态环境，科学种植绿化植物，提高办公区域绿化覆盖率。实施废弃物源头减量措施，开展垃圾分类回收管理。

低碳引导。建立碳排放统计管理制度，强化办公楼宇、酒店、餐饮等低碳管理。建设智慧低碳管理系统，建设生态停车场，布设共享自行车停放区域，加强与公共交通接驳，实行减碳积分与激励制度等。

6.1.8　零碳港口创建路径

“近零碳港口”指在港口生产经营活动中，通过采取优化能源消费结构、应用节能低碳技术、改进生产工艺组织、加强节能减排管理等措施，提高新能源和可再生能源的应用比例及能源利用效率，减少二氧化碳等温室气体的排放，使港口二氧化碳直接排放逐步趋近于零的港口。

港口碳减排是创建零碳城市的重要组成部分。2019 年，我国港口直接用于装卸生产作业的二氧化碳直接排放和间接排放总量约为 900 万吨。包括港口外包作业的水平运输能耗，港口每年直接用于装卸生产而产生的二氧化碳排放超过 1000 万吨。港口可以规划建设电动集卡换电站、氢能集卡等，开展港口风电、光伏、氢能、氨能、LNG、岸电等减碳基础设施建设，制定推进“近零碳港口”建设的行业标准规范；鼓励制定地方标准、企业标准、团体标准等。

研究山东、江浙等沿海城市低碳实践，鼓励主要港口港作船舶、公务船安装受电设施，提高营运船舶受电设施安装比例。加强岸电使用监管，确保已具备受电设施的船舶在具备岸电供电能力的泊位靠泊时按规定使用岸电。鼓励新增、更换港口作业机械、港内车辆和拖轮、货运枢纽（物流园区）作业车辆、交通工程施工机械、公路、港航和海事巡查装备等优先使用新能源和清洁能源。推动货主码头向公共码头转型、传统码头向智慧码头转型、通用码头向专业化码头转型，提高港口岸线利用率。优化港口集疏运方式，降低道路运输集疏运比例。鼓励港口和大型工矿企业煤炭、矿石、焦炭等物资采用铁路、水路、封闭式皮带廊道、新能源和清洁能源车辆等绿色运输方式。继续推进内河集装箱运输，打造示范航线。推进国家、省级多式联运示范工程建设。按照“宜水则水”“宜路则路”“宜铁则铁”原则，积极引导大宗货物通过水路、铁路方式集疏港，逐步打造“零碳港口”“零碳现代物流企业”。

6.2 编制零碳城市创建方案

6.2.1 零碳城市创建思路与条件

零碳城市创建可以分零碳城市、零碳园区、零碳社区、零碳企业等不同主体。其中：零碳城市是零碳示范最重要的实施主体之一。

2022 年 7 月 13 日，住建部、国家发改委联合印发《城乡建设领域碳达峰实施方案》。方案明确，持续开展绿色建筑创建行动，到 2025 年，城镇新建建筑全面执行绿色建筑标准，星级绿色建筑占比达到 30% 以上，新建政府投资公益性公共建筑和大型公共建筑全部达到一星级以上。积极开展绿色低碳城市建设，推动组团式发展。每个组团面积不超过 50 平方公里，组团内平均人口密度原则上不超过 1 万人/平方公里，个别地段最高不超过 1.5 万人/平方公里。加强生态廊道、景观视廊、通风廊道、滨水空间和城市绿道统筹布局，留足城市河湖生态空间和防洪排涝空间，组团间的生态廊道应贯通连续，净宽度不少于 100 米。推动城市生态修复，完善城市生态系统。严格控制新建超高层建筑，一般不得新建超高层住宅。新城新区合理控制职住比例，促进就业岗位和居住空间均衡融合布局。合理布局城市快速干线交通、生活性集散交通和绿色慢行交通设施，主城区道路网密度应大于 8 公里/平方公里。严格既有建筑拆除管理，坚持从“拆改留”到“留改拆”推动城市更新，除违法建筑和经专业机构鉴定为危房且无修缮保留价值的建筑外，规模不大、成片集中拆除现状建筑，城市更新单元（片区）或项目内拆除建筑面积原则上不应大于现状总建筑面积的 20%。盘活存量房屋，减少各类空置房。

开展绿色零碳县城建设，构建集约节约、尺度宜人的县城格局。充分借助自然条件、顺应原有地形地貌，实现县城与自然环境融合协调。结合实际推行大分散与小区域集中相结合的基础设施分布式布局，建设绿色节约型基础设施。强化县城建设密度与强度管控，位于生态功能区、农产品主产区的县城建成区人口密度控制在 0.6 万—1 万人/平方公里，建筑总面积与建设用地比值控制在 0.6—0.8；建筑高度要与消防救援能力相匹配，新建住宅以 6 层为主，最高不超过 18 层，6 层及以下住宅建筑面积占比应不低于 70%；确需建设 18 层以上居住建筑的，应严格充分论证，并确保消防应急、市政配套设施等建设到位；推行“窄马路、密路网、小街区”，县城内部道路红线宽度不超过 40 米，广场集中硬地面积不超过 2 公顷，步行道网络应连续通畅。

借鉴深圳市、上海市等零碳试点方案。零碳城市指基于现有低碳工作基础，在特定城市范围内，通过统筹规划能源、产业、建筑、交通、废弃物处理、碳汇、办公等多领域低碳技术成果，开展低碳减碳技术应用、产业孵化及管理机制的创新，实现该城市高质量发展、碳排放总量持续降低并逐步趋近于零的综合性城市试点项目。

6.2.2　零碳城市创建步骤与任务

零碳城市是实现零碳中国目标的主要驱动力量。要遵循国家双碳政策，立足各自实际，确定阶段性减碳、固碳、碳转化工作目标，制定具体行动路线，分解落实各阶段的城市减碳任务，逐步推进零碳城市建设目标的顺利实现。一般来说，零碳城市达标时间表应较 2060 年提前 3 年以上，其主要内容包括：

确立试点目标。从碳排放、能源、产业、建筑、交通、绿色供应链、资源循环利用、废弃物处理、环境保护、碳汇、教育与科技、运营管理、治理模式创新等方面提出近零碳排放区试点目标、指标体系。原则上，相关核心指标优于国家、省有关规定，一般指标优于当地相关规划设定的同期目标值，具体指标及目标设定可参考试点申报要求，鼓励各地区根据自身情况提出创新指标及更高目标。具体如图 6－5 所示。

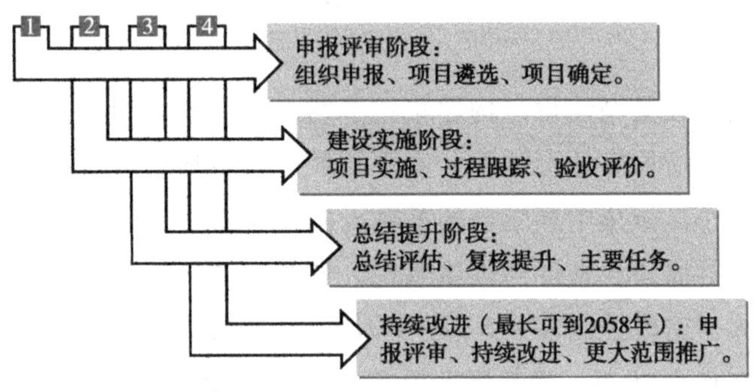

图 6－5　零碳城市创建任务

6.2.2.1　报评审阶段

（1）组织申报。开展零碳城市试点申报与征集工作。根据试点情况，定期开展试点的申报评审工作。项目申报单位可自行或委托有技术实力的专业机构按照要求编制试点项目创建方案并提交相关材料。

（2）项目遴选。组织专家组对申报项目进行评审，遴选出特色鲜明、指标设置科学、有复制推广价值的试点项目，并对创建方案提出评审指导意见。项目申报单位根据评审意见进一步完善创建案。

（3）项目确定。对通过专家评审的试点项目进行公示，公示期满无异议或异议不成立的正式确定为试点项目。

6.2.2.2　建设实施阶段

（1）项目实施。试点项目单位按照创建方案所确定的目标、任务，建立工作机制，落实工作责任，在规定期限内完成相关建设工作。

（2）过程跟踪。建立试点项目动态跟踪机制，定期跟进试点项目单位建设情况，指导解决试点项目建设过程存在的问题，宣传推广经验做法。

（3）验收评价。试点项目单位完成创建方案目标任务并达到验收要求时，可自行或委托有技术实力的专业机构编制自评估报告，提出验收申请。有关部门组织专家组开展试点项目验收工作，对通过验收的试点项目分别授予相应的零碳示范称号。

6.2.2.3　总结提升阶段

（1）总结评估。及时总结试点经验和做法，编制零碳示范创建导则等相关标准。召开试点项目经验交流会议，引导更多城市、园区、社区、校园、建筑及企业制定零碳发展目标，形成一批在全市、全省乃至全国范围内有影响力的试点成果。

（2）复核提升。对验收通过的试点项目进行定期复核，巩固零碳示范的实施效果。推动部分运营效果较好的试点持续优化提升，碳排放总量逐步降低并趋近于零，探索零碳城市建设新模式。

主要任务。根据零碳试点目标和总体思路，结合试点项目发展实际，确定主要任务。包括能源、产业、建筑、交通、绿色供应链、资源循环利用、废弃物处理、环境保护、碳汇、教育与科技、运营管理、治理模式创新等。

6.2.2.4　持续改进（最长可到2058年）

根据我国碳中和目标及全球趋势，结合零碳城市创建规划，进行五年期的阶段性申报、评审，提出本期限内的示范经验与存在的不足，持续帮助改进与形成案例，在更大范围推广。

6.2.3　零碳城市创建十大步骤

创建零碳城市需要遵循如下的十大步骤，具体如图6－6所示。

（1）组织机制。成立零碳城市创建工作领导小组和专门办公室，办公室设在发改部门，各部门主要领导为成员。研究双碳目标和减碳政策，加大零碳城市试点的宣传力度。

（2）摸底调研。委托第三方智库牵头谋划，联合研究国家和地方“双碳”目标、有关政策以及测算方法、价值交易机制等。

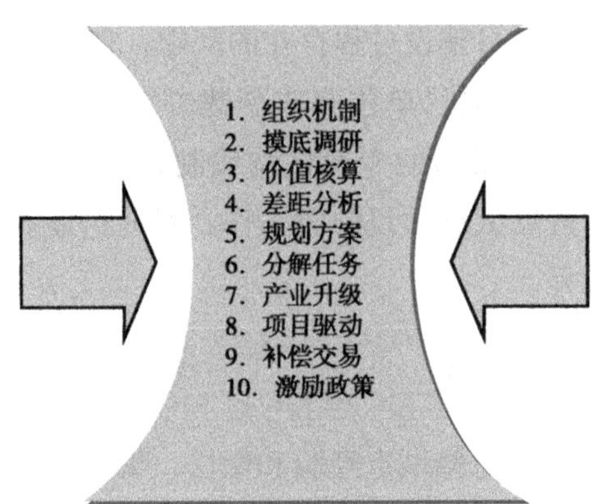

图 6－6 零碳城市创建十大步骤

资料来源：国合华夏城市规划研究院、世界零碳标准联盟。

（3）价值核算。按照全口径、多维度，调研政府、城市碳排放、双控及生态产品价值等现状与规模等，形成碳中和发展现状调查报告和系列报告。编制生态系统生产总值（GEP）核算技术规范、开展试点城市 GEP 核算、编制地方标志生态产品地域公用品牌评价标准。

（4）差距分析。分析对比零碳城市建设目标和减碳现状的差距，测算和确立弥补差距、达成目标需要开展的工作。

（5）规划方案。基于零碳目标和绿色发展主线，委托第三方编制清洁能源中长期规划、新能源中长期发展规划，创建零碳城市实施方案、循环经济示范城市，创建国家级生态产品价值实现机制试点城市实施方案、建设零碳城市中长期创建方案及三年行动计划。

（6）分解任务。按照省市县镇村、企业、居民、一二三产和环境治理等口径，进行节能双控、行业减碳、技术改造、能源结构、经济结构、交通结构等优化目标指标分解，分 2025 年、2030 年、2060 年三个时间节点。

（7）产业升级。一是推动工业低碳化。发展清洁能源，调整工业能源结构，降低石油、煤炭等化石能源比重，提高可再生能源占比。二是传统产业低碳化改造。推进电力、有色、钢铁、化工、建材等高耗能产业节能减碳，降低单位能耗与碳排放。三是培育壮大新兴、减碳产业。鼓励发展生物医药、新一代信息技术、新能源、新材料、人工智能、绿色金融等低碳高值产业、未来产业。四是壮大低碳零碳循环产业。积极发展清洁能源、绿色生产，加大资源综合利用与循环化发展，做好废物资源化和再生资源回收利用等。

（8）项目驱动。根据零碳城市建设目标和任务，结合试点项目实际，明确拟推进示范项目、孵化企业、零碳平台等，包括名称、项目名称、开发内容、推进计划、项目主体、开发周期、预期温室气体减排效益、投资规模、投资估算等。

（9）补偿交易。多维度、全社会进行减碳节能及生态产品价值确定边界、价值核算、补偿规则、额度交易等。

（10）激励政策：加强组织领导。成立节能减排与零碳城市创建工作领导小组，与日常办公室，各部门统筹协调。落实相关政策，鼓励政府、企业、社会、居民等多方参与，给予资金扶持、技术改造、开放合作以及考核激励等，对试点项目奖励或补贴，引导金融机构提供绿色信贷、绿色债券、绿色基金等金融支持，吸引各类金融资本和社会资本参与试点项目设计、改造和运营。

6.2.4　零碳园区创建主体及条件

零碳园区的创建标准与模式目前尚无统一的标准。我们可以从国内外实践中提炼并逐步完善，推动和构建社团标准、行业标准、国家标准、国际标准等。

我国工业园区建设始于1979年改革开放，经过由沿海到内地的渐进式发展，各类产业园区已达1.5万余个，对经济贡献达30%以上。目前，我国2000多个国家级及省级工业园区贡献了全国工业产值的50%以上，工业园区约贡献了全国二氧化碳排放量的32%。2015年10月，“十三五”规划首次提出实施近零碳排放区示范工程：选择条件成熟的限制开发区域和禁止开发区域、生态功能区、工矿区、城镇等开展近零碳排放区示范工程建设，到2020年建设50个示范项目。我国工业园区低碳化转型历程可总结为四类：循环经济工业园、生态工业园区、低碳工业园区、零碳工业园。我国物流园区超过1600家，2021年碳排放4732万吨，增长率超过5%。我国物流园区运用了汽车、火车、港口运输等多种运输方式，是能源消耗和碳排放重点环节，主要能耗为仓储和物流车辆搬运等能耗以及碳排放。

2021年7月，国家发展改革委印发的《“十四五”循环经济发展规划》指出，组织园区企业实施清洁生产改造。积极利用余热余压资源，推行热电联产、分布式能源及光伏储能一体化系统应用，推动能源梯级利用。2021年，生态环境部发布《关于在产业园区规划环评中开展碳排放评价试点的通知》，确定了陕西、河北、吉林、浙江、山东、广东、重庆等省市的7个产业园区作为全国首批在规划环评中开展碳排放评价试点产业园区。2021年8月，上海市生态环境局印发《上海市低碳示范创建工作方案》，提出低碳发展实践区（近零碳排放实践区）和低碳社区（近零碳排放示范社区）的碳排放核算方法建议，对碳排放核算领域、要素、方法、活动水平、资料来源等进行了详细规定。2022年6月上海市经信委、市发改委联合发布《上海市工业和通信业节能降碳“百一”行动计划（2022—2025)》，“百一”行动计划明确，到2025年，上海将创建200家“四绿”示范企业，创建30家零碳示范工厂、5家零碳示范园区。

2021年11月，深圳生态环境局、发改委印发《深圳市近零碳排放区试点建设实施方案》，以区域、园区、社区、校园、建筑、企业为例，从定义、试点申报要求、建设路径建议与碳排放核算方法等方面对近零碳排放区试点做出指导。中国标准化研究院资源环境研究分院等出台《低碳/零碳产业园区建设指南》团体标准、国合华夏城市规划研究院等联合出台《零碳城市、零碳园区及零碳企业创建指南》等团体标准，都有各自的特点及适用范围。

零碳产业园区有全生命周期的概念，设计建造阶段和运营阶段的碳排放管理应分开，建造阶段零碳排放短期内无法做到。零碳园区应该将生命周期范围确定在运营阶段。

总体来看，产业园区的碳排量来自于三个方面：

一是，园区物理边界或控制的资产内直接向大气排放的温室气体，如燃煤锅炉，园区拥有的燃油车辆等。

二是，外购电力和热力间接排放企业由于使用外部电力和热力导致的间接排放。

三是，其他间接排放，产业园区生产经营产生的所有其他排放，如物业运营、通勤、上下游产品（购买设备、办公室装修、办公耗材等）所有前端供应商产品中的碳排放。

产业园区通过实施双碳专项规划，制定双碳绩效管理标准，树立循环经济理念，实现上下游联动，提质增效。园区增加绿地空间，选择固碳能力强的本地植被群落、增加非硬化土壤面积，有计划的拓展园区内部或周边的湿地或水面总体面积，鼓励办公楼宇绿植及楼顶绿化等，提高园区植被、湿地、水系和土壤碳储量等生态碳汇能力。聚焦产业园工业生产需要的电力、热力及办公、生活需要的采暖、照明、空调、动力等能源，因地制宜建设包含屋顶光伏、氢能在内的配套设施，利用天然采光、自然通风以及围护结构保温隔热等形式降低建筑的用能需求。积极对接国家和省级碳交易平台，利用绿色金融手段，指引企业使用碳金融的工具，加速脱碳转型的过程，积极参与碳资产核证、登记、交易、质押贷款、基金、资管、保理等碳交易等活动与服务。

工业企业自身发电和供热产生的碳排放占工业环节总排放的17%。这部分能源的生产和运营可以通过能源站进行集中化管理，通过规模化提升能效，并使用可再生能源、热电联产、储能蓄能等综合方式脱碳。

借鉴上海、深圳市等实践经验和示范政策，以单位产值或单位工业增加值碳排放量和碳排放总量稳步下降为主要目标，在保证工业企业或研发办公企业正常生产经营活动的前提下，不断优化园区空间布局，推进可再生能源利用，严格实行低碳门槛管理，合理控制工业过程排放，建立减污降碳协同机制，推进创新发展和绿色低碳发展。其中：产业园区中主要能源需求包括工业生产需要的电力、热力及办公、生活需要的采暖、照明、空调、动力等能源。主要指标体系如表 6－1 所示。

表 6－1　零碳产业园试点主要指标体系

一级指标	指标名称	单位	参考值	指标类型
碳排放	既有园区碳排放总量下降率	%	较 2020 年下降 40% 以上	核心指标
	既有园区单位产值或单位工业增加值碳排放量下降率	%	较 2020 年下降 40% 以上	核心指标
能源	可再生能源消费比重	%	≥10	核心指标
	购买绿色电力比例	%	≤30	一般指标
建筑	二星级及以上绿色建筑面积比例	%	≥60	一般指标
交通	园区内绿色交通出行比例	%	100	一般指标
	新能源路灯占比	%	≥60	一般指标
绿地	绿化覆盖率	%	≥30	一般指标

续表

一级指标	指标名称	单位	参考值	指标类型
废弃物	一般工业固体废物综合利用率	%	≥92	一般指标
	工业用水重复利用率	%	≥92	一般指标
	生活垃圾分类收集率	%	100	一般指标
碳抵消	购买中国核证自愿减排量（CCER）、城市碳普惠制核证减排量占碳排放量的比例	%	≤5	一般指标
管理	碳排放管理体系	—	建立	核心指标
	零碳园区实施方案	—	编制	一般指标
	碳排放监测系统	—	建立	一般指标
	碳披露	—	每年定期对外公布园区企业碳排放情况	核心指标

注：(1) 参照《国家生态工业示范园区标准》HJ 274－2015 相应内容提高要求执行；(2) 申报单位结合自身实际情况，确定本园区各项指标，鼓励适当增加特色创新性指标；(3)“可再生能源”为风能、太阳能、水能、生物质能、地热能、海洋能等，其中生物质能指利用自然界的植物、粪便以及城乡有机废物转化成的能源。对于可再生能源转化而来的电力消费，是指电网电力外的可再生能源消费电力，主要指试点项目场地内的可再生能源发电与消费；“购买绿色电力”指通过中国绿色电力证书认购交易平台或其他正规认可的交易平台购买绿色电力并获得证书；(4) 园区内绿色交通指的是园区物理边界内的交通通行，如园区内的接驳交通；(5)“碳排放管理体系”主要指成立碳排放管理专门机构，明确职责；建立碳排放统计、核算与考核制度，制作能源统计台账；对主要碳排放管理人员进行专业技能教育与培训；定期监测审核碳排放目标指标，制定纠正措施和预防措施确保目标完成。

6.2.5 零碳社区创建主体及条件

(1) 申报主体。近零碳排放社区试点项目的申报主体为街道办事处（镇人民政府）、开发商或居住小区物业管理单位。

(2) 创建年限。近零碳排放社区试点项目创建年限为 3 年。

(3) 创建方案指标体系。具体如表 6－2 所示。

表 6－2　近零碳社区试点主要指标体系

一级指标	指标名称	单位	参考值	指标类型
碳排放	既有社区碳排放总量下降率	%	较 2020 年下降 40% 以上	核心指标
	社区人均碳排放量	吨 CO_2/（人·年）	城市社区：≤0.65 农村社区：≤0.5	核心指标

续表

一级指标	指标名称	单位	参考值	指标类型
能源	可再生能源消费比重	%	城市社区≥5 农村社区≥10	核心指标
	农村社区太阳能热水器普及率	%	≥60	一般指标
	购买绿色电力比例	%	≤30	一般指标
建筑	城市社区二星级及以上绿色建筑面积比例	%	≥60	一般指标
	农村社区推进开展宜居型示范农房建设	—	开展试点建设，以点带面推进	一般指标
交通	社区内居民拥有的新能源汽车占比	%	≥30	一般指标
	新建停车场的新能源汽车充电桩配置率	%	≥40	一般指标
	新能源路灯占比	%	≥60	一般指标
绿地	绿化覆盖率	%	≥40	一般指标
废弃物	人均生活垃圾末端清运处理量	kg/（人·日）	≤1	一般指标
	生活垃圾分类收集率	%	100	一般指标
	人均用水量	L/（人·日）	≤120	一般指标
碳抵消	购买中国核证自愿减排量（CCER）、城市碳普惠制核证减排量占碳排放量的比例	%	≤5	一般指标
管理	碳排放管理体系	—	建立	核心指标
	低碳宣传教育活动	次/年	组织相关低碳培训、承办相关低碳活动	一般指标

注：(1) 在上表的基础上，可参考国家发改委《低碳社区试点建设指南》相应内容提高要求执行，结合自身实际情况，确定本社区各项指标，并适当增加特色创新性指标；(2) 人口数据采用计算年度的社区常住人口；(3) “可再生能源”为风能、太阳能、水能、生物质能、地热能、海洋能等，其中生物质能指利用自然界的植物、粪便以及城乡有机废物转化成的能源。对于可再生能源转化而来的电力消费，是指电网电力外的可再生能源消费电力，主要指试点项目场地内的可再生能源发电与消费；“购买绿色电力”指通过中国绿色电力证书认购交易平台或其他正规认可的交易平台购买绿色电力并获得证书；(4) “碳排放管理体系”主要指成立碳排放管理专门机构，明确职责；建立碳排放统计、核算与考核制度，制作能源统计台账；对主要碳排放管理人员进行专业技能教育与培训；定期监测审核碳排放目标指标，制定纠正措施和预防措施确保目标完成。

6.2.6 零碳企业创建主体及条件

绿色工厂指实现用地集约化、原料无害化、生产洁净化、废物资源化、能源低碳化的工厂。根据工信部《2021 年度绿色制造名单》，我国数十个行业共有 673 家绿色工厂，主要是引领制造业绿色转型的标杆企业。

“零碳工厂”指企业通过节能改造、投资建设减排项目等方式，抵减自身的碳排放数额，使企业碳排放为零。如 2021 年 12 月，百威宣布其在中国的第一家啤酒工厂——武汉工厂成为百威全球首家碳中和工厂。百威以外购可再生能源电力和自建太阳能发电厂等方式，提高可再生能源的占比。百威亚太在包装环节减少能源消耗和碳排放，开展循环包装相关项目，使用具有高回收价值的包装材料，实施瓶子回收和再利用，推行包装轻量化，降低能耗与碳排放。百威亚太结合行业特性，尽可能在包装环节减少能源消耗和碳排放，开展了循环包装相关项目，采用具有高回收含量的包装材料，支持瓶子的回收和再利用，并推行包装轻量化。在此之前，伊利已经将上游牧场的碳排放纳入碳盘查范围，伊利升级工厂设备、引进绿色技术，将燃煤锅炉改造成天然气锅炉，实现工厂节能减排。

“零碳企业”包括“零碳工厂”，它的口径更大，还包括农业领域、服务业领域等实体经济的零碳化发展。

为把握碳达峰碳中和的发展机遇，不少企业积极推动零碳发展，宝马、戴姆勒、特斯拉、北汽集团、比亚迪、国家电网、中国移动等企业均宣布碳中和时间表，其中：宝马在 2021 年实现了全球工厂的碳中和。国网公司 2021 年 3 月发布《碳达峰碳中和行动方案》明确提到要保障清洁能源及时同步并网，支持分布式电源和微电网发展。关于保障清洁能源及时同步并网，提出要开辟风电、太阳能发电等新能源配套电网工程建设“绿色通道”，确保电网电源同步投产。

从零碳企业创建路径看，鼓励企业采取清洁能源、清洁生产，帮助企业进行碳排放分析、工艺共享、回料处理，鼓励企业零碳化、循环化、规模化发展。根据碳足迹量化标准进行产品全生命周期碳排放的分析、计算，提高企业调整技术、工艺流程的能力。统筹优化产业链条与产业布局，降低用能、物流、用水等综合成本，实现循环化生产，降低企业运营成本和碳消耗。推动园区全部生产物料的企业内部自我循环或跨企业循环，创建“无废园区”“无废企业”。鼓励企业创建近零碳、零碳企业。在总结经验的基础上，在园区内、整个城市乃至全国推广。近零碳排放企业试点的主体与申请条件如下：

（1）申报主体。零碳企业试点项目的申报主体为在深圳市内注册、具有独立法人资格的企事业单位。

（2）创建年限。零碳企业试点项目创建年限为 3—8 年。

（3）创建方案指标体系，具体如表 6－3 所示。

表 6－3　　零碳企业试点主要指标体系

一级指标	指标名称	单位	参考值	指标类型
碳排放	企业碳排放总量下降率	%	较 2020 年下降 40% 以上	核心指标
	企业单位产值或单位工业增加值碳排放量下降率	%	较 2020 年下降 40% 以上	核心指标
能源	可再生能源消费比重	%	≥8	核心指标
	购买绿色电力比例	%	≤30	一般指标
建筑	单位建筑面积综合能耗	kWh/（m^2·a）	低于《民用建筑能耗标准》GB/T 51161－2016 引导值	一般指标
交通	企业自有新能源汽车占比	%	≥50	一般指标
废弃物	一般工业固体废物综合利用率	%	≥92	一般指标
	工业用水重复利用率	%	≥92	一般指标
碳抵消	购买中国核证自愿减排量（CCER）、城市碳普惠制核证减排量占碳排放量的比例	%	≤5	一般指标
管理	碳排放管理体系	—	建立	核心指标
	零碳示范实施方案	—	编制	一般指标
	低碳宣传教育活动	—	对外组织相关低碳培训、承办相关低碳活动，每年次数≥2 次	一般指标
	碳披露	—	编制企业可持续发展报告，每年定期向社会公布企业能源、碳排放	核心指标

续表

一级指标	指标名称	单位	参考值	指标类型
	员工碳排放管理	%	空调温度不低于 26℃；无纸化办公；人走灯关、电脑关、水龙头关	一般指标

注：(1) 建议在上表的基础上，可参考深圳市《低碳企业评价指南》SZDB/Z 309 - 2018、北京市《低碳企业评价技术导则》DB 11/T 1370 - 2016、北京市《碳排放管理体系建设实施效果评价指南》DB11/T 1558 - 2018、深圳市《绿色企业评价规范》DB4403/T 146 - 2021 等相应内容提高要求执行；(2) “可再生能源”为风能、太阳能、水能、生物质能、地热能、海洋能等，其中生物质能指利用自然界的植物、粪便以及城乡有机废物转化成的能源。对于可再生能源转化而来的电力消费，是指电网电力外的可再生能源消费电力，主要指试点项目场地内的可再生能源发电与消费；“购买绿色电力”指通过中国绿色电力证书认购交易平台或其他正规认可的交易平台购买绿色电力并获得证书；(3) “碳排放管理体系”主要指由企业最高管理者，任命管理者代表，成立碳排放管理专门机构，明确职责，提供碳排放管理体系建立、实施、保持和持续改进所需要的资源；建立碳排放统计、核算与考核制度，制作能源统计台账；制定绿色采购与物流管理制度；对主要碳排放管理人员进行专业技能教育与培训；定期监测审核碳排放目标指标，制定纠正措施和预防措施确保目标完成。

6.2.7 零碳智库创建主体与条件

为建设零碳中国，推动零碳示范城市建设，国合华夏城市规划研究院 2021 年在全国首家倡议建设“12345 零碳智库行动”，整合构建院所智库平台、规划编制、碳汇减排、项目实施、产业引进和要素流动服务体系；探索产业结构、能源结构、交通结构、建筑结构、绿色办公、低碳生活等示范、技术应用、项目投资、减碳行动与工程服务体系。落实零碳智库三年行动计划，践行百城千企零碳行动（含零碳智库）等。

为发挥全国智库、院所的示范与引领作用，我们建议全国高校、院所、科研机构、经济研究单位等积极行动，争创零碳智库，积极探索与优化，打造零碳发展的智库样板，并积极参与零碳城市、零碳园区、零碳企业的建设之中，在发展中实现零碳，再在推进零碳的过程中体现智库与城市的发展目标与具体行动计划。

零碳智库的创建主体及条件，包括但不限于：必须是独立法人；必须是院所高校或者其他提供政策、智力、科研等综合服务的社会组织与科研团队；必须有一定的低碳能力与责任搭档；必须能够降低碳汇，提高管理水平；符合申请的其他条件。

6.2.8　碳排放核算指南

碳排放核算方法。试点项目申报时着重针对项目的历史碳排放情况进行核查（新建项目可不进行历史碳排放核查），对项目实施近零碳工程后的碳排放情况进行细致预估，掌握项目碳排放特点，为项目碳排放目标设定和技术路线确定提供数据支持。

试点项目的碳排放核算种类为CO_2，主要考虑物理边界内能源活动产生的碳排放，包括固定燃烧源产生的直接排放和外购电力、热力的间接排放；工业生产过程产生的碳排放；项目可管控的范围三碳排放（如试点项目范围内企业自有车辆的直接、间接碳排放，购买第三方运输服务的直接、间接碳排放等）。具体如表6-4所示。

表6-4　碳排放核算范围及方法

碳排放核算类型	碳排放核算范围	计算方法
区域	试点区域项目范围内的各类建筑、工业设施、交通运输等终端消费能源活动产生的碳排放，以及工业生产过程、土地利用变化和林业等领域的碳排放。	参考《广东省市县（区）级温室气体清单编制指南（试行）》有关要求
园区	试点区域项目范围内的各类建筑、工业设施、交通运输等终端消费能源活动产生的碳排放，以及工业生产过程、土地利用变化和林业等领域的碳排放。	参考《组织的温室气体排放量化和报告指南》SZDB/Z 69-2018的有关要求
社区	试点社区项目范围内，与居民生活及有关配套服务相关的电力、天然气、液化石油气等能源活动产生的碳排放（社区大规模裙楼商铺用能不计入核算范围）。	—
校园	试点校园项目范围内的各类建筑、交通运输等能源活动产生的碳排放。	参考《组织的温室气体排放量化和报告指南》SZDB/Z 69-2018的有关要求
建筑	试点建筑项目范围内，新建建筑在施工建造、运营维护阶段内，既有建筑在改造施工、运营维护阶段内，因能源活动产生的碳排放。	参考《建筑碳排放计算标准》GB/T 51366-2019有关要求
企业	试点企业项目范围内，生产设备、办公场所、交通运输等能源活动产生的碳排放，以及企业工业生产过程的碳排放。	参考《组织的温室气体排放量化和报告指南》SZDB/Z 69-2018的有关要求

资料来源：国合华夏城市规划研究院、世界零碳标准联盟。

6.3 清洁能源创建图谱

6.3.1 构建清洁能源体系

编制国家、城市及园区清洁能源利用专项规划，进行各类清洁能源使用现状调研，进行清洁能源发展目标分析与重点任务确定，分解落实到各单位、各行业。截至2020年底，我国光伏发电累计装机253.43吉瓦，风电累计并网装机容量达2.81亿千瓦，水电装机容量达到3.7亿千瓦，核电装机容量5102.7万千瓦。2020年，我国清洁能源消费量占能源消费总量的比重达24.3%。

构建清洁能源供求体系。实施煤炭发电部分替代工程，鼓励光伏产业一体化项目投产开工，鼓励风能、空气能、氢能、地热能等综合利用。积极发展城市、园区内电力源网荷储一体化和多能互补，推动能源开发、输送、转换和存储高效灵活、安全经济。推广大规模低成本储能技术，构建城市或园区分布式风、光、地热能等资源协调利用的能源供给体系，推动工业制造、交通、建筑等的电气化进程。

落实习近平总书记重要指示精神。2021年9月13—14日，习近平总书记在陕西考察时强调，煤炭作为我国主体能源，要按照绿色低碳的发展方向，对标实现碳达峰、碳中和目标任务，立足国情、控制总量、兜住底线、有序减量替代，推进煤炭消费转型升级。坚持推进终端用煤的清洁能源替代。扩大北方地区清洁取暖范围，推进实现2025年清洁取暖比例达到80%，力争2030年基本实现清洁取暖，推动燃气或电炉替代燃煤工业炉窑等。

严控煤电装机规模，加快现役煤电机组节能升级和灵活性改造。逐步减少直至禁止煤炭散烧。加快推进页岩气、煤层气、致密油气等非常规油气资源规模化开发。大力发展风能、太阳能、生物质能、海洋能、地热能等，不断提高非化石能源消费比重。因地制宜开发水能。积极安全有序发展核电。合理利用生物质能。开展建筑屋顶光伏行动，大幅提高建筑采暖、生活热水、炊事等电气化普及率。采用“揭榜挂帅”机制，开展低碳零碳负碳和储能新材料、新技术、新装备攻关。推进高效率太阳能电池、可再生能源制氢、可控核聚变、零碳工业流程再造等低碳前沿技术攻关。

大力发展清洁能源。积极有序发展风电、太阳能、地热能、生物质能、氢能等，全面提速风光电源有序布局，实现2030年我国风电、太阳能发电装机总量超过16亿千瓦，新能源发电量持续提升（清洁供暖系统如图6－7所示）。加快建设新型电力系统，增强电力系统平衡调节能力。推进煤电机组灵活性改造，充分利用现有煤电机组调节能力，推进新型储能技术研发和规模化应用，鼓励发展促进新能源就地消纳的局域电网和微电网，建立适应新能源快速发展的全国统一电力市场，健全绿色低碳电力调度机制。加快加氢站、氢气储运中心、氢气管道等基础设施建设，以码头港口、物流枢纽、高速公路以及现有和新建加油站、加气站为依托，规划布局建设一批加氢站。

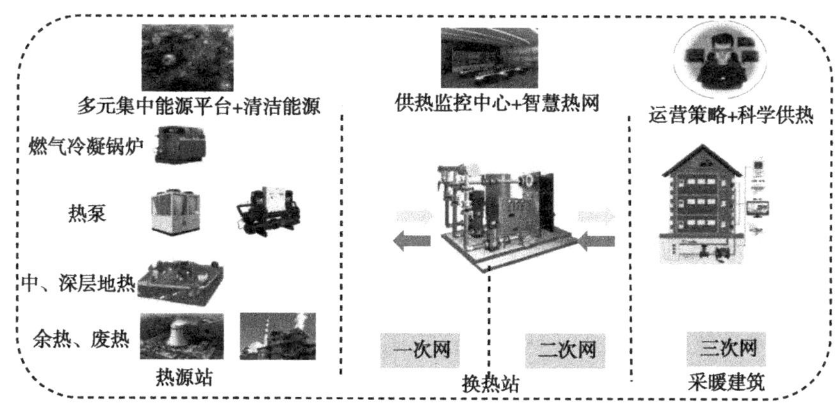

图6－7　清洁供暖系统开发体系

积极发展光伏产业。2020年国内光伏新增装机规模达4820万千瓦，其中集中式光伏电站3268万千瓦、分布式光伏1552万千瓦。“十四五”期间光伏产业年均新增装机规模预计7000万—9000万千瓦，2025年新增装机达120万千瓦左右。到2050年，光伏发电可占当年全国用电量的40%左右。传统集中式光伏发电受限于特高压电和储能设备，西藏、新疆、甘肃和青海等地区都存在弃光现象。季节、气候等因素，也会限制分布式光伏的发展。

6.3.2　建设节能低碳建筑

按照产生的边界建筑碳排放可划分为三类：

（1）建筑直接碳排放。指建筑运行阶段直接消费的化石能源带来的碳排放，主要产生于建筑炊事、热水和分散采暖等活动。目前，生态环保部发布的《省级二氧化碳排放达峰行动方案编制指南》就是按照此口径划分行业碳排放边界。

（2）建筑间接碳排放。指建筑运行阶段消费的电力和热力两大二次能源带来的碳排放，这是建筑运行碳排放的主要来源。（1）和（2）相加即为建筑运行碳排放。

（3）建筑隐含碳排放。指建筑施工和建材生产带来的碳排放，也被称为建筑物化碳排放。与《中国建筑能耗研究报告2020》不同，我们此处按照当年竣工房屋建筑进行测算。

前两项之和即为建筑运行碳排放，全部三项之和可称为建筑全寿命周期碳排放。据测算，我国建筑全寿命周期碳排放约为37.58亿吨CO_2，其中：建材生产阶段碳排放15.51亿吨CO_2，建筑施工阶段碳排放0.95亿吨CO_2，建筑运行阶段碳排放21.12亿吨CO_2。在建筑运行碳排放中，建筑直接碳排放约占28%，电力碳排放约占50%，热力碳排放约占22%。我国建筑领域的能耗与碳排放占比较大。现有城镇总建筑存量约650亿平方米，这些建筑在使用过程中排放约21亿吨CO_2，约占中国碳排放总量的20%，约占全球建筑总排放量的20%。

推动零碳楼宇与零碳建筑建设。利用数字化技术建立零碳智慧能源体系，涵盖已有建筑、办公楼的楼控产品、变频器、无六氟化硫中压开关设备、EBO楼宇运营系统、PME电能管理系统、能耗监控系统等。对园区、政府、企业、走廊、楼梯间、门厅、大堂、大空间、停车场等场所的照明系统采取分区、定时、感应等节能减碳措施，构建整体节能减碳系统。实施全域电网管理，将城市、园区、企业所有建筑物通过智能电网连接在一起，实行智慧化调度与监测，根据园区各类能源数据进行能源调度和能耗优化，利用相关碳数据管理、碳核算模型、碳足迹溯源等指标完成特定城市、产业园区或节能机构的智慧低碳大数据决策与项目规划开工。

6.3.3 推动清洁能源使用

推动绿色低碳技术产业化：鼓励使用新能源技术。大力发展核能、太阳能、生物质能、地热能、风力发电、水力发电、磁流体发电、海洋能和洁净煤技术等科技研发与产业应用。推广节能储能技术，减少生产过程中的能源浪费，回收在生产过程中没有被利用的热能和电能。推动末端控制的碳捕获、封存与利用技术，把二氧化碳从生产过程中分离出来，输送到封存地点，然后再投入到新的生产过程中循环再利用。

强化能源智慧化全过程全天候无缝监测管理。开展低碳、零碳、负碳（碳捕集、利用与封存）技术研发，鼓励开展探索减污降碳共性问题研究，推广减污降碳耦合集成技术，加快重点行业氢能炼钢、绿色氢化工、绿色氢能煅烧水泥熟料、水泥原料替代、玻璃低温熔化等技术研发。以数字技术为纽带实现各类能源智慧化管理、能源零碳转型、终端应用零碳转型技术单元的集成耦合，建设智慧化低碳化服务平台，挖掘清洁能源高效利用及低碳技术减排潜力。

优化城市建设用能结构。贯彻落实住建部、国家发改委联合印发《城乡建设领域碳达峰实施方案》，推进建筑太阳能光伏一体化建设，到 2025 年新建公共机构建筑、新建厂房屋顶光伏覆盖率力争达到 50%。推动既有公共建筑屋顶加装太阳能光伏系统。加快智能光伏应用推广。在太阳能资源较丰富地区及有稳定热水需求的建筑中，积极推广太阳能光热建筑应用。因地制宜推进地热能、生物质能应用，推广空气源等各类电动热泵技术。到 2025 年城镇建筑可再生能源替代率达到 8%。引导建筑供暖、生活热水、炊事等向电气化发展，到 2030 年建筑用电占建筑能耗比例超过 65%。推动开展新建公共建筑全面电气化，到 2030 年电气化比例达到 20%。推广热泵热水器、高效电炉灶等替代燃气产品，推动高效直流电器与设备应用。推动智能微电网、“光储直柔”、蓄冷蓄热、负荷灵活调节、虚拟电厂等技术应用，优先消纳可再生能源电力，主动参与电力需求侧响应。探索建筑用电设备智能群控技术，在满足用电需求前提下，合理调配用电负荷，实现电力少增容、不增容。根据既有能源基础设施和经济承受能力，因地制宜探索氢燃料电池分布式热电联供。推动建筑热源端低碳化，综合利用热电联产余热、工业余热、核电余热，根据各地实际情况应用尽用。充分发挥城市热电供热能力，提高城市热电生物质耦合能力。引导寒冷地区达到超低能耗的建筑不再采用市政集中供暖。

6.4 零碳产业创建图谱

6.4.1 零碳农业创建图谱

农业碳汇及碳排放是我国双碳工作的重要组成部分。从碳减排效果看，温度升高及 CO_2 排放增加对农业生产的负面影响很大。温度升高超过 2.5℃，将显著降低稻谷、小麦、玉米等产量，影响农作物的生产与管理，导致作物蒸发率升高，呼吸呈指数式增长。温度升高加快土壤有机质的分解，降低土壤肥力，增加农业化肥成本，加重土壤和环境污染，加速害虫繁殖和代谢，增加农药使用量，导致粮食作物减产。CO_2 浓度在一定范围内增加有利于作物光合作用，可抑制呼吸作用，减少 O_3 对农作物的毒害。CO_2浓度的升高增加作物吸收的碳元素，减少氮元素，降低作物蛋白质含量与农作物质量。

绿色植物增加的碳是气候中性碳，吸收二氧化碳 10% 左右。种树目的不是碳汇，更重要的是生物质能、生物多样性，以及生态系统功能。二氧化碳移除措施包括造林和再造林、土地恢复和土壤碳固定、生物能源与碳捕获和储存、直接空气碳捕获和封存、增强风化和海洋碱化。这些措施在成熟度、潜力、成本、影响和风险等方面差异很大。碳减排策略主要是能源结构调整、产业结构转型、能效提升、生活方式低碳化，负排放技术以作为补充手段，对冲远期非二氧化碳等难以减排的残余排放，其总体规模不大。

农田生态系统碳汇主要由农田植被碳汇（作物碳汇）和农田土壤碳汇组成。我国耕地面积为 191792.79 万亩（约合 12786.19 万公顷），约占国土总面积的 13.32%。农田植被碳汇由于作物收获期较短，作物生物量碳汇效果不明显。农田土壤碳汇平均值（0.017 ±0.005）Pg C/a，远大于植被碳汇。农田生态系统碳汇主要来源于该系统的土壤碳积累，即农田土壤碳汇。农田土壤碳汇指作物在生长过程中通过光合作用吸收大气中的二氧化碳并将其以有机质的形式存储在土壤碳库中，从而降低大气中二氧化碳等温室气体的浓度。碳汇能增加土壤的有机质含量和提升土壤肥力。与自然土壤相比，农田土壤在全球碳库中更为活跃。在未来 50—100 年中，全球农业土壤固碳量可能达到 40—80Pg C。合理的农业管理措施能使全球土壤碳库提高 0.4—0.9Pg C/a，如果这种管理持续50年，全球土壤碳库累计增加24—43Pg C。常用的增加农田土壤碳汇的农田管理措施包括施有机肥、秸秆还田、免耕、休耕等。其中，免耕能增加农田土壤不稳定碳的输入，降低因土壤侵蚀带来的有机碳流失；施有机肥、秸秆还田能增加土壤碳储量。在实施长期管理措施（>10年）后，可以检测到免耕和覆盖作物等活动能够促进土壤有机碳增加。化肥是我国农业碳排放的最大碳源，化肥生产使用引起的碳排放量占农业碳排放量年平均值的59.87%，每千克氮肥的生产运输约产生8.21千克二氧化碳。我国耕地占全球9%，但化肥消耗量约占全球35%，具有较大的减肥减排潜力。保护性耕作，包括少/免耕、永久覆盖、放牧管理、多样性复合种植系统和综合养分管理系统，是耕地碳增汇减排的主要路径。

6.4.2 零碳制造创建图谱

贯彻落实产业发展与转移指导目录，推进京津冀、长江经济带、粤港澳大湾区、长三角地区、黄河流域等重点区域产业有序转移和承接。落实石化产业规划布局方案，科学确定东中西部产业定位，合理安排建设时序。引导有色金属等行业产能向可再生能源富集、资源环境可承载地区有序转移。鼓励钢铁、有色金属等行业原生与再生、冶炼与加工产业集群化发展。围绕新一代信息技术、生物技术、新能源、新材料、高端装备、新能源汽车、绿色环保以及航空航天、海洋装备等战略性新兴产业，打造低碳转型效果明显的先进制造业集群。

推动工业制造低碳化循环化发展。2020年我国工业领域能源活动碳排放约37亿吨。从产业碳排放占比看，我国2020年碳排放约98.94亿吨（全球占比30%），发电、钢铁、电解铝、水泥等八大行业占我国碳排放总量的70%，其中电力行业碳排放占40亿吨，八大行业合计约80亿吨。因此，以电力为主的八大行业是碳排放工作的难点。

遏制“两高”项目盲目扩张。对高耗能高排放低水平项目实行清单管理、分类处置、动态监控。严把高耗能高排放低水平项目准入关，加强固定资产投资项目节能审查、环境影响评价，对项目用能和碳排放情况进行综合评价，严格项目审批、备案和核准。全面排查在建项目，对不符合要求的高耗能高排放低水平项目按有关规定停工整改。对产能已饱和的行业要按照

“减量替代”原则压减产能，对产能尚未饱和的行业要按照国家布局和审批备案等要求对标国内领先、国际先进水平提高准入标准。新建项目除“以热定电”燃煤热电厂外，严控配套自备燃煤电厂。将传统煤化工、炼油行业纳入产能置换管理，有序淘汰落后产能，控制高耗能低附加值产品出口规模，原则上不再审批未纳入国家规划的现代煤化工等高能耗项目。

推进工业节能降耗。推行绿色制造、共享制造、智能制造，支持企业创建绿色工厂。严格落实钢铁、水泥、平板玻璃、电解铝等行业产能置换政策，加强重点行业产能过剩分析预警和窗口指导，加快化解过剩产能。完善以环保、能耗、质量、安全、技术为主的综合标准体系，严格常态化执法和强制性标准实施，持续依法依规淘汰落后产能严控钢铁、水泥、电解铝、石化、化工、煤化工等重点行业单位能耗限额标准。力争到2025年，主要工业产品单位能耗达到世界先进水平。

建设低碳循环工业体系。健全资源循环回收再利用体系，鼓励废旧物资回收再利用，提升废钢、废铝、水泥等循环综合利用及生活垃圾、电石渣、粉煤灰等固体废物和原料燃料的替代水平与循环化利用。

6.4.3 零碳服务业创建图谱

推动零碳服务业建设，重点抓好服务业的零碳化，以及服务零碳产业、零碳城市、零碳园区、零碳企业的专业服务。

一是服务业零碳化。鼓励城市餐饮与住宿、旅游景区的低碳化零碳化，推动既有建筑于景区的零碳化改造，实施绿色金融服务及发行绿色基金，推动绿色低碳交通与仓储物流，打造零碳会议与低碳办公模式，组织零碳技术孵化与高新技术转让等。

二是零碳专业化服务。包括但不限于：低碳物品与服务采购；帮助城市、园区或企业开展节能减碳服务，组织碳盘查与碳核算，零碳技术与产业孵化、识别低碳转型潜力，编制ESG报告，参与碳排放权交易，进行碳资产管理。引入第三方碳资产管理，如合同能源服务、环境托管服务；建立城市或园区碳排放服务平台，实现减排可测量、可报告、可核查（MRV）及可视化；打造园区零碳文化，组织零碳宣传、国际交流和论坛培训；提供政策辅导与共享服务等。其中：

面向城市、园区、企业于其他机构的碳减排专业服务可以采取三种模式：

第一，能源绩效合同管理。针对需求侧进行节能与碳减排管理，使项目节省的能耗、减少的碳排放等收入超过项目投资。能源绩效合同管理包括节能规划、终端能源设备的工程设计、规划、建造、运营和维护，以及项目融资等。能源绩效合同管理是国内的主流能源管理模式，分为节能效益分享型、节能量保证型和能源费用托管型等模式。

第二，能源供给合同管理。针对供给侧进行策划与管理，专业节能服务机构为城市、园区、企业提供一系列能源获取与分配相关的技术与资金支持，碳减排与碳汇服务，包括电力、蒸汽、工艺改进等低成本、高效、可靠、清洁的能源供应，帮助用户提高能源使用效率，改善能源结构，降低碳减排水平。

第三，一体式化能源管理。能源绩效合同管理与能源供给合同管理相结合的能源管理模式，在用户端采取提升能效、碳汇减碳措施，在供给端降低成本、提供清洁能源、探索碳封存与碳捕捉，减少碳排放，同步减少能源需求。

6.5　零碳建筑创建图谱

《城乡建设领域碳达峰实施方案的通知》指出，全面提高绿色低碳建筑水平。持续开展绿色建筑创建行动，到 2025 年，城镇新建建筑全面执行绿色建筑标准，星级绿色建筑占比达到 30% 以上，新建政府投资公益性公共建筑和大型公共建筑全部达到一星级以上。2030 年前严寒、寒冷地区新建居住建筑本体达到 83% 节能要求，夏热冬冷、夏热冬暖、温和地区新建居住建筑本体达到 75% 节能要求，新建公共建筑本体达到 78% 节能要求。推动低碳建筑规模化发展，鼓励建设零碳建筑和近零能耗建筑。

《关于加强县城绿色低碳建设的通知（征求意见稿）》提出，发展绿色建筑和建筑节能，推广应用绿色建材，推行装配式钢结构等新型建造方式。我国全社会碳排放有 4 成多来自建筑，公共建筑面积的排放量在建筑领域的规模最大。每平方米公共建筑一年的二氧化碳排放量是 48 千克。如果改造全国 50% 的建筑，可以产生相当于几十个三峡电站的发电量。

6.5.1 零碳建筑创建路径

零碳建筑指零碳排放的建筑物，可独立于电网运作，全部能耗由场地产生的可再生能源（如太阳能、风能、生物质能等）提供。

按照《近零能耗建筑技术标准》GB/T51350－2019、《近零能耗建筑测评标准》T/CABEE 003－2019 等国家标准的减碳界定，进行传统建筑节能改造、新建筑规划与碳排放核算等。完整性指包括建筑本体能效指标和碳排放量核算指标；一致性指采用统一的方法，界定评价和核算范围；透明性指发布公开的认定和评价结果，包括评价指标、碳排放核算结果、资料来源、计算公式等；准确性指在保证资料来源可靠性的前提下，选用更为精确的控制指标评价和碳排放核算方法，尽可能减少数据的偏差与不确定性。

借鉴天津市环境科学学会发布的《零碳建筑认定和评价指南》成果等，零碳建筑认定和评价应以单栋建筑为对象，物理边界以建筑规划用地面积范围为准。控制指标以物理边界内在规划、设计、运行阶段采取的技术措施为准。碳排放量计算边界以物理边界内使用的电力、热力、天然气和可再生能源为准。零碳建筑认定和评价应在建筑运行阶段进行。

推动建筑零碳化的主要措施，包括但不限于：

一是加大零碳建筑的源头减量。运用节能低碳理念，从楼体设计、建材选择、低碳技术运用三个方面入手，进行零碳建筑的规划设计、开发，提高建筑整体节能减碳水平。建筑楼体和立面造型设计应考虑地理位置、自然环境等因素，充分利用光照和通风条件，尽可能减少后续能源需求。选择建材料应尽可能使用在力学性能、耐久性和耐腐蚀性等性能好的新型、高性能环保低碳建材。要运用低碳节能技术，推广清洁能源和智能集成系统。

二是强化零碳建筑的能源替代。运用可再生清洁能源，替代传统化石能源系统，减少商业建筑电力消耗产生的碳排放，运用光伏建筑一体化技术，实现建筑电力“自产自用、余电上网”，开发天然地热能供暖和制冷，替代传统煤炭供暖等，减少碳排放总量。

三是加快推进超低能耗、近零能耗、低碳建筑规模化发展。大力推进城镇既有建筑和市政基础设施节能改造，提升建筑节能低碳水平。逐步开展建筑能耗限额管理，推行建筑能效测评标识，开展建筑领域低碳发展绩效评估。

全面推广绿色低碳建材，推动建筑材料循环利用。发展绿色农房。

四是提高节能提效。规划、改造或建设低碳节能的办公楼、酒店，增加绿色植被，使用降温保温及超薄材料等，实现建筑全生命周期的数字化、自动化、低碳化管理，节约电力与热力，减少碳排放。

五是建设零碳建筑。从居住或办公的舒适性、低碳性、实用性为准则，对特定建筑进行完整性、一致性、透明性和准确性评估及认定。

6.5.2　零碳建筑创建措施

2020 年我国建筑领域直接碳排放约 7 亿吨。建筑行业脱碳主要在建筑材料生产与运输、建筑施工、建筑运行三个阶段，即整个建筑过程的生命周期中进行管理。推动建筑领域的节能降碳是实现碳达峰碳中和目标的重要路径。鼓励城市、机关、企事业单位进行零碳化建筑楼宇改造，是城市低碳零碳循环化发展重要的实现路径。

住建部、国家发改委联合印发《城乡建设领域碳达峰实施方案》明确，全面提高绿色低碳建筑水平。持续开展绿色建筑创建行动，到 2025 年，城镇新建建筑全面执行绿色建筑标准，星级绿色建筑占比达到 30% 以上，新建政府投资公益性公共建筑和大型公共建筑全部达到一星级以上。2030 年前严寒、寒冷地区新建居住建筑本体达到 83% 节能要求，夏热冬冷、夏热冬暖、温和地区新建居住建筑本体达到 75% 节能要求，新建公共建筑本体达到 78% 节能要求。推动低碳建筑规模化发展，鼓励建设零碳建筑和近零能耗建筑。加强节能改造鉴定评估，编制改造专项规划，对具备改造价值和条件的居住建筑要应改尽改，改造部分节能水平应达到现行标准规定。持续推进公共建筑能效提升重点城市建设，到 2030 年地级以上重点城市全部完成改造任务，改造后实现整体能效提升 20% 以上。推进公共建筑能耗监测和统计分析，逐步实施能耗限额管理。加强空调、照明、电梯等重点用能设备运行调适，提升设备能效，到 2030 年实现公共建筑机电系统的总体能效在现有水平上提升 10%。

建设零碳建筑，可以实施如下的工作措施：

深化可再生能源建筑应用，加快推动建筑用能电气化和低碳化。开展建筑屋顶光伏行动，大幅提高建筑采暖、生活热水、炊事等电气化普及率。在北方城镇加快推进热电联产集中供暖，加快工业余热供暖规模化发展，稳妥推进核电余热供暖，因地制宜推进热泵、燃气、生物质能、地热能等清洁低碳供暖。

鼓励零碳建筑示范，强化零碳建筑项目规划，对城市、园区既有文物建筑采取适宜的节能改造措施，实施既有厂房、建筑节能改造，降低采暖、空调、热水供应、照明、电器、电梯等方面的能耗，改善园区供热、制冷系统，推进保暖材料、涂料应用。规划建设绿色建筑。树立全生命周期理念，严格执行新建建筑节能标准，推广装配式建筑，广泛应用绿色新型建材，推进建筑废弃物资源化利用。新建建筑鼓励全部采用绿色建筑，新建建筑采用节能保温材料、遮阳板等节能建筑技术。城市与办公楼宇的绿色建筑、装配式建筑外墙保温层及首层架空部分作为绿化、停车、通道等公共活动使用的建筑面积可以不计入容积率。绿色建筑、装配式建筑实施立体绿化的，按一定比例折算附属绿地面积，折算计入绿地率。设立绿色建筑发展资金，对达到高星级（二星级及以上）绿色建筑、A 级及以上标准装配式建筑等示范项目和获奖项目给予补贴，对符合超低能耗建筑标准的示范项目给予补贴。园区建筑鼓励安装智能电表，并通过智能化的能源管理系统进行集中控制。

规划开发零碳建筑，健全工程项目全生命周期绿色设计、绿色施工、绿色运营标准规范和评价体系。推进智能建造与建筑工业化协同发展，减少建筑垃圾的产生，降低建筑能耗、物耗、水耗水平，强化施工现场扬尘、噪声管控。强化节能环保技术、工艺和装备研发，提高能效水平。加快生物质建材、工业固废新型建材等研发应用，推进建筑垃圾资源化利用。加强绿色建材推广应用，加快淘汰落后装备设备和技术。推进城乡建设绿色低碳发展，加强绿色低碳技术创新，提升生态系统碳汇能力。推广超低能耗建筑、装配式建筑建设及既有建筑节能改造、太阳能集中供热、屋面光伏、空气源热泵、浅层地热等可再生能源技术在城市建筑中的应用。以节能环保、清洁生产、清洁能源等为重点，增加农村清洁能源供应，推动农村发展生物质能。

探索使用微发电技术，为建筑物提供热量和电力，主要包括：太阳能（太阳能热水、光伏）、风（风力涡轮机）、生物质（加热器和炉子、锅炉和社区供暖计划）、热电联产和微型热电联产，用于天然气、生物质、污水处理气体和其他生物燃料；社区供暖（包括利用大规模发电的余热）、热泵（空气源、地源和地热供暖系统）、水（小型水电）、地热、其他（包括使用上述任何可再生能源产生的氢气的燃料电池）。

6.5.3　零碳建筑申报流程与指标

借鉴深圳、天津、浙江、上海市等低碳零碳评价经验，以单位建筑面积碳排放量和碳排放总量稳步下降为目标，推动超低能耗建筑、近零能耗建筑开发，提高建筑节能水平，鼓励可再生能源替代，开展绿色运营，引导购买核证自愿减排量，降低建筑碳排放。对居住建筑和公共建筑规定控制指标进行限值的规定：包括室内湿热环境参数、新风量、噪声等级等室内环境参数，供暖年耗热量、供冷年耗热量、建筑气密性等居住建筑能效指标，建筑本体节能率、供冷年耗冷量、建筑气密性等公共建筑能效指标。

近零碳排放建筑试点的申报流程：

（1）申报主体。近零碳排放建筑试点项目的申报主体为建筑项目开发商、业主或运营管理单位，其中运营管理单位作为申报主体需提供业主授权证明。

（2）创建年限。近零碳排放建筑试点项目创建年限为 3—8 年。

（3）创建方案指标体系。具体如表 6 -5、表 6 -6 所示。

表 6 -5　　零碳建筑创建指标体系

指标名称	参考值		指标类型
	居住建筑	公共建筑	
既有建筑碳排放总量下降率	较 2020 年下降 40% 以上	较 2020 年下降 40% 以上	核心指标
单位建筑面积碳排放量	≤近零碳排放建筑单位建筑面积碳排放量（见表 6）		核心指标
建筑综合节能率	/	≥60%	一般指标
建筑本体节能率	/	≥20%	一般指标
可再生能源利用率	%	≥8%	核心指标
购买中国核证自愿减排量（CCER）、城市碳普惠制核证减排量占碳排放	≤5%	≤5%	一般指标
购买绿色电力比例	≤30%	≤30%	一般指标

续表

指标名称	参考值		指标类型
	居住建筑	公共建筑	
碳排放管理体系	建立	建立	核心指标
碳排放监测系统	建立	建立	一般指标

注：（1）建议参考《近零能耗建筑技术标准》GB/T 51350－2019、《夏热冬暖地区净零能耗公共建筑技术导则》T/CABEE 004－2019 等要求。（2）建筑综合节能率、建筑本体节能率所参照的具体标准为国家标准《公共建筑节能设计标准》GB 50189－2015 和行业标准《夏热冬暖地区居住建筑节能设计标准》JGJ 75－2012。（3）“可再生能源”为风能、太阳能、水能、生物质能、地热能、海洋能等，其中生物质能指利用自然界的植物、粪便以及城乡有机废物转化成的能源。对于可再生能源转化而来的电力消费，是指电网电力外的可再生能源消费电力，主要指试点项目场地内的可再生能源发电与消费；“购买绿色电力”指通过中国绿色电力证书认购交易平台或其他正规认可的交易平台购买绿色电力并获得证书。（4）“碳排放管理体系”主要指成立碳排放管理专门机构，明确职责；建立碳排放统计、核算与考核制度，制作能源统计台账；对主要碳排放管理人员进行专业技能教育与培训；定期监测审核碳排放目标指标，制定纠正措施和预防措施确保目标完成。

表 6－6　　近零碳排放建筑试点项目主要指标体系

建筑类型		近零碳排放建筑单位建筑面积碳排放量
办公建筑 A 类	党政机关办公建筑	18
	商业办公建筑	23
办公建筑 B 类	党政机关办公建筑	22
	商业办公建筑	27
酒店建筑 A 类	三星级及以下	29
	四星级	36
	五星级	40
酒店建筑 B 类	三星级及以下	40
	四星级	51
	五星级	58
商场建筑 A 类	一般百货店	36
	一般购物中心	36
	一般超市	38
	餐饮店	23
	一般商铺	23

续表

<table>
<tr><th colspan="2">建筑类型</th><th>近零碳排放建筑单位建筑面积碳排放量</th></tr>
<tr><td rowspan="3">商场建筑 B 类</td><td>大型百货店</td><td>69</td></tr>
<tr><td>大型购物中心</td><td>88</td></tr>
<tr><td>大型超市</td><td>87</td></tr>
<tr><td rowspan="2">医院建筑</td><td>三级医院</td><td>32</td></tr>
<tr><td>其他医院</td><td>27</td></tr>
<tr><td colspan="2">大型场馆</td><td>54</td></tr>
<tr><td colspan="2">居住建筑</td><td>13</td></tr>
</table>

注：(1) 近零碳排放建筑：办公、酒店、商场等功能的公共建筑实际运行能耗数据达到《民用建筑能耗标准》GB/T 51161 - 2016 的引导值下降 20% 要求；医院、大型场馆等功能的公共建筑实际运行能耗数据达到《广东省建筑、电力、钢铁、石化、水泥行业固定资产投资项目能评对标准入值（试行）》中的引导值下降 20% 要求；居住建筑实际运行能耗数据达到《广东省建筑、电力、钢铁、石化、水泥行业固定资产投资项目能评对标准入值（试行）》中的引导值下降 20% 要求。(2) A 类公共建筑指可通过开启外窗方式利用自然通风达到室内温度舒适要求，从而减少空调系统运行时间，减少能源消耗的建筑；B 类公共建筑指因建筑功能、规模等限制或受建筑物所在周边环境的制约，不能通过开启外窗方式利用自然通风，而需常年依靠机械通风和空调系统维持室内温度舒适要求的建筑。(3) 电力排放因子采用《广东省市县（区）级温室气体清单编制指南（试行）》中的广东省电力调入调出 CO_2 排放因子：0.4512kgCO_2/kWh。

6.5.4　零碳建筑创建标准

6.5.4.1　零碳建筑创建标准

本标准包括术语和定义、基本规定、工作流程、控制指标、碳排放量核算、评价认定、提交技术材料等主要技术内容。其中控制指标主要从建筑本体的室内环境参数、能效指标两个方面进行技术要求，碳排放量核算明确核算边界、核算方法等，针对上述控制指标和碳排放核算结果进行评价，认定零碳建筑。

6.5.4.2　零碳建筑的控制指标

参考《近零能耗建筑技术标准》GB/T51350 - 2019，建筑碳排放 building carbon emission 建筑在与其有关的建材生产及运输、建造及拆除、运行阶段产生的温室气体排放的总和，以二氧化碳当量表示。零碳建筑的控制指标分为室内环境参数和能效指标两部分。室内环境参数对建筑主要房间室内冬季和夏季的室内温度和相对湿度进行规定，对建筑主要房间的室内新风量指标进行规定，并对主要功能房间的噪声级、PM2.5 和二氧化碳浓度等气品质进行规定。

能效指标对居住建筑的本体性能指标分气候区域规定供暖年耗热量、供冷年耗热量、建筑气密性等指标，对公共建筑和非住宅类居住建筑的本体性能指标分气候区域规定建筑本体节能率、供冷年耗冷量、建筑气密性等指标。

6.5.4.3 零碳建筑的认定

零碳建筑：同时满足室内环境参数、能效指标和碳排放量核算结果小于或等于零，才能认定为零碳建筑。具体如表 6－7 所示：

表 6－7　　超低能耗公共建筑能效标准

<table>
<tr><td colspan="2">建筑综合节能率</td><td colspan="5">≥50</td></tr>
<tr><td rowspan="3">建筑本体性能指标</td><td>建筑本体节能率</td><td>严寒地区</td><td>寒冷地区</td><td>夏热冬冷地区</td><td>夏热冬暖地区</td><td>温和地区</td></tr>
<tr><td rowspan="2">建筑气密性（换气次数 N50）</td><td colspan="2">≥25</td><td colspan="3">≥20</td></tr>
<tr><td colspan="2">≤1.0</td><td colspan="3"></td></tr>
</table>

注：本表也适用于非住宅类居住建筑。

6.5.5 零碳建筑评价流程

6.5.5.1 零碳建筑认定和评价的工作流程

一是确定认定主体和计算边界；二是评价建筑是否满足控制指标要求；三是核算建筑运行阶段碳排放量：四是按照评价和核算结果进行认定；五是编制零碳建筑认定和评价报告。

6.5.5.2 提交认定零碳建筑的基本资料

参评建筑提供相关的技术材料，包括以下内容：

建筑基本信息。包含建筑类型、规模、竣工及运行时间等。

项目技术方案。包括但不限于：项目概述、效果图、能效控制目标、建筑设计（整体布局、体形系数、窗墙比）、围护结构设计（保温及门窗性能）、气密性等。

室内环境检测分析报告。室内环境检测参数应包括室内温度、湿度、新风量、室内 PM2.5 含量、室内环境噪声，以及检测时的室外气象参数；公共建筑室内环境检测参数还包括 CO_2 浓度和室内照度。

建筑运行能耗与能效指标分析报告。包括但不限于：建筑使用情况，建筑全年能耗分析报告，太阳能光伏发电、太阳能光热系统、地源热泵、空气源热泵等能源系统运行效率检测与分析报告和建筑使用人员后评估报告。

建筑运行能源统计报表、能源费用财务报表。

建筑竣工验收材料。包括但不限于：竣工验收报告、工程质量评估报告、质量检查报告、建筑传热系数及气密性等功能性检测报告等。

6.5.6　零碳建筑碳排放核算

建筑运行阶段碳排放计算范围应包括暖通空调、生活热水、照明及电梯、可再生能源在建筑运行期间的碳排放量，即建筑运行阶段能源消耗产生的碳排放量和可再生能源的减碳量。核算方法采用排放因子法。

计算公式主要参考《建筑碳排放计算标准》，建筑运行阶段的总碳排放量计算公式为：

$$C = \sum_{i}(E_{\text{购入电},i} + E_{\text{购入热},i} + E_{\text{购入冷},i} + E_{\text{购入气},i}) - \sum_{i}(E_{\text{绿电},i})$$

购入电力、热力、冷量和天然气，以及输出电力（包括自发绿电和外购绿电）的碳排放量为活动水平数据与碳排放因子乘积。

电力活动数据可采用电网公司结算的电表读数、能源消费台账或统计报表。热力活动数据可采用热力购销结算凭证、能源消费台账或统计报表。目前国家暂未公开冷量的排放因子及其计算方法，待公布后再进行核算。天然气活动数据可采用燃购销结算凭证、能源消费台账或统计报表。可再生能源系统应包括太阳能生活热水系统、太阳能光伏系统、地源热泵系统和风力发电系统。太阳能生活热水系统的节能量应计算在动力系统能耗内。地源热泵系统的节能量应计算在供冷供热系统能耗内。

碳排放因子的确定：电力消费的排放因子应根据建筑所在场地及其所属的东北、华北、华东、华中、西北、南方电网划分，选用国家主管部门最近年份发布的相应区域电网排放因子。

热力消费的排放因子可取推荐值 0.11 tCO_2/GJ。天然气消费的排因子可取 55.5 tCO_2/TJ。目前国家暂未公开冷量的排放因子及其计算方法，待公布后再进行核算。

6.6 零碳交通创建图谱

6.6.1 零碳交通创建原则

我国新能源汽车占全球总量一半以上，营运货车、营运船舶二氧化碳排放强度分别下降 8.4% 和 7.1% 左右，民航、铁路安全水平保持世界领先。我国高速铁路对百万人口以上城市覆盖率超过 95%，高速公路对 20 万人口以上城市覆盖率超过 98%，民用运输机场覆盖 92% 左右的地级市。2020 年，我国电气化里程 10.7 万公里，铁路电化率达 72.8%。2020 我国新能源汽车市场渗透率（全国新能源汽车销量占全国汽车总销量比例）达到 5.4%。

国务院关于印发“十四五”现代综合交通运输体系发展规划的通知指出：实施交通运输绿色低碳转型行动。到 2025 年，综合交通运输基本实现一体化融合发展，智能化、绿色化取得实质性突破，综合能力、服务品质、运行效率和整体效益显著提升，交通运输发展向世界一流水平迈进。各城市应该推动近零碳交通示范区建设，建立绿色低碳交通激励约束机制，分类完善通行管理、停车管理等措施。

零碳交通的核心是清洁能源应用，主要是以新能源汽车、电动车等为主要能源的交通工具电气化、规模化，同时鼓励公共出行、共享出行、骑行上班等，以及鼓励城市探索建设低碳交通示范区。统筹规划交通基础设施网络和运输装备的新能源与清洁能源供给网络，完善公路服务区、港区、客运枢纽、物流园区、公交场站等区域充电设施，在高速公路等服务区、公路沿线、港区等基础设施因地制宜利用光伏、风力、潮汐等发电设施，并与市电等并网供电，提高清洁能源使用比例。

6.6.2 零碳交通创建思路

零碳交通涉及到道路桥梁、航空航天、运输工具、数字化指挥系统、建筑材料、公共停车、充电桩等基础设施与运输工具。

机动车排放占交通碳排放的 80% 以上，是交通领域实现碳达峰、碳中和的关键。要统筹规划，大力实施电动车等清洁能源替代工程，积极发展新能源汽车、动力高铁、动力及核能船舶等低碳交通工具，鼓励发展公共交通，鼓励自行车骑行与绿色出行。

提升车辆能效水平，持续更新车辆能耗准入标准，鼓励使用新能源汽车及其他教工工具。实施道路运输车辆达标车型制度，加快高能耗老旧车辆淘汰更新。

实施清洁燃料替代工程。加大新能源乘用车销量，推动各级政府、国有企业、事业单位等公务用车实现 100% 新能源替代。适时出台停售燃油车辆的时间表和路线图，提升船舶和铁路电气化比例，提高港口岸电使用率。

统筹规划交通运输结构。鼓励中长距离大宗货物“公转铁”“公转水”，提升铁路货运能力和服务水平，建设以绿色运输方式为主的港口集疏运体系，推进多式联运和城市绿色货运配送发展。

构建绿色出行体系，优化公共交通结构。提高公共交通供给，加快城市群轨道交通网络化建设，加强城市步行和自行车等非机动车交通系统建设，提高城市绿色出行比例。

推进交通能源融合发展。开展交通基础设施、交通建筑可再生能源发电潜力和能源自洽研究，推动交通基础设施、交通建筑能源“产消者”项目实施落地。

6.6.3 零碳交通创建技术

加快建设综合立体交通网，积极发展多式联运，提高铁路、水路在综合运输中的承运比重，持续降低运输能耗和二氧化碳排放强度。优化客运组织，引导客运企业规模化、集约化经营。加快发展绿色物流，整合运输资源，提高利用效率。

推广节能低碳型交通工具。加快发展新能源和清洁能源车船，推广智能交通，推进铁路电气化改造，推动加氢站建设，促进船舶靠港使用岸电常态化。加快构建便利高效、适度超前的充换电网络体系。提高燃油车船能效标准，健全交通运输装备能效标识制度，加快淘汰高耗能高排放老旧车船。

DAC 对数以亿计的交通工具等分布源排放的二氧化碳进行捕集处理，有效降低大气中的二氧化碳浓度，前沿热点方向包括：开发新型吸附剂、新型接触器、低成本的高容量 DAC 用再生材料、DAC 系统的低碳电力耦合研究等。鼓励新增和更新出租车时采用清洁能源或者新能源车辆。加快老旧车船更新速度，提高清洁能源车船比例，推广应用燃料电池汽车。

6.6.4 零碳交通创建模式

编制绿色交通规划。推动交通体系低碳化发展。规划优化公路、铁路、航空、水运等一体化运输工具，形成低碳发展的城市交通总体架构。推动城市轨道交通、公交专用道、快速公交、微循环公交、慢行系统等设施建设，优化运力配置和换乘环境，强化“轨道 + 公交 + 慢行”网络融合发展。投资建设停车场、充电桩、加氢站等，提高交通运输的便利性、节能性、综合性。强化新能源车辆为重点的交通工具电气化。鼓励公共出行、共享出行、低碳出行。完善新能源公交和新能源汽车充电、加氢等基础设施，提高城市、园区绿色交通出行比例，加快智能低碳交通管理系统建设。鼓励使用电动汽车，包括公交车、无人驾驶汽车、个人轿车、共享单车等，满足城市、园区和居民的交通与社交需求。在城市、景区、园区等人口密集、交通拥堵的区域配置城市轻轨、电动观光车等，满足游人与居民的绿色通行，减少自驾车出行。鼓励城市、园区、企业使用电动车或氢能车，鼓励使用共享纯电力班车、鼓励自行车出行。推进汽车绿色维修，规范维修作业废气、废液、固废管理。严格管理尾气污染物超标车辆，禁止或减少环境信用不达标的车辆在城市、园区等区域行驶。开展城市绿色货运配送示范工程创建，统筹规划建设三级配送网络，合理设置城市配送车辆停靠装卸相关设施，鼓励发展共同配送、统一配送、集中配送、分时配送等集约化配送。推广应用节能环保交通运输装备。鼓励道路运输企业更新标准化、厢式化、轻量化货运车辆，降低车辆综合能耗。以港区、物流园区、客运枢纽、公路服务区等为载体，推进内部作业机械、港作船舶、供暖制冷设施设备等应用清洁能源，实现区域“低排放”，积极创建零碳港口、零碳服务区、零碳枢纽场站。

6.7　零碳办公创建图谱

6.7.1　零碳办公创建原则

零碳办公（Zero - carbon office）指各级政府、企事业与其他组织等在公务活动中尽量减少能量的消耗，从而减少二氧化碳的排放。通过利用清洁能源、近零碳办公模式等改变，以及参与碳汇等增碳活动，实现碳中和及零碳工作目标。

零碳办公的基本原则，包括但不限于：

统筹规划，协同实施。兼顾经济发展与节能减碳，既要保障必要的公务活动与经济运行，又要主动节能降碳，做到协同推进。

规划引领，主动践行。制定零碳办公的行动计划，确认具体工作目标，引导各部门、各行业积极参与，进行低碳零碳建筑改造，发鼓励绿色低碳出行，将节能减碳意识落实到每天行动中。

技术驱动，项目支撑。以先进技术应用、重点减碳项目以及全方位绿色低碳办公方式、机制等驱动低碳零碳活动与节能减碳。

试点先行，激励引导。开展低碳改造与低碳办公试点，推动低碳向零碳转型升级。出台激励考核办法，调动一切积极因素，实现零碳办公总体目标。

6.7.2　零碳办公创建思路

打造零碳办公示范单位，需要采取总体规划、分步实施的策略。

一是制定创建零碳办公行动方案，明确创建目标与主要任务，实施重点示范与技术改造等。

二是进行资金分配与政策激励，引导参与单位、全员试行零碳办公与主动降碳。

三是引进相关技术、固碳碳汇项目，以及光伏、低碳建筑、低碳会议等新的办公模式，鼓励零碳会议与近零碳大型活动。

四是进行全方位节能减碳及绿色出行、绿色公务消费行动，全过程实现节能减碳，积极探索固碳、碳汇等新渠道、新载体。

五是进行碳汇核算、碳减排核算以及碳中和预测，采取增碳、固碳等手段，实现近零碳、碳中和，甚至负碳办公与办公区域生态绿化。

6.7.3 零碳办公创建技术

强化组织领导体系。采取系统观念，全方位确定零碳办公的技术路径与减碳固碳转化等重点领域。实行无纸化、视频化办公，鼓励使用电子档案，鼓励节约每一张纸，每一度电，鼓励在线低碳会议，鼓励绿色出行与使用循环化办公用品，鼓励近零碳大型活动，鼓励办公楼宇零碳改造与清洁能源开发，鼓励循环消费、低碳办公与办公用品再利用、办公垃圾重复利用等。

充分利用地形、光照等自然条件，合理设计建筑照明系统，降低办公楼宇的用能率，推广办公楼宇的建筑内部节能灯使用，公共厕所节水无水化循环化改造，鼓励使用节水工具。严格执行国家《近零能耗建筑技术标准》《近零能耗建筑测评标准》和《建筑碳排放计算标准》等，全面推动政府、企业等办公进入“零碳时代”。

6.7.4 零碳办公创建模式

打造具有全国影响力的“近零碳示范机关”“零碳学校”等，推动政府办公、校园办公的低碳转型。积极推进政府、行政事业单位等公共机构办公楼宇低碳化改造，创建一批低碳机关。

能源利用。鼓励办公楼光伏与地热能等综合利用，鼓励低碳出行与绿色办公，持续开展既有建筑综合型用能系统和设施设备节能改造，提升能源利用效率。有限采购使用新能源汽车，增加充电设施。因地制宜利用光伏、地热能、生物质能、空气源等可再生能源，提高可再生能源消费比重。

资源环境。采用无纸化办公系统，倡导使用循环再生办公用品。实施绿色采购，将节约管理目标纳入物业、餐饮、能源托管等服务采购需求。全面开展生活垃圾分类，逐步减少使用一次性塑料制品。鼓励开展雨水、再生水利用，提高节水器具使用率。采用节约型绿化技术，提高庭院绿化率。

运营管理。出台零碳办公行动计划，分解落实重点项目。开展碳排放统计核算，推进能源管理体系建设，实施重大活动或会议碳中和。常态化开展“厉行节约制止餐饮浪费”等反食品浪费活动。开展绿色低碳知识科普宣传，定期开展碳排放核算与报告培训，提升办公人员低碳管理、低碳办公的自觉性与综合能力。

6.8　零碳生活创建图谱

6.8.1　零碳生活创建原则

零碳生活指人们通过使用清洁能源、零碳消费、近零碳采购、低碳零碳出行、循环化使用生活用品，以及参加植树造林等碳汇活动，实现增碳、减碳及零碳的生活目标。

零碳生活创建的基本原则：

政策引导与全民参与相结合。国家层面、各级政府出台低碳零碳鼓励政策，宣传部门、社区街道等做好传播与教育，积极引导全民的零碳生活，推动全民参与零碳创建。

因地制宜与循序渐进相协调。根据各地生活习惯、技术水平、公共服务配套、交通条件等，制订零碳生活推进计划，因地制宜，逐步推广实施。通过生活模式转变、餐饮与消费习惯优化、低碳文化灌输、零碳交通、生活废弃物循环化处理、零碳建筑、绿色出行，以及会议活动零碳化等，持续实现减碳降碳，最终实现零碳化目标。

技术应用与用品节能相融合。加大生活全过程的节能，强化减碳技术研发与产业化，鼓励生活用品减碳与已有用品（水盆、厕所等）、建筑低碳化改造或替代，大力降低生活全过程的降碳节能。鼓励屋顶光伏、地热能、空气能等应用，建设循环化使用设备，鼓励可降解低碳产品与包装等。

碳汇补偿与减碳积分相补充。推广低碳生活激励政策，鼓励参与植树造林、种草种花等生态绿化行为，鼓励低碳建筑改造，试行零碳降碳积分制度，全面构建零碳生活氛围与运行机制。

6.8.2 零碳生活创建思路

借鉴北京市、杭州市等城市低碳实践，倡导绿色低碳的生活方式，营造绿色低碳生活新时尚。提倡衣食住行低碳化，宣传绿色低碳观念。倡导使用公共交通、骑行出行，培育绿色出行文化；加强垃圾分类，提高废物再利用率；继续推动无纸化办公模式和生活方式，限制塑料袋、一次性餐具等难降解物品的使用；严格控制餐饮浪费，从源头培养节约粮食的习惯；推行共享经济，倡导节约适度的消费模式；加强优质生态产品的供给，大力发展生态旅游业和观光农业。推进全民参与零碳城市建设，广泛形成绿色生活方式。

低碳住宅的建设借鉴住建部与国家发改委联合印发《城乡建设领域碳达峰实施方案》提出的措施：建设绿色低碳住宅。提升住宅品质，积极发展中小户型普通住宅，限制发展超大户型住宅。依据当地气候条件，合理确定住宅朝向、窗墙比和体形系数，降低住宅能耗。合理布局居住生活空间，鼓励大开间、小进深，充分利用日照和自然通风。推行灵活可变的居住空间设计，减少改造或拆除造成的资源浪费。推动新建住宅全装修交付使用，减少资源消耗和环境污染。积极推广装配化装修，推行整体卫浴和厨房等模块化部品应用技术，实现部品部件可拆改、可循环使用。提高共用设施设备维修养护水平，提升智能化程度。加强住宅共用部位维护管理，延长住宅使用寿命。

6.8.3 零碳生活创建技术

零碳生活涉及的内容包括光伏等清洁能源技术利用、低碳消费模式、节水节能技术与器具、循环化利用技术与工具、出行低碳化绿色化、消费方式循环化、衣食住行节能化、鼓励素食主义，鼓励节约纸张与用电，杜绝餐桌上的浪费等。

6.8.4 零碳生活创建模式

坚持绿色出行，坚持低碳消费，鼓励少消费具有甲烷排放高温室效应的牛肉、羊肉。倡导勤俭节约，实施光盘行动，使用循环性餐具，坚决反对奢侈浪费，推行简约适度、绿色低碳的生活方式。

6.8.5　零碳村庄创建行动

零碳村庄是通过林业碳汇、光伏、碳捕捉碳封存等实现村庄零碳化。打造“零碳乡村”的可能工作措施：

建设绿色低碳村庄。推动村庄零碳化改造，推动农村光伏等清洁能源改造，实施农村污染物循环化利及垃圾激综合处理，鼓励使用节水型厕所等。加大农村化肥农药减量化使用，鼓励农田土壤碳汇及休耕、畜牧养殖一体化，鼓励光伏农业一体化循环化开发，鼓励绿色出行与基础设施循环化，扶持农村绿色消费与低碳消费。推广小型化、生态化、分散化的污水处理工艺，推行微动力、低能耗、低成本的运行方式。推动农村生活垃圾分类处理，倡导农村生活垃圾资源化利用，从源头减少农村生活垃圾产生量。

推广应用可再生能源。推进太阳能、地热能、空气热能、生物质能等可再生能源在乡村供气、供暖、供电等方面的应用。大力推动农房屋顶、院落空地、农业设施加装太阳能光伏系统。推动乡村进一步提高电气化水平，鼓励炊事、供暖、照明、交通、热水等用能电气化。充分利用太阳能光热系统提供生活热水，鼓励使用太阳能灶等设备。

推动清洁能源建设，开展分布式光伏整村建设试点，建设“零碳乡村”清洁能源综合示范项目，打造零碳清洁能源综合示范乡村。实现数字化应用转型，以数字化、智能化技术驱动零碳应用，提高农民增收创收能力。实施“零碳乡村”清洁能源综合示范项目，打造“零碳乡村”。鼓励使用生物质能供暖发电，鼓励使用分布式光伏电站、共建屋顶光伏和光储充一体化停车棚等，在村民活动广场等地建设光储充一体化停车棚、充电桩和储能设施。

鼓励农业高技术利用，采用农业种植滴灌技术，少用化肥农药，鼓励实施土壤修复和污染物综合处理，鼓励污水综合利用、雨水储水使用，增加植树造林与草地、湿地公园，鼓励绿色出行与厕所革命，鼓励低碳生活与循环化对外采购、鼓励光盘行动与移风易俗等。

6.9 典型案例

案例6-1：国合华夏城市规划研究院专家编制《凯里市国家级低碳城市创建方案》

课题组研究并确立了贵州凯里市创建零碳城市的总体定位及基本思路，如图6-8所示：

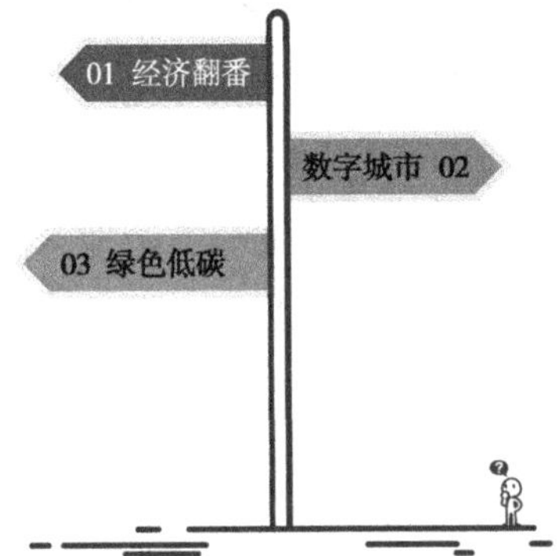

经济目标
2020年，凯里市将实现经济总量、财政总收入、工业总产值三个指标翻一番以上；
城市建设
城市基础设施进一步完善，互联网+”建设加快，低碳城市、智慧城市、数字凯里等目标基本建成，城市品位明显提高，国际滨江旅的魅力初步彰显
绿色发展
生产总值能耗和主要污染物排放明显降低，建成中国西部养生城、贵州东部物流中心、贵州东线旅游集散中心、独具苗侗民族文化特色的国际滨江旅游城市、黔东经济增长极、贵州东部区域中心城市（贵州副中心城市）

图6-8 凯里市创建国家级低碳城市总体定位

规划团队研究并提出了凯里市2016—2020年低碳城市试点目标体系，如表6-8所示。

表6-8 2016—2020年凯里市低碳城市试点建设目标体系

指标名称		单位	指标值		
			2015年基本值	2020年目标值	变化率%
1	碳排放总量	万吨二氧化碳			
2	单位GDP二氧化碳排放	吨二氧化碳/万元			
3	单位GDP能源消耗	吨标煤/万元			
4	非石化能源占一次能源消费比重（城区）	%			
5	第三产业增加值比重	%			

续表

指标名称		单位	指标值		
			2015 年基本值	2020 年目标值	变化率%
6	城镇化率	%			
7	森林覆盖率	%			
8	城镇建成区绿化覆盖率	%			
9	平均空气质量指数 AQI	%			
10	PM 2.5 平均浓度	微克/立方米			
11	新建绿色建筑比例	%			
12	公共交通出行比例	%			
13	国家低碳园区、低碳社区数量	个			
14	城区居住小区生活垃圾分类达标率	%			
15	低碳城市知识城镇居民知晓程度	%			
16	城市垃圾无害化处理率	%			

课题组确定的《凯里市国家级低碳城市创建方案》目录如下：

一、试点背景

（一）全球宏观环境和趋势

（二）我国政策环境和趋势

（三）贵州省政策环境和趋势

（四）黔东南和凯里市政策环境和趋势

（五）低碳城市试点范围

二、基础条件

（一）城市概况

（二）城市能源构成

（三）产业构成

（四）森林碳汇

（五）生态建设需求

三、“十二五”时期低碳工作实践

（一）总体低碳工作回顾

（二）炉山工业园低碳试点实践

（三）当前的低碳城市试点基础

四、总体要求

（一）指导思想

（二）基本原则

（三）试点目标

（四）指标说明和未来五年预期

（五）支撑资源预测

五、主要任务

（一）重点产业的低碳化发展

（二）能源结构低碳化、清洁化和循环利用

（三）建筑产业的低碳化、环保节能化

（四）交通体系的低碳化和绿色出行

（五）政府办公的低碳化发展

（六）居民生活和消费的低碳化

（七）生态环境低碳化

（八）优惠政策的低碳化

六、重点行动

（一）低碳产业试点工程

（二）低碳能源试点工程

（三）绿色低碳建筑试点工程

（四）绿色交通试点工程

（五）低碳生活示范工程

（六）生态环境修复工程

七、制度创新

（一）低碳城市试点创新机制和运行体系

（二）凯里市污染物排放和能耗总量控制制度

（三）低碳产品和低碳技术推广试点

（四）重大项目碳评价制度

（五）“多规合一”试点

八、保障措施

（一）组织体系和协调机制

（二）财政资金和融资渠道的合理安排

（三）低碳城市和核心指标的监督机制

（四）低碳指标与业绩挂钩

（五）调动各方力量参与低碳城市建设

案例 6－2：紫光萧山智能制造园区

紫光萧山智能制造园区位于萧山湘湖未来智造小镇启动区块，规划用地面积 57.35 亩，规划总建筑面积 9.8 万平米。紫光集团从能源转型、应用转型和数字化转型等方面退化开发零碳智慧园区，积极探索具有自身特色的“双碳”路径。

推动园区能源转型。推进光伏工程，并利用新能源技术和储能技术，实现能源效益最大化。鼓励产业应用转型，对园区内的建筑、交通等方面系统梳理，全面推动零碳生产、零碳建筑、零碳交通等应用场景转型。实施数字化转型，结合自身数字平台构建园区双碳数据体系，提供覆盖园区数据流、信息流、碳流的“多流”全链条服务，打造国内领先的工业 4.0 样板点，实现“智能工厂”解决方案的产品化。

案例 6－3：北汽集团公布“2550”达峰脱碳目标

2022 年 6 月 15 日，北汽集团举行“BLUE 卫蓝计划”线上发布会，宣布将深入推进全面新能源化与智能网联化，打造乘用车、商用车全系列绿色低碳产品，全力在 2025 年实现碳达峰，2050 年实现产品全面脱碳、运营碳中和。北汽集团将重点开展产品降碳、技术降碳、制造降碳、低碳生态四大行动，深入推动“双碳”目标落地。

北汽集团总经理张夕勇介绍了“BLUE 卫蓝计划”，对北汽致力碳中和的全新理念进行诠释：

B 为 Belief，代表低碳理念。北汽将着眼打造面向未来的全新低碳经营体，将低碳理念贯穿企业与产品全部流程节点。

L 为 LIFE，代表美好生活。北汽将通过实现“双碳”目标，进一步驶向助力人们美好生活、全人类可持续发展的终极指向。

U 为 User，代表用户导向。北汽将牢记服务用户是实现目标的根本，持续满足用户需求，形成与用户的良好互动。

E 为 Ecology，代表生态模式。北汽将以车为平台，开启广泛合作与内外协同，共同构建全产业链、全生命周期参与的绿色可持续生态。

张夕勇谈到，北汽集团全力在2025年实现碳达峰，2050年实现产品全面脱碳、运营碳中和。到“十四五”末，产品平均碳排放在2020年的基础上下降33%。“十四五”期间单位产值碳排放下降21%，单车碳排放下降24%，达到国内先进水平，2030年碳排放强度指标达到国际先进水平。

以“BLUE卫蓝计划”为引擎，北汽集团将重点开展四大行动，深入推动“双碳”目标落地。

在产品降碳方面，北汽旗下自主乘用车再增包括极狐ARCFOX和BEIJING品牌在内的五款纯电动产品，商用车完成全系新能源产品从油改电平台向全新平台的过渡。加快动力系统电气化进程，加快混合动力产品投放，推进高效发动机搭载应用。研发完成氢燃料重型商用车全新平台。

在技术降碳方面，新能源汽车推动平台化固态动力电池系统和电池快速加热技术落地，落子北汽电驱动4.0，构建分布式驱动控制技术。传统车领域打造双电机混动HEV、增程REEV以及增程混动RE－HEV三大平台，各平台产品达产均实现30%节油率。推进轻量化、绿色材料和循环利用技术，到2025年绿色材料应用比例达到5%，2028年绿色材料应用比例达到8%。

在制造降碳方面，开启全面碳盘查行动，加快减碳技术应用、再生能源利用、低碳工艺提升。预计到2025年，北汽集团将建成1～2家零碳工厂，2030年底前完成全部高效设备替代，碳排放强度指标达到国际先进水平。“十四五”期间，绿色能源占比提升50%，2030年再提升10%。

在低碳生态方面，大力推动循环经济，开展汽车废旧物资回收利用及零部件再制造，布局二手车、汽车拆解以及动力电池回收、拆解、梯次利用等业务。融合充电站、超充站、加氢站及电池租赁模式，推动新能源汽车全生命周期能源资源高效利用和可持续发展。

面向未来，北汽集团将以高质量、高新特、可持续发展为主线，聚焦新科技、新能源、新生态，打造汽车产业低碳科技出行新业态。

第7章

重点城市零碳行动

■改革创新的工作需要提炼案例与经验，零碳城市对于国家、地方来说都是新生事物，需要我们的改革与创新，需要研究重点城市的做法与成果等。

本章重点研究不同城市的碳中和规划、零碳目标、凌然路径、资源与组织保障等。上海、北京、浙江等省份与无锡、青岛、成都等重点城市在碳中和试点等方面积极行动，有序推进。

7.1　北京：提前实现碳中和

北京市在“十二五”“十三五”规划纲要中，确立了绿色低碳循环发展的总体思想和目标任务。近 10 多年以来，北京市推动节能减碳工作，积极推动实现碳中和，重点采取了“终端消费电气化、电力供应脱碳化”的实施路径。

为推动终端消费电气化，北京市持续控制与减少原煤产量，原煤数量从 2004 年的 1067.9 万吨下降到 2019 年的 36.1 万吨。为压缩高能耗产业，北京市严格执行非核心功能疏解政策，2013 年开始，北京市工业制造煤炭消费持续下降，到 2019 年仅为 0.351 万吨标准煤；其中工业万元 GDP 能耗由 2013 年的 0.611 万吨标准煤下降至 2019 年的 0.425 万吨标准煤。截至 2020 年 10 月，累计退出一般制造业企业 2154 家，煤炭消费量由 2015 年的 1165.2 万吨下降至 2020 年的 135 万吨，占全市能源消费比重由 13.1% 下降至 1.5%。2020 年北京市单位地区生产总值能耗 0.21 吨标准煤/万元，比 2015 年累计下降 24%。

按照北京市生态环境局《2020 年度北京市重点碳排放单位名单》数据，在 859 家重点排放单位中，年排放二氧化碳量在 5000 吨以上的有 562 家“其他服务行业”单位，包括物业公司、高校（科研院所）、机关单位、医院和银行等，其中：物业公司（负责公共建筑、商住小区等维保的机构）有 115 家。北京市 2012 年达到碳排放峰值年。2013 年以来，北京市碳排放大幅下降，碳排放达峰目标全面完成。2020 年，北京市万元 GDP 能耗和碳排放分别下降至 0.21 吨标准煤和 0.42 吨二氧化碳，达到全国最优水平。北京积极推动终端能源“电气化”和电力供应“脱碳化”，持续推进机动车“油换电”，到 2050 年，城市交通实现近零排放，建筑领域基本实现近零排放。

7.2　上海：建设低碳发展实践区

上海出台文件，鼓励提报并创建低碳发展实践区（近零碳排放实践区），基本申报要求：

7.2.1 申报主体

由各区政府和相关市级园区管委会（开发公司）作为申报主体，提出创建申请。商务区、郊区新城、城镇、园区等各类区域均可申报，鼓励条件较好的区域申报近零碳排放实践区创建。

7.2.2 申报条件

（1）原则上区域面积 1 平方公里以上，特殊情况由专家评审认定。

（2）有明确的领导机构和相关工作机构，具体负责组织和推进低碳示范区域的建设、运行和管理。

（3）有明确的区域边界和低碳发展目标，创建期满后区域的碳排放强度应低于全市同类区域的平均水平或较创建基期下降 20% 以上，碳源碳汇比明显下降，可再生能源利用占比显著提升；对于申报近零碳排放实践区的，碳排放强度应达到全市同类区域的先进水平或低于创建基期的 50% 以上，碳源碳汇比达到 2 以下，可再生能源利用占比达到 20% 以上；创建区域均应在若干领域达到国际国内同类先进水平，在新技术应用、机制创新方面形成具有借鉴意义的经验。

（4）建立科学合理的能耗和温室气体排放统计、监测和核算体系。

（5）有较高的经济社会发展水平，具备建设低碳示范区域的基础条件。

7.2.3 创建周期

低碳发展实践区和近零碳排放实践区的创建周期为 5 年。

附件 1：上海市低碳发展实践区（近零碳排放实践区）创建实施方案编制指南

各申报单位编制实施方案时应与自身发展相结合，在建设目标、建设重点等方面充分体现区域特色，在主要任务、政策措施等方面有所创新和突破。

一、区域基本情况

1. 区域情况简介，包括区域地理位置、面积、区位、交通条件，与周边基础设施的衔接等内容。

2. 创建活动实施方情况。低碳示范创建活动主要实施推进机构/部门介绍，组织架构等。

二、创建可行性分析

1. 系统介绍区域低碳建设的现状。如：区域能耗和碳排放现状，区域发展规划、各领域低碳技术应用、已获得的低碳相关认证等。

2. 重点分析创建的可行性。从有利条件、碳减排潜力等方面系统阐述创建的可行性。

三、建设方案

1. 总体思路和发展目标。根据区域的实际情况，提出总体思路、建设目标和指标体系，如区域碳排放下降率、可再生能源利用占比、碳源碳汇比等。

2. 低碳发展主要任务。围绕能源、建筑、交通、监管体系、低碳人文等重点领域提出切实可行的任务，推进低碳建设。

3. 重点项目及进度安排。提出示范性、推广性和可操作的低碳重点工程项目（含近零碳排放示范项目）及其进度安排、预期成效，以支撑低碳发展目标的完成。

4. 保障措施。主要从组织管理、资金和政策保障、宣传培训等方面进行阐述。

附件2：上海市低碳发展实践区（近零碳排放实践区）申报创建指标体系（见表7-1）

表7-1　上海市低碳发展实践区（近零碳排放实践区）申报创建指标体系

指标项	指标内容	评分标准说明	得分
一、创建区域碳排放现状和目标（20分）	创建区域能耗和温室气体排放情况（20分）	提出合理且四至边界明确的创建区域，得2分； 针对创建区域，按照计算方法科学提出能耗和碳排放现状数据，得10分； 对区域碳排放情况进行合理预测，得8分。	
二、低碳管理工作基础（15分）	组织管理体系建设情况（4分）	创建申报单位已有专门机构或部门负责低碳发展工作，得2分； 申报单位对开展低碳发展实践重视，区域内企事业单位参与度高，得2分。	
	低碳发展扶持资金情况（3分）	创建区域具有一定经济基础，申报单位已安排专门资金支持节能低碳发展，得3分。	

续表

指标项	指标内容	评分标准说明	得分
二、低碳管理工作基础（15分）	创建区域开展低碳节能工作情况（8分）	区域内碳交易试点企业积极参与碳交易试点，或其他企业已开展碳排放报告、碳披露活动，得2分； 区域内企业积极参与过碳标识、碳审计、碳认证、自愿减排等活动，得2分； 区域内宾馆、餐饮、商场和社区等场所积极践行和宣传低碳消费和低碳生活理念，得2分； 创建区域已获得国家或本市低碳、节能、生态、循环经济、新能源应用等方面的示范区称号，得2分。	
三、低碳发展目标和任务（30分）	区域低碳发展总体目标和分项指标分解落实情况（30分）	提出区域低碳发展强度或总量控制等总体目标，得5分； 提出合理的分项指标体系，得5分； 针对总体目标和分项指标，制定分阶段目标，得5分； 提出低碳发展总体目标和分项指标的分解落实方案，明确相关领域低碳发展任务，得5分； 对主要低碳发展任务提出碳排放减量，得5分； 主要低碳发展任务碳减排量与低碳发展总体目标衔接，得5分。	
四、低碳重点项目（15分）	低碳重点工程项目的可实施和示范性（15分）	结合区域发展特点和主要低碳发展任务，提出拟重点实施的低碳重点工程项目，得5分； 提出的低碳重点工程项目已达到一定的工作深度，具有较强的可实施性，得5分； 提出的有关低碳重点工程在具有较强的示范性和可推广性，得5分。 约束项，如未提出打造若干个近零碳排放示范项目，则该项不得分。	
五、保障措施（20分）	保障措施的合理性和创新性（10分）	针对组织管理、评价考核机制、资金、政策等方面，提出切实可行的保障措施和配套举措，得5分； 针对低碳发展的瓶颈问题，提出拟探索创新实施有关机制和政策，得5分。	
	低碳发展的工作基础体系和能力建设（10分）	提出拟编制区域温室气体清单、区域低碳发展规划或导则，得3分； 提出拟建立区域碳排放统计、监测、核算体系，得4分； 提出拟建立区域内有关低碳发展相关政策、低碳技术和产品、低碳示范项目推广、宣传和培训的工作体系，得3分。	
合计			

7.3　杭州：绿色低碳融合发展

杭州推进节能降耗工作，实施能耗“双控”管理，有效提高了能源利用效率。杭州市围绕绿色低碳发展，加快产业结构调整，不断优化能源结构，鼓励发展三产，2021 年第三产业占比达到 68%，其中：数字经济发展最为典型。

杭州推进产业数字化、数字产业化，积极拓展大数据、云计算、数字视觉等低碳产业。该市利用数字技术推动智能制造发展，鼓励企业实施技术迭代，探索“工业大脑 + 未来工厂”模式，推动从消费互联网向工业互联网迭代。推动企业上云用数赋能，加快传统制造业转型升级，2021 年，规上工业增加值达到 2015 年以来最高增速，其中，规上制造业的贡献率达到 95.4%。杭州规划开发并投产“双碳地图”，结合“城市大脑”平台，汇集碳排数据，通过多维度网格化碳效率快速计算，实现了全市县镇碳排放“全景看、一网控”。打造“能源双碳数智平台”应用场景，对全市 2000 多家工业、公共建筑、交通运输、数据中心等年能耗 1000 吨标煤以上的重点用能管理单位进行数智监管。市区实现燃油公交车“全面清零”，主城区纯电动公交车数量达到 5000 余辆。

杭州鼓励绿色消费，积极推动绿色节能。完善公共交通系统和生态系统设计，鼓励使用电动等低排放公交工具；大力发展共享经济，引导有条件的企业在共享、共用绿色交通出行方面先行先试，倡导居民低碳出行。杭州单位 GDP 碳排放量持续下降，2020 年约 0.57 万吨/亿元，实现了经济增长和节能减碳双重目标。2021 年，杭州“三新”经济增加值占 GDP 的 36.2%。其中，人工智能、集成电路、电子信息产品制造产业增加值分别增长 26.9%、21.9% 和 16.2%。

7.4　无锡：打造全国零碳城市

无锡提出创建“全国零碳示范城市”的目标，编制并实施碳达峰碳中和实施意见和碳达峰总体方案，推动创建零碳科技产业园，发行零碳基金，建设碳中和示范区，创新零碳谷，力争在全省全国率先实现碳达峰、建设碳中和先锋城市。为此，积极推进产业绿色低碳转型，培优做强节能环保、新能源等产业。

无锡市开通“碳时尚”APP纯公益平台，为企业、社区、个人节能减碳建立以商业激励、政策鼓励和核证减排交易相结合的正向引导机制。设立“碳时尚”APP，市民的低碳行为可兑换碳积分，累计一定的碳积分可在APP平台进行礼品兑换。“碳时尚”APP通过积分的方式，调动公众参与低碳建设的积极性。市民通过“碳时尚”APP分享低碳行为，记录低碳足迹。“碳时尚”APP 2.0增加了使用公交、地铁、充电桩等碳积分，为用户提供最环保低碳的出行线路推荐。APP还提供低碳互动游戏、低碳心愿墙、低碳公益项目、VR云景、低碳课堂等模块丰富的互动场景，营造“低碳生活”新时尚。

无锡零碳科技产业园。罗东项目涵盖零碳基金、低碳产业示范园、零碳科技产业研究机构等，格林美新能源循环经济低碳产业示范园年回收处理10万辆新能源汽车，年回收与再制造10万吨动力电池等项目。科技产业园打造产业要素集聚地、零碳人才汇集地、行业应用示范地、绿色技术策源地、国际交流首选地，持续推动绿色技术供给、构建绿色产业体系。

“十三五”以来，无锡坚持智能化、绿色化产业强市，90%以上规模以上工业企业实施了技术改造，累计压减钢铁产能520万吨、水泥产能30万吨，关停取缔“散乱污”企业12523家，累计完成燃煤锅炉和工业窑炉整治2800多台，电力、钢铁、水泥等行业全面完成超低排放改造。“十三五”期间单位GDP能耗保持苏南最低、降幅达到18.7%，超额完成省定目标。

7.5 山东：全面进行低碳城市试点

2022年，《山东省“十四五”应对气候变化规划》颁布，山东省积极深化低碳试点示范，支持济南、青岛、烟台、潍坊4个国家低碳城市试点，研究制定支持绿色低碳发展的配套政策，加快建立绿色低碳循环发展的经济体系。打造一批具有典型示范作用的低碳城市、低碳社区和低碳工业园区试点，探索适合山东省省情的低碳发展模式。积极开展氢能生产与综合利用、智能电网技术、化石能源清洁高效利用等低碳技术示范试点。建立完善碳足迹评价体系，在济南、青岛等市开展低碳商业、低碳旅游、低碳产品试点。积极探索开展碳普惠制建设工作，在济南、青岛、烟台、潍坊和威海等市率先启动试点，探索开发创新具有地方特色的碳普惠模式，建立健全激励机制，为全社会节能减碳行为赋予价值，实现人人低碳，人人受益。

推动建设近零碳排放试点和工程。推动绿色低碳发展和技术创新，推进交通、建筑、消费等领域的碳中和技术产品综合集成应用，优先支持条件成熟的近零碳排放试点打造碳中和先行区。加大超低能耗建筑、低碳建筑技术的开发和应用，逐步提升可再生能源在建筑中的应用比例，加大建筑施工全过程低碳化管理，加快推进超低能耗建筑、低碳建筑规模化发展。研究制定大型活动碳中和实施方案，鼓励会议、赛事、演出、论坛等大型活动主动实施碳中和。

开展绿色低碳全民行动。加强应对气候变化宣传力度，及时向公众进行宣传解读与政策引导。全面普及应对气候变化教育，促进低碳理念的传播推广。组织开展应对气候变化典型案例征集和宣传活动，形成全社会参与的良好氛围。引导企业主动适应绿色低碳发展要求，加强能源资源节约，提升绿色创新水平。倡导绿色低碳的消费模式和生活方式，推动购物消费、居家生活、旅游休闲、交通出行等消费场景数字化与低碳化融合。开展全社会反对浪费行动，倡导绿色低碳出行方式，推广普及节能低碳产品，践行节约低碳生活。

7.6　深圳：建设净零碳城市

《中国净零碳城市发展报告（2021）》提出，深圳在2020年城镇化率、2020年单位面积GDP产出、城市绿化覆盖率、新能源汽车保有量/机动车、百人新能源汽车保有量、每万人拥有公共汽（电）车数量、绿色出行比例等9项指标排名第一。深圳的其他指标也保持前三。深圳在绿色发展质量、能耗与排放、绿色交通方面评估值也较高。

深圳净零碳建设的主要措施，包括：倡导“主动停驶、绿色出行”，系统推进轨道、公交、慢行交通三网融合，率先实现公交车、巡游出租车全面纯电动化；全面实施生活垃圾强制分类，提高生活垃圾回收利用率，提高垃圾焚烧日处理能力；开展“减装”“限塑”等公众绿色行动，发起生态文明活动；加大高耗能、高污染落后产能淘汰力度，完善工业绿色制造体系；全面实行最严格的水资源管理，全市域消除黑臭水体，水环境实现历史性、根本性、整体性转好。

深圳市运用市场化手段推进低碳发展，启动碳市场试点，现有管控单位覆盖制造业、水务、公共交通、港口等31个行业。

7.7 成都：抢跑“零碳城市”拟建气候交易所

成都市签发《成都市建设低碳城市工作方案》。加快建设净零碳的“先锋城市”，构建城市轨道、公交和慢行“三网”融合的低碳交通体系，建设5G智慧公交综合体，全面落实绿色建筑标准，实施清洁能源替代方案，实现燃煤锅炉全域“清零”；发展“清洁能源+”产业，出台《关于促进氢能产业高质量发展的若干意见》，清洁能源占比从2015年的56.5%提升至2020年的61.5%。推广低碳出行和智慧停车，共享单车日均骑行次数超过200万人次，年减排二氧化碳约2万吨；整合共享车位超过40万个。出台《成都市生活垃圾管理条例》，政府绿色采购比例达到95%，居民生活垃圾分类覆盖率达60.2%。成立全国首个环保类联合性志愿者社会组织，开展万余场环保志愿服务活动。加快生态碳汇体系建设，推进龙泉山城市森林公园、天府绿道等标志性生态工程，完善五级城市绿化体系，建成区绿化覆盖率提高至43.5%，森林覆盖率提升至39.9%，年固碳量超过160万吨。

7.8 青岛：用绿色为城市发展赋能

青岛市推进全国首个绿色城市建设发展试点和建筑领域碳达峰目标行动，将“零碳”理念贯彻到城市建设过程，发展零碳城区、零碳园区、零碳社区、零碳工厂和零碳建筑。

中德生态园作为中德两国政府重点合作园区，建设中德未来城“零碳试验区”，100%建设被动房和三星级绿色建筑，建设“智能绿塔”，示范光储直柔等技术应用，探索区域零碳实施路径；青岛自贸片区核心区域将打造碳中和示范园区，通过低碳建筑集群规模化示范、全国首个园区级碳足迹平台、国际领先的“源网荷储”应用、全国最大的光储直柔试点、100%电气化和碳标识制度等技术路径。奥帆中心通过对区域内建筑和周边区域进行用能和碳排放调研分析，提出了合理的零碳社区建设方案，包括利用海水源热泵、太阳能光伏光热、风力发电、污水源热泵、光储直柔、工业余热等技术，降低建筑供热供冷能耗，提升系统设备能效，充分利用可再生能源和智慧化管理，实现建筑运行阶段的零碳排放。青岛市开展零碳工厂试点，500 万吨建筑废弃物资源化利用零碳工厂位于李沧区滨海路，总投资 5 亿元，实现建筑废弃物 100% 的资源化利用，产出性能优越、健康环保的再生建材产品，可降低约 50% 的成本。在零碳建筑方面，青岛市要求城镇新建民用建筑 100% 执行绿色建筑标准，累计建成绿色建筑 7000 余万平方米。引导绿色生态城区内大型公共建筑及政府投资或以政府投资为主的公共建筑执行三星级绿色建筑标准，科教文类公共建筑执行超低能耗建筑标准。将崂山区、西海岸新区、城阳区和即墨区四区作为超低能耗建筑重点发展区（市），在“十四五”时期推广实施面积 100 万平方米以上，在上述四区内开展近零能耗建筑试点示范，示范面积 20 万平方米以上。

7.9　典型案例

案例 7－1：申报国家级生态品原产城市（园区、产品）

生态品原产地城市（园区、产品）的认证，是由原国家质检总局设立并颁发的国家级生态领域的权威认证牌照，国家质检总局被合并之后，它由国合华夏城市规划研究院与中国出入境检疫检验协会联合发布并创新推动，并扩展到生态品原产地城市、生态品原产地园区等的牌照认证等。

以生态品原产地产品认证为例，进行简要说明。

1. 生态品原产地产品的认定

服务来源地应符合使服务价值产生实质性投入增值的来源地的判定标准。

服务主体应符合在中国注册，由中国公民（含取得中国永久居留权）或法人最终拥有或控制，占股权75%以上，经营年限、交纳税收及社会保险金年限分别为5年以上，服务管理者中的中国公民（含取得中国永久居留权）占管理人员总数的75%以上，直接服务提供者中的当地居民占员工总数的50%以上等原产地标准要求。

提供的服务若在中国境内和境外共同生产，则在中国境内所生产的服务应符合增值（包括其中的投入品）大于总值75%的要求。

服务设备应符合国产化率大于30%以上的标准要求。服务内容体现在服务的全过程中，应符合该服务行业的法律法规、服务规范的要求。

服务提供地应符合服务来源地的判定标准。

2. 技术规程

申请的产品应提供服务流程图，即服务过程流程图。应说明申请受保护服务产品的核心服务过程的流程，包括服务过程每一个必不可少环节的核心服务过程控制点应满足的相关技术指标要求。

应针对餐饮、饭店、商场、剧场、健身、休闲、美容、美发、旅游、交通、研发设计、电子商务、知识产权等不同服务行业的特点，描述其服务生产、交易和消费有关的程序、操作方针、组织机制、人员处置的使用规则、对顾客参与的规定、对顾客的指导、活动的流程的技术规范要求。

技术规范要求包括但不限于服务管理（服务承诺、服务方针、服务目标、职责权限）、服务资源（服务人员、服务环境、设施设备、服务用品）、服务过程（服务设计、顾客指导、服务内容、服务特性控制）、服务结果、服务改进、服务记录等。

3. 申请报名

（1）对照申报条件，确定申报产品等；

（2）填写申请表并盖章，附上有关图标和资料等；

（3）提交申请表等邮寄给国合华夏城市规划研究院（邮寄+邮箱电子版）办公地址（北京西城区国宏大厦A座），同时电子版发送邮箱：iccioffice@126.com；

（4）国合华夏城市规划研究院组织专家调研，共同撰写申请报告，进行申请辅导等；

（5）提交评审机构或委员会进行评审；

（6）评审结果公示；

（7）后续验收、颁发牌照等。

案例7－2：邀约发布《城市碳达峰碳中和进度报告》

为贯彻落实习近平总书记“3060”双碳承诺，以及党的十九大、十九届历次全会精神，促进城市绿色低碳发展，中国市场杂志社、国合华夏城市规划研究院、华夏云智库三家智库共同邀约地方政府、园区及企业委托编制并发布《城市碳达峰碳中和进度报告》，推动并提升委托单位的经济转型、营商环境、产业招商、低碳试点、社会影响等。这三家发起单位各具特色，优势互补。其中：国合华夏城市规划研究院是国家发改委国际合作中心2017年11月发起设立的从事“规划、项目与平台”三类业务与课题研究的部委系统“民族智库”与“精致研究院”。中国市场杂志社是一家由国务院国有资产监督管理委员会发起设立，由中国物流与采购联合会代管、从事传媒与学术研究等业务的正局级事业单位。华夏云智库（北京）管理顾问股份公司（简称“华夏云智库”）是中国市场杂志社为贯彻习近平总书记建设高端智库的重要指示而设立的国有控股专业智库，主要从事政策研究、国资委鬼狐、企业战略咨询、在线论坛培训、线上线下投资咨询、大数据系统平台开发应用等专业服务。

《城市碳达峰碳中和进度报告》重点研究国家和区域政策，分析委托城市、园区或企业的碳减排效果，协助制定2030年前碳达峰方案、零碳规划、减碳步骤和节点目标等。报告重点关注委托单位的ESG投资、低碳转型、绿色金融等，以研究报告、案例报道、案例评选等方式为委托机构提供编制ESG报告、双碳案例、碳汇减碳固碳辅导等服务，有关报告将择优提交部委单位、国家级媒体如新华社、中国网、CCTV等进行系列宣传。

《城市碳达峰、碳中和进度报告》聚焦研究并发布城市绿色发展和碳减排相关数据，如GDP、工业发展指数、PM2.5、政府节能、企业减碳等行业数据，探索绿色发展轨迹，分析城市碳排放达成率、节能效果、减碳进展等，并协助编制“3060双碳”规划，进行城市排名，提出城市更新与改进建议等，开展ESG报告研究等。更多合作与信息，请查阅官微：华夏云智库。

第8章

零碳园区与零碳企业创建图谱

经济发展的基本单元是产业园和大量的中小微企业、大型企业等。零碳目标的实现必须依托产业园、依托社区与最基层的业务单元与经济组织。

本章重点研究不同城市的零碳产业、零碳企业、清洁能源、CCUS等重点领域与转型升级。

8.1　零碳产业创建图谱

8.1.1　零碳园区施工图

各级政府创建零碳城市，要以零碳产业园为载体，因地制宜，统筹规划，将特定产业园按照绿色发水平、经济规模、主导产业、基础设施建设状况等属性进行分类分级，明确各产业园区低碳、零碳转型的行动重点。选择绿色发展基础好、产业体系优势足、低碳达峰意愿强、经济实力有保障的园区，从全生命周期温室气体核算、定制化碳达峰路径规划、重大项目支撑、碳减排技术应用等开展示范试点。如重庆 AI city 园区通过打造零碳建筑推动园区应用转型，实现园区能源自给，减少园区碳排放。园区开发“智能大脑”实现园区管控数字化，提高了智慧化节能化水平，园区建设并运营 5G 城市智能生态、首个机器人友好园区、最大的步入式屋顶花园、碳中和低能耗社区。园区在建筑之间设立分散式智慧杆塔、智能座椅，在建筑屋顶铺设光伏，在园区内设立智慧杆塔，实现园区能源自给，减少建筑碳排放，智慧电杆充当汽车充电桩、USB 手机充电装置，实现绿色能源供给，降低碳排放。建筑采用节能环保材料并铺设屋顶光伏，提升园区能源自给率。

8.1.2　鄂尔多斯零碳园区实践

为创建零碳园区，鄂尔多斯整合了各类能源、化工、建材等资源，鄂尔多斯产业园基于可再生能源资源和智能电网系统，构建以“风光氢储车”为核心的绿色能源供应体系，配合数字化基础设施，推动零碳产业及电解铝、绿氢制钢、绿色化工等技术的发展和应用，构建以零碳能源为基础的“零碳新工业”创新体系。零碳产业园区 80% 的能源来自风电、光伏和储能，20% 的能源基于智能物联网的优化，通过“在电力生产过多时出售给电网，需要时从电网取回”的合作模式，实现 100% 的零碳能源供给。鄂尔多斯零碳产业园已建成占地面积约 400 亩、一期 10GWh 产能的现代化动力电池工厂。二期总产能提高到 20GWh，每年将为超过 3 万台电动重卡提供高安全性、高能量密度、高耐久性和高性价比的动力电池，可为风光储应用提供超10GWh储能电池，支持风光储氢等综合智慧能源示范项目，解决可再生能源消纳难题，大规模降低电力成本。

8.2 零碳产业与企业示范

8.2.1 零碳产业施工图

零碳产业创建工作从农业、工业和服务业三个方面具体阐述。

大力发展低碳循环农业。零碳农产品指农业生产过程的温室气体净排放量小于或等于零的农产品。农业是全球范围内重要的温室气体排放源，是巨大的碳汇系统，全面推动零碳农产品种养殖及深加工，积极促进“双碳”目标的实现。

持续深化工业、建筑、交通运输、公共机构等重点领域节能，加大钢铁、电力、石化、建材等传统产业的节能减碳改造，组织实施重点行业能效、碳排放对标行动，推进传统产业向高端化、智能化、绿色化发展。鼓励工业企业、园区建设绿色微电网，优先利用可再生能源，在各行业、各区域创建碳中和工厂、碳中和工业园区。

零碳服务业要推动建设绿色低碳办公、绿色低碳建筑、绿色低碳生活、减碳合同管理、绿色低碳出行、低碳生态治理、低碳会议活动等重大项目与技术成果应用，推动建设零碳生活、零碳服务业。

8.2.2 零碳企业建设原则

创建零碳企业，应符合如下基本原则，具体如图8－1所示。

政策匹配原则。适应国家战略、碳减排政策，满足国资委战略要求，进行碳达峰碳中和的开发建设，重点辅导，确保先进性、政策匹配性。

技术领先原则。选择技术、产品或经营具一定经济基础或技术领先的企业与团队进行辅导和建设，确保经过一段时间的试点，能够在某些方面形成示范与样板。

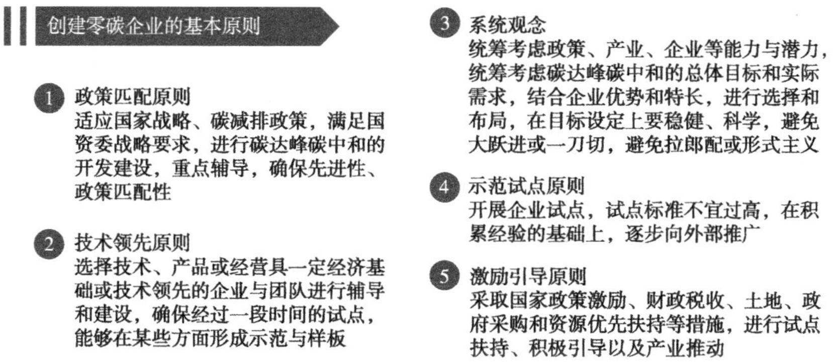

创建零碳企业的基本原则

1. 政策匹配原则
适应国家战略、碳减排政策，满足国资委战略要求，进行碳达峰碳中和的开发建设，重点辅导，确保先进性、政策匹配性

2. 技术领先原则
选择技术、产品或经营具一定经济基础或技术领先的企业与团队进行辅导和建设，确保经过一段时间的试点，能够在某些方面形成示范与样板

3. 系统观念
统筹考虑政策、产业、企业等能力与潜力，统筹考虑碳达峰碳中和的总体目标和实际需求，结合企业优势和特长，进行选择和布局，在目标设定上要稳健、科学，避免大跃进或一刀切，避免拉郎配或形式主义

4. 示范试点原则
开展企业试点，试点标准不宜过高，在积累经验的基础上，逐步向外部推广

5. 激励引导原则
采取国家政策激励、财政税收、土地、政府采购和资源优先扶持等措施，进行试点扶持、积极引导以及产业推动

图 8－1　创建零碳企业基本原则

系统观念。统筹考虑政策、产业、企业等能力与潜力，统筹考虑碳达峰碳中和的总体目标和实际需求，结合企业优势和特长，进行选择和布局，在目标设定上要稳健、科学，避免大跃进或一刀切，避免拉郎配或形式主义。

示范推广原则。开展企业试点，试点标准不宜过高，在积累经验的基础上，逐步向外部推广。

激励引导原则。采取国家政策激励、财政税收、土地、政府采购和资源优先等措施，进行试点扶持、积极引导以及产业推动。

8.3　零碳企业建设图谱

8.3.1　零碳企业施工图

创建零碳企业的施工图，如图 8－2 所示。

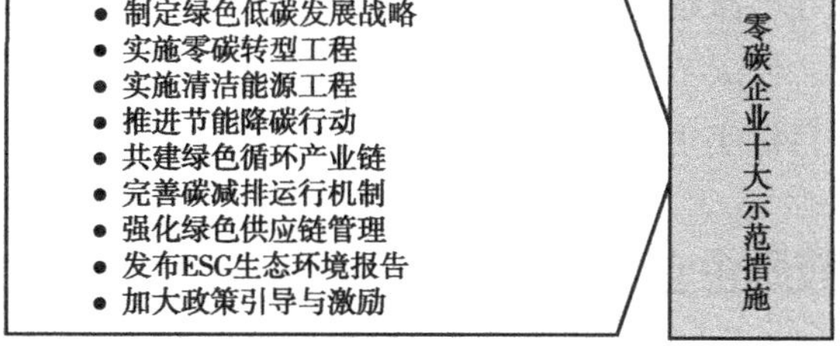

- 制定绿色低碳发展战略
- 实施零碳转型工程
- 实施清洁能源工程
- 推进节能降碳行动
- 共建绿色循环产业链
- 完善碳减排运行机制
- 强化绿色供应链管理
- 发布ESG生态环境报告
- 加大政策引导与激励

图 8－2　零碳城市十大行动

制定绿色低碳发展战略。贯彻“清洁、高效、低碳、循环”理念，关注和认同绿色低碳发展，善于识别碳减排风口，具有前瞻的战略思维。

实施零碳转型工程。强化企业零碳化宣传与指导，重视减碳技术应用和产业转型，重视知识产权及核心技术，积极探索低碳零碳发展，主动实施碳减排，提升企业的市场地位与竞争力，增强资源整合能力，降低碳排放水平。

实施清洁能源工程。整合企业资源与能力，聚焦双碳目标与市场，统筹布局优势新兴业务。推动使用新能源、氢能等，注重节能和提高能效，利用可再生电力、清洁能源减少碳排放，积极参与碳汇交易。参与发展可再生电力、光伏、风能、生物沼气等，推动技术引领型发展模式，通过技术更迭降低能源替代成本，投资 CCS、CCUS 和氢能等技术研发利用。推动低碳交通低碳办公等绿色革命。

推进节能降碳行动。统筹布局，解决好石化能源、风光发电等上网及储存的矛盾，积极推进传统能源降低比例，再生能源、清洁能源上网及分布式发电的合理调度与资源互补关系。

共建绿色循环产业链。积极探索与地方政府、园区合作，推动能源产业链上下游技术变革，鼓励北控集团各板块紧密合作，优化传统客户关系，构建产业链条的竞合关系，共同打造健康有序的低碳产业链。

完善碳减排运行机制。承诺完善碳管理体系，将碳指标、碳产业、减碳技术等纳入经营各评价环节，合理设定减排目标，制定减排方案。参与碳交易及资源权益市场，优化配置碳资产，有效降低成本，拓展市场机会。

强化绿色供应链管理。增强绿色发展意识，强化绿色供应链产业链管理，加大企业绿色零碳循环化发展，打造零碳 发展新模式、新样板。

发布 ESG 生态环境报告。建立企业 ESG 管理体系，完善 ESG 数据平台，定期披露 ESG 信息，加强与政府、金融机构、社会公众对话，构建绿色清洁和谐发展环境。

加大政策引导与激励。研究和紧跟国家重大战略，参与北京、全国低碳城市、低碳工程、低碳节能循环经济与重大项目开发。推动清洁能源等技术产业化与碳中和目标实现。

8.3.2 鼓励企业减碳示范

为建设零碳企业，应该以单位产值或单位工业增加值碳排放量和碳排放总量稳步下降为主要目标，鼓励企业实施可再生能源利用、工艺流程低碳化改造、运输工具电动化、办公场所低碳化改造与运行，带动供应链减碳行动，强化碳排放科学管理，提升员工低碳意识，降低企业碳排放。国家电网、北汽集团、北京排水等中央企业、国有企业和比亚迪、安徽中技国医医疗科技有限公司等民营企业均开始了碳达峰与零碳等创建试点，推进电动汽车、医疗 SPD 智慧、低碳物流等试点，初步做出碳达峰和碳中和的企业承诺。

8.3.3　零碳企业创建步骤

零碳企业创建的五大流程与步骤，如下：

一是编制零碳企业创建方案，确定具体行动计划，为推进减碳节能提供基本依据。同时，提交国家部委、国家社团等审核、批准。

二是分解落实零碳发展图谱与具体工作计划。按照预定计划分类实施。组织专业指导与自我优化，确保零碳发展的目标实现。

三是孵化零碳技术引领的零碳产业、零碳项目、零碳模式等，以项目与产品推动零碳发展。

四是完善优势资源支撑与政策保障，落实减碳节能激励与日常监督平台，提高资源整合与生态产业化水平。

五是落实零碳企业创建的业绩评估。定期组织零碳企业创建工作效能评估与重大事项沟通，提高创建质量与工作效率。

8.4　清洁能源与 CCUS 图谱

8.4.1　清洁能源施工图

清洁能源指在生产、使用过程中不增加二氧化碳排放的能源，包括太阳能、风能、水能、核能、生物质能、地热能等。

能源零碳化是重要的发展路径，实现零碳能源的主要路径包括：在能源端，整合城市、工业园的屋顶、立面、地下等各类资源，推进建筑光伏应用、地热能应用、风能应用等；根据城市、园区资源禀赋，推进风能发电利用，加快工业副氢收集再利用、余热再利用等。在电网端，投产电力系统调节峰谷，利用BMS和EMS技术，加强电力控制与优化，提高电能使用效率和平稳度。在储能端，运用物理的、化学的储能手段，使用机械储能、电化学储能、化学储能等，储存并调度光能、风能等发电过剩的能源，实现时空均衡统筹。新能源发电技术包括但不限于：风力发电、太阳能发电、核能发电等节能减碳技术。

加快煤炭减量步伐，严控煤炭消费增长，“十五五”时期逐步减少。石油消费“十五五”进入峰值平台期。统筹煤电发展和保供调峰，严控煤电装机规模，加快现役煤电机组节能升级和灵活性改造。减少直至禁止煤炭散烧。加快推进页岩气、煤层气、致密油气等非常规油气资源规模化开发。

发展非化石能源。实施可再生能源替代行动，大力发展风能、太阳能、生物质能、海洋能、地热能等，不断提高非化石能源消费比重。坚持集中式与分布式并举，优先推动风能、太阳能就地就近开发利用。因地制宜开发水能。积极安全有序发展核电。合理利用生物质能。加快推进抽水蓄能和新型储能规模化应用。统筹推进氢能“制储输用”全链条发展。构建以新能源为主体的新型电力系统，提高电网对高比例可再生能源的消纳和调控能力。

储能技术是推动我国大规模发展新能源、保障能源安全的关键技术。蓄能技术分为物理类、化学类，其中：物理类储能包括：蓄电式（抽水蓄能、压缩空气式蓄能、飞轮蓄能、超导蓄能）、蓄热式（显热蓄热、相变蓄热）。化学类蓄能包括：蓄电式（锂电子电池、铅酸电池、钠硫电池、液流电池等）、储热式（热化学储热）。抽水储能技术是发展最成熟、建设规模最大的蓄能方式；以锂电池为代表的电化学储能技术进入商业化、规模化应用。应用在可再生能源、智慧电网领域的新型储能技术将成为研发、应用重点。

能源互联网技术中的能源互联网、综合能源系统、智能电网都是热点研究方向。综合能源系统的本质是面向应用的综合系统，能源互联网或成为解决“新能源充分利用问题”的重要方向。能源互联网是以互联网技术为基础，以电能为主体载体的绿色低碳、安全高效的现代能源生态系统。

8.4.2 CCUS 施工图

碳捕集利用工程封存技术。负排放技术包括将二氧化碳制成化学品、将二氧化碳制成燃料、微藻的生产、混凝土碳捕集、提高原油采集率、生物能源的碳捕捉和存储、硅酸盐岩石的风化和矿物碳化、植树造林、土壤有机碳和土壤无机碳、农作物的秸秆烧成木炭还田等。

碳捕集、利用与封存（Carbon Capture，Utilization and Storage，CCUS），即把生产过程中排放的二氧化碳进行提纯，继而投入到新的生产过程中进行循环再利用或封存。

“零碳”技术是实现能源供给结构转型的关键技术，分为零碳电力技术、零碳非电能源技术。零碳电力技术指以零碳电力技术——新能源发电技术为起点，实现对化石能源替代，从源头“减碳”。零碳非电力技术指通过零碳非电能源技术——储能技术，提升新能源电力的利用率，运用于发电侧、输电侧和用户侧，通过创新研发并推广光伏、风能、制氢技术等，尽快建成多元化清洁能源供应体系。

推动零碳负碳技术产业化。主要有三类：一是低碳技术，主要包括油气煤炭方面的颠覆性技术，如深度脱碳技术，节能减排技术等；二是零碳技术，主要包括：（1）生物质能、风能、太阳能、核能、氢能等能源技术，二氧化碳捕获和封存技术（CCS）等，该类技术要考虑综合成本收益及发展优先次序；（2）工业、建筑、交通等领域的零碳炼钢、零碳水泥、零碳建筑、新能源汽车等技术，离减碳目标还存在差距；（3）信息技术、新装备制造技术、新材料制造技术等，该类技术主要是通过与其他技术融合发展实现减排目标。如大数据、人工智能、区块链、物联网等信息技术与碳中和技术的交叉融合；三是负碳技术，该类技术通过技术手段将已排放的二氧化碳从大气中移除，并将其重新带回地质储层和陆地生态系统。

坚持问题导向，加快碳中和前沿引领技术、关键共性技术、颠覆性技术的研发攻关与产业化应用，在工业、交通、建筑等领域，加快突破一批碳中和关键核心技术，如工业领域的低碳关键共性技术和减少高碳排放的低碳产品替代技术、交通领域的绿色运输与交通装备技术、建筑领域的围护结构材料的保温隔热技术以及设施的节能技术等。研发成功一批处于国际科技制高点的低碳零碳负碳技术。前瞻部署一批战略性、储备性碳中和科技研发项目，瞄准未来碳中和产业发展制高点。

重点领域低碳技术优先序。从产业低碳化的推进阶段看，关注重煤电、可再生能源、核能、电网、储能、氢能、钢铁、水泥、化工、有色、建筑、交通、碳捕集利用封存和非二氧化碳温室气体等领域和技术的节能及低碳化、碳捕捉、碳封存、碳利用等。

负碳排放关键技术包括生态固碳增汇、CCUS、直接空气碳捕集（DAC）和碳循环利用等技术重点解决生产活动中无法通过技术手段减排的碳，是实现碳中和目标技术组合的重要组成部分。CCUS 前沿热点方向包括：CCUS 与新能源体系的耦合发展、第二代捕集技术、化学链捕集技术、Allam 循环、低成本及低能耗的 CCUS 技术研究等。

8.5 典型案例

案例 8－1：安徽国医 ASS 全域智慧零碳医疗服务平台

国合华夏城市规划研究院与安徽中技国医医疗科技有限公司等联合规划建设，积极探索并全面构建全国各地、各城市与医院、卫健委、医保局、应急局等产业链、服务链协同的 ASS“全链、全域、全天、全程”“四全”智慧零碳健康医疗综合服务体系，逐步形成“规划、采购、生产、供给、融资、物流、控制、服务、品牌”“九点串联”；构建“智库谷（规划与咨询）、生产谷、采购谷、供给谷（云仓、结算交易、物流）、产业谷（医疗技术、产业孵化）、金融谷、数据谷、招商谷、国际谷”“九谷融合”，纵向横向“九九归一”的康养医疗物资供应、智库服务、产业招引、平台共建共享综合运行体系。

全域云仓。投资建设服务大型医院的区域性云仓、重点合作医院配置智能医疗小型货柜、24 小时全天候服务的医院工作人员，以及运输工具等。

智慧医疗。重点开发建设和投资医疗云仓与医疗机构医院的大数据服务系统，链接医保部门、医疗物资供应大数据与综合运输、物资调度系统，以及相关硬件设施。

低碳供应链。进行医院物资回收、循环化再利用，医院办公楼光伏、清洁能源替代、低碳化办公楼宇改造，以及流程再造等服务。

技术支持：进行康养医疗 ASS 平台建设所需的信息系统支持，进行数据整合和规划。

资金支持：联合投资或独立投资，为新建医疗机构提供融资支持。

智库支持：整合资源与专家，帮助医院进行战略调整、品牌策划、项目融资、人员培训、流程再造、人工智能改进、技术孵化推广。

国合华夏城市规划研究院与安徽中技国医医疗科技有限公司等联合推进，整合医疗康养领域的部委资源与平台，共同规划、开发并建设服务国家部委及地方城市、各主管部门、各医院的 ASS 服务平台，以及基于单个医院与县区医疗保障的 SPD 医用物资智慧管理系统（隶属于 AS 系统），创新打造服务我国卫健委、应急部、医保局、医院及社区医疗机构的全流程、全天候、全周期、全链条的 ASS 康养医疗服务新模式，共建健康中国新示范（见图 8 -3）。

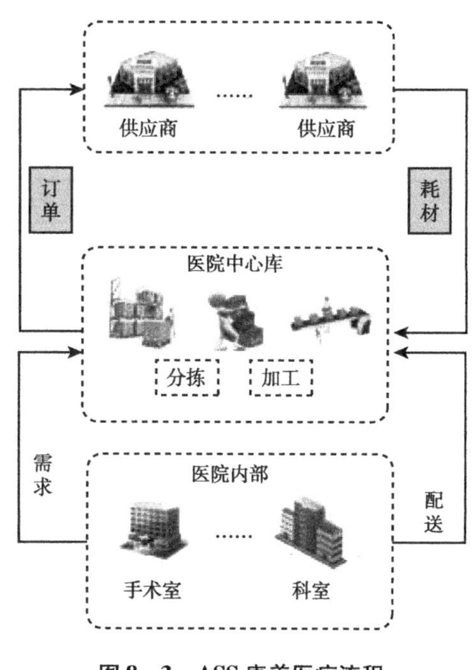

图 8 -3　ASS 康养医疗流程

案例 8 -2：深圳低碳企业评价指南

本文件适用于指导深圳市内运行两年及以上、以工业为主的企业实施低碳水平评价、低碳改造效果评价。

低碳（Low - Carbon）与同类可比活动相比较低或更低的温室气体排放。

低碳企业（Low - Carbon Industrial Enterprise）依据低能耗、低污染、低

排放原则，通过实施管理、技术和工程等减排措施，减少碳源，形成低碳发展模式的企业。

可再生能源（Renewable Energy）自然界中可以不断利用、循环再生的能量资源，例如太阳能、风能、水能、生物质能、海洋能等。

基本要求：在建设和生产过程中不违反国家和地方有关法律、法规，近三年内未发生重大安全、环保事故及重大环境违法事件。企业不应使用国家限制或淘汰的技术、设备以及产品。

评价指标和方法：

评价指标分值。低碳企业评价方法为打分法，总分100分，由低碳生产（37分）、低碳环境（18分）和低碳管理（45分）组成（见表8－1）。

表8－1　　低碳企业评价指标体系

<table>
<tr><th>一级指标</th><th>分值</th><th>二级指标</th><th>分值</th><th>三级指标</th><th>分值</th></tr>
<tr><td rowspan="6">低碳生产</td><td rowspan="6">37</td><td>温室气体排放控制</td><td>8</td><td>碳排放强度行业占比</td><td>8</td></tr>
<tr><td rowspan="2">能源节约</td><td rowspan="2">11</td><td>可再生能源消费比重</td><td>5</td></tr>
<tr><td>绿色照明比例</td><td>6</td></tr>
<tr><td rowspan="3">资源利用</td><td rowspan="3">18</td><td>单位工业增加值新鲜水耗</td><td>6</td></tr>
<tr><td>工业用水重复利用率</td><td>6</td></tr>
<tr><td>工业固体废物综合利用率</td><td>6</td></tr>
<tr><td rowspan="3">低碳环境</td><td rowspan="3">18</td><td>绿色环境</td><td>6</td><td>绿色覆盖率</td><td>6</td></tr>
<tr><td rowspan="2">污染控制</td><td rowspan="2">12</td><td>单位工业增加值废水产生量</td><td>6</td></tr>
<tr><td>单位工业增加值固废产生量</td><td>6</td></tr>
<tr><td rowspan="9">低碳管理</td><td rowspan="9">45</td><td rowspan="5">低碳制度</td><td rowspan="5">25</td><td>低碳企业建设制度</td><td>5</td></tr>
<tr><td>温室气体排放管理制度</td><td>5</td></tr>
<tr><td>能源管理制度</td><td>5</td></tr>
<tr><td>绿色采购与物流管理制度</td><td>5</td></tr>
<tr><td>低碳宣传</td><td>5</td></tr>
<tr><td rowspan="4">认证管理</td><td rowspan="4">20</td><td>环境管理体系认证</td><td>5</td></tr>
<tr><td>能源管理体系认证</td><td>5</td></tr>
<tr><td>清洁生产审核</td><td>5</td></tr>
<tr><td>绿色产品认证</td><td>5</td></tr>
</table>

第9章

碳核算与碳资产

■零碳城市建设最大的保障是碳汇核算与碳排放的监测，以及碳资产、碳交易等。碳配额、碳市场是实现碳汇资源交换的重要保障。

本章重点研究碳交易、碳汇核算、碳资产、碳配额、碳排放等关键概念，以及国合－蒙戈斯碳金融碳信用服务平台等招商与产业孵化领域。

9.1　碳交易、碳核算及碳交易体系

9.1.1　碳交易规则

碳交易是《京都议定书》为促进全球减少温室气体排放，采用市场机制，建立的以《联合国气候变化框架公约》作为依据的温室气体排放权（减排量）交易。二氧化碳（CO_2）、甲烷（CH_4）、氧化亚氮（N_2O）、氢氟碳化物（HFCs）、全氟碳化物（PFCs）及六氟化硫（SF_6）为公约纳入的6种要求减排的温室气体，其中以后三类气体造成温室效应的能力最强，但对全球升温的贡献百分比来说，二氧化碳由于含量较多，所占的比例最大，约为25%。温室气体交易往往以每吨二氧化碳当量（tCO_2e）为计量单位，统称为“碳交易”。其交易市场称为“碳交易市场（Carbon Market）”。

联合国政府间气候变化专门委员会1992年5月9日通过《联合国气候变化框架公约》。1997年12月在日本京都通过《公约》的第一个附加协议，即《京都议定书》。《京都议定书》把市场机制作为解决二氧化碳为代表的温室气体减排问题的新路径，把二氧化碳排放权作为商品，形成了二氧化碳排放权的交易，简称碳交易。

碳排放权，即核证减排量（Certification Emission Reduction，CER）的由来。2005年，伴随《京都议定书》生效，碳排放权成为国际商品。碳排放权交易的标的称为“核证减排量（CER）”。

碳交易基本原理是，合同的一方通过支付另一方获得温室气体减排额，买方可以将购得的减排额用于减缓温室效应从而实现其减排的目标。碳交易市场分为配额交易市场和自愿交易市场。配额交易市场为那些有温室气体排放上限的国家或企业提供碳交易平台，以满足其减排；自愿交易市场是从其他目标出发（如企业社会责任、品牌建设、社会效益等），自愿进行碳交易实现其目标。

《碳排放权交易管理办法》适用于全国碳排放权交易及相关活动，包括碳排放配额分配和清缴，碳排放权登记、交易、结算，温室气体排放报告与核查等活动，以及对前述活动的监督管理。生态环境部按照国家有关规定，组织建立全国碳排放权注册登记机构和全国碳排放权交易机构，组织建设全国碳排放权注册登记系统和全国碳排放权交易系统。

全国碳排放权注册登记机构通过全国碳排放权注册登记系统，记录碳排放配额的持有、变更、清缴、注销等信息，并提供结算服务。全国碳排放权注册登记系统记录的信息是判断碳排放配额归属的最终依据。全国碳排放权交易机构负责组织开展全国碳排放权集中统一交易。

生态环境部负责制定全国碳排放权交易及相关活动的技术规范，加强对地方碳排放配额分配、温室气体排放报告与核查的监督管理，并会同国务院其他有关部门对全国碳排放权交易及相关活动进行监督管理和指导。省级生态环境主管部门负责在本行政区域内组织开展碳排放配额分配和清缴、温室气体排放报告的核查等相关活动，并进行监督管理。设区的市级生态环境主管部门负责配合省级生态环境主管部门落实相关具体工作，并根据本办法有关规定实施监督管理。

温室气体重点排放单位。温室气体排放单位符合下列条件的，应当列入温室气体重点排放单位（以下简称“重点排放单位”）名录：

属于全国碳排放权交易市场覆盖行业；年度温室气体排放量达到2.6万吨二氧化碳当量。

省级生态环境主管部门按照生态环境部的有关规定，确定本行政区域重点排放单位名录，向生态环境部报告，并向社会公开。重点排放单位应当控制温室气体排放，报告碳排放数据，清缴碳排放配额，公开交易及相关活动信息，并接受生态环境主管部门的监督管理。

存在下列情形之一的，确定名录的省级生态环境主管部门应当将相关温室气体排放单位从重点排放单位名录中移出：连续二年温室气体排放未达到2.6万吨二氧化碳当量的；因停业、关闭或者其他原因不再从事生产经营活动，因而不再排放温室气体。

9.1.2 碳配额管理

生态环境部根据国家温室气体排放控制要求，综合考虑经济增长、产业结构调整、能源结构优化、大气污染物排放协同控制等因素，制定碳排放配额总量确定与分配方案。

省级生态环境主管部门应当根据生态环境部制定的碳排放配额总量确定与分配方案，向本行政区域内的重点排放单位分配规定年度的碳排放配额。

碳排放配额分配以免费分配为主，可以根据国家有关要求适时引入有偿分配。

省级生态环境主管部门确定碳排放配额后，应当书面通知重点排放单位。

重点排放单位对分配的碳排放配额有异议的，可以自接到通知之日起7个工作日内，向分配配额的省级生态环境主管部门申请复核；省级生态环境主管部门应当自接到复核申请之日起10个工作日内，作出复核决定。

重点排放单位应当在全国碳排放权注册登记系统开立账户，进行相关业务操作。

9.1.3　碳排放核算方法

碳排放核算是应对气候变化的基础性工作，可为制定减排行动目标、衡量减排行动效果、碳排放权交易、研判碳中和阶段等提供必不可少的数据支撑。我们的零碳城市碳排放核算方法学是在联合国政府间气候变化专门委员会（IPCC）国家温室气体清单指南框架体系下，在借鉴国家和北京等试点省市温室气体清单编制经验做法基础上，建立的涵盖三次产业结构的核算方法学。

根据国家统计局、美国、OECD国家、欧盟等公布的统计数据，能源活动和农业、工业生产过程领域二氧化碳排放比重超过99.6%，而其他领域产生碳排放占比较低。考虑到现阶段我国节能降碳“聚焦重点排放单位、重点排放领域”的工作实际，综合考虑核算方法的科学性和可行性，碳排放核算主要为零碳城市创建行政区域内能源活动及工农业生产过程的二氧化碳排放，即化石燃料燃烧以及化石能源利用直接产生的二氧化碳排放和化石能源发电、供热产生的电力、热力净调入的二氧化碳间接排放；其中，存在化石能源发电、供热的电力热力调出的，需要在整体核算量重予以扣除。

9.1.3.1　能源活动碳排放核算方法学

一是，确定各能源品种、能源活动类型的碳排放因子。

碳排放因子法是核定碳排放量的主要方法，碳排放因子法需要获取能源单位热值含碳量和能源活动的碳氧化率等主要参数。能源的单位热值含碳量以及分品种能源在不同设备中燃烧的碳氧化率可采取实测法或有关行业标准规范获得，进而确定各类能源在不同能源活动中的碳排放因子。

二是，确定能源活动的碳排放核算边界。

碳排放核算边界按照国家统计规则确定，与本行政区域内的能源消费量核算方法相同，按照统计部门发布的能源平衡表消费端核算数据进行碳排放核算。将“加工转换投入产出量”中的火力发电、供热、炼焦、炼油及煤制油制气，全部回收能源纳入碳排放核算；煤炭洗选，天然气液化、煤制品加工等过程的加工转换损失量以及能源加工转换损失量、炼焦加工转换损失量、炼油及煤制油损失量不纳入碳排放核算范围。本章中的火力发电、供热过程部分采用排放因法计算投入能源产生的碳排放量；炼焦，炼油及煤制油，制气过程采用碳质量平衡法核算能源加工转换碳损失量的碳排放量；鉴于回收能已在各类终端消费中计算，因此在行政区域内碳排放总量中予以扣减。终端消费能源中的碳排放量中不再计算电力和热力等非调入二次能源碳排放量。

三是，化石能源的非能源利用碳排放核算。

加工制造业非能源利用部分主要指化工中使用原煤原油生产塑料、橡胶、合成纤维原料等、金属工业中无机产品生产用还原剂等、润滑油、石蜡、沥青以及石油溶剂等非能源产品等，以上加工制造业虽耗费了化石能源，但并非全部产生碳排放，需要根据产业链产品终端形态，在碳排放核算中统筹考虑。对于煤炭用于生产活性碳、炭素工艺品等能源活动，其能源中全部碳元素已经转化为碳固化产品，则需在碳核算中统一扣除。对于煤炭制取甲醇、醋酸、烯烃、合成氨等化工产品原料时，则有部分碳元素产生二氧化碳排放，部分碳元素被制作成产成品中。根据国家温室气体清单编制方法，在计算非能源利用的二氧化碳排放时，采用各能源品种的平均固碳率来计算碳排放及固化量。

9.1.3.2 零碳城市碳排放核算方法学

一是，化石能源消耗产生的二氧化碳直接排放。

该部分二氧化碳直接排放主要是指通过化石能源燃烧直接排放到大气的二氧化碳排放，即将化石能源作为动力、电力和热量等能源利用各种活动和过程中的总体碳排放量。

（1）化石能源活动水平测算。化石能源燃烧排放活动水平测算主要依据统计机构公布的各能源品种（不含电力、热力）扣除原料和材料用途的终端消费量；火力发电、供热等过程投入量；炼焦、炼油及煤制油、制气等能源加工转换过程损失量；回收能等数据进行测算，测算方法如下所示：

$$A_{ij} = EC_{ij} \times RL_i \tag{9-1-1}$$

EC_{ij}为第 i 种化石燃料在能源活动 j 中的消费量，可由统计部门获取的能源消费量扣除用于原料的终端消费量；RL_i 为能源品种 i 的平均地位发热量（单位：吨标准煤）。

（2）各能源品种排放因子确定方法。各能源品种排放因子可以根据单位热值含碳量及具体能源活动中碳氧化率计算，测算方法如下所示：

$$F_{ij} = C_i \times OX_{ij} \times \varepsilon \tag{9-1-2}$$

其中：F_{ij}为能源品种 i 在能源活动 j 中的排放因子（单位：吨二氧化碳/吨标准煤）；C_i为能源品种 i 的单位热值含碳量（单位：吨碳/吨标准煤）；OX_{ij}为能源品种 i 在能源活动 j 中的碳氧化率；ε 为二氧化碳与碳分子量比值常数，即44/12。

（3）化石燃料燃烧的直接碳排放量。

$$E_{ij} = A_{ij} \times F_{ij} \tag{9-1-3}$$

其中：E_{ij}为二氧化碳排放量（单位：吨二氧化碳）；A_i为能源品种 i 在能源活动 j 中的活动水平数据（单位：吨标准煤），由第 i 种化石燃料的燃烧热量转化得到；F_{ij}为能源品种 i 在能源活动 j 中的排放因子（单位：吨二氧化碳/吨标准煤）。

二是，化石能源非能源利用产生的二氧化碳直接排放。

化石能源的非能源利用主要指原煤、石油等化石燃料被制造加工为橡胶、石蜡等用作原料、材料等用途，如前面章节叙述，该部分二氧化碳排放量核算主要是需扣除下游产品的固碳量，计算方法为：

$$E_i = A_i \times C_i \times \varepsilon \times (1 - W_i) \tag{9-1-4}$$

其中：E_i为能源品种 i 用于原材料消费产生的直接二氧化碳排放量（单位：吨二氧化碳）；A_i为能源品种 i 用于原材料消费的活动水平数据（单位：吨标准煤）；C_i为能源品种 i 的单位热值含碳量（单位：吨碳/吨标准煤）；W_i为能源品种在非能源利用的平均固碳率；ε 为二氧化碳与碳分子量比值常数，即44/12。

三是，净调入（调出）化石能源电力的二氧化碳间接排放。

各行政区本地发电产生的直接排放量已包含在发电化石能源的直接排放量中，本节只核算净调入或净调出量（指调入量与调出量之差）化石能源电力的间接二氧化碳排放量，其计算方法为：

$$E_d = A_d \times F_d \tag{9-1-5}$$

其中：A_d为净调入（调出）的化石能源发电量（单位：万千瓦时）；F_d为火力发电排放因子（单位：吨二氧化碳/万千瓦时）。

四是，分行业碳排放量核算方法。

核算碳排放总量时，由于电力、热力是二次能源，为避免重复计算，仅在加工转换过程计算生产电力、热力时消费的一次能源碳排放量，不计算终端消费中电力、热力的碳排放量。

在核算分行业碳排放量时，由于电力、热力的实际消费涉及全社会各领域，为更准确全面分析碳排放来源结构，需将电力、热力的排放量按终端消费量折算回各行业。分行业碳排放量即为各能源品种分行业终端消费排放、非能源利用排放、能源加工转换过程排放的合计扣减回收能重复计算排放量。

（1）活动水平数据。各行业分能源品种炼焦、炼油及煤制油、制气、回收能和终端消费量数据。

（2）排放因子。

①除电力、热力外能源品种 i 的排放因子。

$$EF_i = C_i \times OX_{ij} \times \varepsilon \tag{9-1-6}$$

其中：C_i 为能源品种 i 的单位热值含碳量（单位：吨碳/吨标准煤）；OX_i为能源品种 i 燃烧的平均碳氧化率；ε 为二氧化碳与碳分子量比值常数，即44/12。

②电力、热力排放因子。

电力排放因子＝电力生产碳排放/全社会用电量＝能源生产与加工转换过程及净调入火电碳排放/电力消费量合计；

热力排放因子＝热力生产碳排放/全社会用热量＝能源生产与加工转换过程中供热直接排放与净调入热力的间接碳排放/热力消费量合计。

③分行业碳排放量。

$$E_j = (Z_{ij} \times F_i) + Z_{dj} \times F_d + Z_{rj} \times F_r + [A_{ij} \times C_i \times \varepsilon \times (1 - W_i)] + E_l + E_y + E_q - E_h \tag{9-1-7}$$

其中：Z_{ij}为行业j终端消费能源品种i（不含电力、热力）的活动水平数据（单位：吨标准煤）；F_i为能源品种i的排放因子（单位：吨二氧化碳/吨标准煤）；Z_{dj}为行业j终端消费电力的活动水平数据（单位：亿千瓦时）；F_d为电力排放因子（单位：吨二氧化碳/亿千瓦时）；Z_{rj}为行业j终端消费热力的活动水平数据（单位：万百万千焦）；F_r为热力排放因子（单位：吨二氧化碳/万百万千焦）；A_{ij}为行业j能源品种i用于原材料消费的活动水平数据（单位：吨标准煤）；C_i为能源品种i的单位热值含碳量（单位：吨碳/吨标准煤）；W_i为能源品种i的固碳率；E_l为炼焦过程能源加工转换损失的排放量（单位：吨二氧化碳）；E_y为炼油及煤制油过程能源加工转换损失的排放量（单位：吨二氧化碳）；E_q为制气过程能源加工转换损失的排放量（单位：吨二氧化碳）；E_h为回收能重复计算的排放量（单位：吨二氧化碳）；ε为二氧化碳与碳分子量比值常数，即44/12。

9.1.3.3　通用工业生产过程二氧化碳排放核算方法学

工业生产过程二氧化碳排放核算的是工业生产中能源活动碳排放之外的其他化学反应过程或物理变化过程的碳排放。如：石灰行业石灰石分解产生的排放属于工业生产过程排放，而石灰窑化石燃料燃烧产生的排放属于能源活动排放。

一是，活动水平资料来源。

在计算有关产品生产过程二氧化碳排放时，主要依据行政区内统计机构的产品产量等统计数据。

二是，通用工业生产过程碳排放量核算方法。

$$E_k = M_k \times F_k \tag{9-1-8}$$

其中：E_k为产品k工业生产过程的二氧化碳排放量（单位：万吨二氧化碳）；M_k为零碳城市辖区内产品k的产量（单位：万吨）；F_k为产品k工业生产过程中的碳排放因子（单位：吨二氧化碳/吨）。

工业生产过程碳排放数据可依据现有工业产品产量统计的数据及排放因子计算二氧化碳排放量。

9.1.3.4　通用农业生产过程碳排放量核算方法

鉴于我国部分行政区仍存在较大规模畜牧业，建议对以农业为主的行政区碳核算对农业畜牧业温室气体排放予以统筹考虑。其中，农业碳排放中的机械作业、电力、热力等已经在前述能源活动中涵盖，只有施用肥料部分引起的二氧化碳及土壤硝化反硝化产生的氧化亚氮未涵盖，因此本专著核算方法学将该两部分剔除。此外，畜牧业中动物粪便管理产生的甲烷排放、燃料燃烧排放、电力使用二氧化碳排放等能源活动碳排放已经包括在能源活动碳排放整体核算中，本章只介绍畜牧业其他温室气体（CH_4、N_2O）排放相应的碳当量。本核算方法学对畜牧业中主要温室气体甲烷、氧化亚氮等均以二氧化碳当量形式表示。

一是，氮肥施用产生的其他温室气体排放核算。

$$E_f = W_f \times \rho_f \times GWP_{N_2O} \times \lambda \quad (9-1-9)$$

其中：E_f 为氮肥施用产生的 N_2O 折合为二氧化碳排放量的当量值（单位：吨二氧化碳）；W_f 为氮肥施用量（单位：吨）；ρ_f 为氮肥在农田施用产生的氧化亚氮的氮排放因子（单位：吨），该排放因子由 IPCC 公布；GWP_{N_2O} 温室气体氧化亚氮的全球增温潜势；λ 为氧化亚氮与氮分子量比值常数，即 44/14。

二是，畜牧养殖引起的其他温室气体排放核算。

在畜禽粪便施入土壤前，动物粪便贮存和处理过程中含氮物质在硝化或反硝化反应过程中会产生氧化亚氮排放。同时，畜牧养殖企业动物肠道发酵等均会产生甲烷排放。动物粪便管理产生的甲烷排放、燃料燃烧排放、电力使用二氧化碳排放等能源活动碳排放已经包括在总体能源活动碳排放整体核算，故这里剔除相应碳排放，温室气体排放当量可用以下方法核算：

$$E_{animal} = E_{e-CH_4} + E_{m-N_2O} - R_{c-CH_4} \quad (9-1-10)$$

式中：E_{animal}为畜牧养殖企业温室气体排放总量，注（单位：吨二氧化碳当量）；E_{e-CH_4}为畜牧养殖企业动物肠道发酵甲烷排放总量（单位：吨二氧化碳当量）；E_{m-N_2O}为畜牧养殖业动物粪便管理氧化亚氮排放总量（单位：吨二氧化碳当量）；R_{C-CH_4}为畜牧养殖企业的粪便厌氧发酵后沼气回收甲烷减排量（单位：吨二氧化碳当量）。

（1）动物肠道发酵引起的甲烷排放。该部分温室气体排放可由肠道发酵甲烷排放因子及相应排放量获得，计算模式如下：

$$E_{e-CH_4} = 25 \times \sum_{i=1}^{n} (F_{e-CH_4,i} \times AP_i)/1000 \quad (9-1-11)$$

式中：E_{e-CH_4}为动物肠道发酵甲烷排放总量（单位：吨二氧化碳当量）；F_{e-CH_4}为第 i 种动物肠道发酵甲烷排放因子（单位：kg CH_4/头/年）；AP_i 为第 i 种动物存栏数量（单位：头/只）；25 为甲烷的 GWP 值。

相应排放因子等参数可从统计或市场监管部门获取。

（2）动物粪便管理引起的氧化亚氮排放。该部分温室气体排放可由动物粪便管理产生的氧化亚氮排放因子及相应排放量获得，计算模式如下：

$$E_{m-N_2O} = 298 \times \sum_{i=1}^{n} (F_{m-N_2O,i} \times AP_i)/1000 \quad (9-1-12)$$

式中：E_{m-N_2O}为动物粪便管理氧化亚氮排放总量（单位：吨二氧化碳当量）；$F_{m-N_2O,i}$为第 i 种动物的粪便管理氧化亚氮排放因子（单位：kg N_2O/头/年）；AP_i 为第 i 种动物存栏数量（单位：头/只）；298 为氧化亚氮的 GWP 值。

相应排放因子等参数可从统计或市场监管部门获取。

上面的系统分析，给出了零碳城市全产业结构的碳排放计算方法学，明确了碳排放核算边界，给出了能源活动碳排放核算、非能源利用碳排放核算的计算模型，并建立了通用工业生产过程、通用农业生产过程的碳排放核算模型，可以为零碳城市三次产业开展整体温室气体测算分析提供理论依据。

9.1.4　碳交易市场

全国碳排放权交易市场的交易产品为碳排放配额，生态环境部可根据国家有关规定适时增加其他交易产品。重点排放单位及符合国家有关交易规则的机构和个人，是全国碳排放权交易市场的交易主体。

碳排放权交易通过全国碳排放权交易系统进行，可以采取协议转让、单向竞价或者其他符合规定的方式。全国碳排放权交易机构应按照生态环境部有关规定，采取有效措施，发挥全国碳排放权交易市场引导温室气体减排的作用，防止过度投机的交易行为，维护市场健康发展。

全国碳排放权注册登记机构和全国碳排放权交易机构应当遵守国家交易监管等相关规定，建立风险管理机制和信息披露制度，制定风险管理预案，及时公布碳排放权登记、交易、结算等信息。

全国碳排放权注册登记机构和全国碳排放权交易机构的工作人员不得利用职务便利谋取不正当利益，不得泄露商业秘密。

世界碳交易所目前主要有：欧盟排放权交易制（European Union Greenhouse Gas Emission Trading Scheme，EU ETS）；英国排放权交易制（UK Emissions Trading Group，ETG）；芝加哥气候交易所（Chicago Climate Exchange，CCX）；澳大利亚国家信托（National Trust of Australia，NSW）等。

配额碳交易市场。配额碳交易分成两大类：一是基于配额的交易，买家在“总量管制与交易制度”体制下购买由管理者制定、分配（或拍卖）的减排配额，如《京都议定书》下的分配数量单位（AAUs）和欧盟排放交易体系（EU—ETS）下的欧盟配额（EUAs）；二是基于项目的交易，买主向可证实减低温室气体排放的项目购买减排额，典型的是清洁发展机制（CDM）及联合履行机制（JI）下分别产生核证减排量（CERs）和减排单位（ERUs）。

自愿市场分为碳汇标准与无碳标准交易两种。自愿市场碳汇交易的配额部分，主要产品有芝加哥气候交易所（CCX）开发的CFI（碳金融工具）。自愿市场碳汇交易是基于项目部分主要包括自愿减排量（VER）的交易。一些非政府组织从环境保护与气候变化的角度出发，开发了自愿减排碳交易产品，如农林减排体系（VIVO）计划，主要关注在发展中国家造林与环境保护项目。其他如气候、社区和生物多样性联盟（CCBA）开发的项目设计标准（CCB），以及由气候集团、世界经济论坛和国际碳交易联合会（IETA）联合开发的温室气体自愿减量认证标准（VCS）等。自愿市场的无碳标准是在《无碳议定书》框架下相对独立的四步骤碳抵消方案（评估碳排放、自我减排、通过能源与环境项目抵消碳排放、第三方认证），实现无碳目标。

2004年，国家发改委备选首批9个项目探索碳交易机制。2011年，国家发改委宣布在北京、天津、上海、重庆、深圳、广东和湖北七省市启动碳交易试点工作。2013—2014年，北京、上海、广东、深圳、湖北、重庆等七个碳交易试点陆续交易，相关体系、配套设施纳入。2017年12月，《全国碳排放权交易市场建设方案（发电行业）》印发，明确将以发电行业为突破口启动全国碳排放交易体系，并指出将分三个阶段逐步建立和运行全国碳市场。全国碳排放权交易及相关活动，包括碳排放配额分配和清缴，碳排放权登记、交易、结算，温室气体排放报告与核查等活动，以及对前述活动的监督管理。2011年10月以来，我国陆续在北京、上海、天津、重庆、湖北、广东、深圳和福建8个省市开展了碳排放权交易试点。2020年，我国碳交易市场完成成交量4340.09万吨二氧化碳当量，碳交易市场成交额12.7亿元人民币。截至2021年6月，试点碳市场共覆盖20多个行业，近3000家重点排放企业，累计产生约4.8亿吨交易量，累计成交金额约114亿元。

2020年12月，生态环境部发布《碳排放权交易管理办法（试行）》，规范全国碳排放权交易及相关活动，指导全国碳交易市场建设，生态环境部按照国家有关规定建设全国碳排放权交易市场。全国碳排放权注册登记机构通过全国碳排放权注册登记系统，记录碳排放配额的持有、变更、清缴、注销等信息，并提供结算服务。全国碳排放权注册登记系统记录的信息是判断碳排放配额归属的最终依据。生态环境部负责制定全国碳排放权交易及相关活动的技术规范，加强对地方碳排放配额分配、温室气体排放报告与核查的监督管理，并会同国务院其他有关部门对全国碳排放权交易及相关活动进行监督管理和指导。省级生态环境主管部门负责在本行政区域内组织开展碳排放配额分配和清缴、温室气体排放报告的核查等相关活动，并进行监督管理。设区的市级生态环境主管部门负责配合省级生态环境主管部门落实相关具体工作，并根据本办法有关规定实施监督管理。生态环境部于2021年5月公布的《关于发布〈碳排放权登记管理规则（试行）〉〈碳排放权交易管理规则（试行）〉和〈碳排放权结算管理规则（试行）〉的公告》称，全国碳排放权交易机构成立前，由上海环境能源交易所股份有限公司承担全国碳排放权交易系统账户开立和运行维护等具体工作。我国碳排放配额的名称为"CEA"，交易方式包括挂牌协议交易、大宗协议交易和单向竞价，前两种统称为协议交易。

2021年7月16日，全国碳排放交易市场第一次开市，首批被纳入管理的是2000多家发电行业重点排放单位，后续将稳步扩大行业覆盖范围。北京、天津、上海、重庆、湖北、广东等地开展了碳排放权交易地方试点。全国性碳交易市场由上海环交所负责交易系统建设，湖北武汉负责登记结算系统建设。交易标的主要由碳排放配额（CEA）和国家核证自愿减排量（CCER）组成。配额市场主要针对高排放企业，国家根据其碳排放情况向其分配碳排放配额，盈余的碳排放配额可以作为商品在高排放企业间流通，实现碳排放的合理分配，激励高排放企业减排。自愿减排交易市场主要针对低排放企业，低碳企业通过向有关部门提交自愿减排交易申请CCER项目，获得核证减排量（CCERs），在强制性配额市场和自愿减排量市场的联动下，CCERs可换算成CEAs在碳排放交易所中进行交易。目前，只对钢铁碳排放进行了碳交易，未来，按照成熟一个纳入一个的原则，逐步纳入钢铁、有色、石化、化工、建材、造纸、航空等其他行业，将在“十四五”期间纳入八大高排放行业，总控排企业约8000—10000家。

为拓展碳交易市场，上海环交所出台《关于全国碳排放权交易相关事项的公告》，规定了碳排放配额（CEA）的相关交易规定，国家还没有出台国家核证自愿减排量（CCER）的全国性碳交易市场交易细则。一些城市出台促进碳排放交易的政策。2020年《天津市碳排放权交易管理暂行办法》从碳排放配额管理、碳排放的检测、报告与核查、碳排放权交易、监管与激励等方向对碳排放市场制定了详细的政策规定，山东、上海、天津、重庆等地积极推动碳排放交易。

确立碳排放度量体系。明确排放清单边界，识别碳排放源、选择计算方法、收集活动数据和选择排放因子、应用计算工具将不同温室气体进行折算、将碳排数据汇总到企业一级。同时，参考国内外同类型领先企业碳排情况，进行对标分析。确立碳排放和碳中和目标。排放目标分为绝对目标和强度目标。前者通常以一段时间内减少的碳排量表示，后者以碳排量与另一业务度量比值的减幅表示，如：碳排放量降低%。在制定减碳目标时，通过分析业务部门的风险与机遇设定不同的目标，在制定和实施低碳战略过程中，根据已取得的成效修订碳排放目标。

按照国家碳交易制度，温室气体排放单位符合下列条件的，应当列入温室气体重点排放单位（以下简称重点排放单位）名录：

（1）属于全国碳排放权交易市场覆盖行业；

（2）年度温室气体排放量达到2.6万吨二氧化碳当量。

纳入全国碳排放权交易市场的重点排放单位，不再参与地方碳排放权交易试点市场。碳排放配额分配以免费分配为主，可以根据国家有关要求适时引入有偿分配。重点排放单位应当在全国碳排放权注册登记系统开立账户，进行相关业务操作。碳排放权交易应当通过全国碳排放权交易系统进行，可以采取协议转让、单向竞价或者其他符合规定的方式。

自愿减排市场交易的商品，是经过国家核查，先确定贡献的减排量。常见的减排项目有风能、光能、植树造林、发展循环经济等。目前我国每个减排项目都有对应的核证方法。约有200种，集中在可再生能源发电、甲烷回收、碳汇造林、生物废弃物发电，以及垃圾填埋气等项目。在自愿碳市场的买家有三类，一是被要求强制参与碳交易的控排企业，二是非强制参与碳交易的控排企业，三是个人投资者。

个人参与碳市场的三种方式：一是直接在碳市场试点开户参与交易，要求自然人有 10 万—100 万元的金融资产，以及有投资经验和风险识别能力。二是通过银行等金融机构参与碳交易。三是形成低碳的生活方式，建立碳账户，积累碳积分，获得碳收益。

碳资产管理是零碳城市建设的重要工作，主要工作内容是：

一是开展碳资产管理。制订温室气体减排专项规划，组织温室气体排放统计，开发自愿减排项目，实施交易排放配额和核证减排管理，开展纲领性文件、实施细则等系统建设。

二是开展温室气体与碳排放核算与统计。开展零碳城市、零碳园区、零碳企业的碳盘查、数据统计优化、减碳策略研究等，建立温室气体数据报送及碳减排大数据系统等，组织新能源项目包装上市，争取国家发改委批文并分成减排量。

三是开发核证减排项目。设立核证减排项目开发专项资金，建立核证减排内部调剂系统，共同设立碳基金等。

四是撰写 ESG 报告及落实减碳履约。组织撰写 ESG 报告，推动城市、园区、企业的碳汇交易。开发对接各试点碳交易所的交易服务，开展代客碳汇交易，获取佣金收益，完成合同履约等工作。

五是碳资产管理及资讯服务。组织碳资产培训、举办论坛会议内部培训，建立微信资讯平台、发布碳约束报告、碳市场蓝皮书等。

六是开展碳金融创新。成立碳减排基金、引进绿色贷款、配额—CCER 互换期权、配额托管、申请 EOD，等。

9.2　碳汇核算方法

9.2.1　碳汇核算模型

鉴于我国碳汇项目碳泄露主要由于引起耕作活动的转移等造林活动，根据《中华人民共和国土地管理法》《中华人民共和国土地管理法实施条例》

等耕地相关法规政策，国家对耕地实行特殊保护，严格控制耕地转为林地、草地、园地等其他农用地。因此本方法学不考虑由于耕作活动转移导致的碳泄漏。

9.2.1.1 零碳城市碳汇核算的基本模型

零碳城市碳汇由不同碳汇项目构成，碳汇项目产生的碳汇量是项目边界内，主要由地上生物量、地下生物量、枯死木、枯落物、土壤有机碳等碳库中产生的碳储量变化之和，减去本项目边界内产生的温室气体排放的增加值。计算方法如下所示：

$$\Delta C_{actrual,t} = \sum \Delta C_{p,t} - GHG_{e,t} \tag{9-2-1}$$

式中，$\Delta C_{actrual,t}$为第 t 年时的项目碳汇量（单位：$tCO_2e \cdot a^{-1}$）；$\sum \Delta C_{p,t}$为第 t 年项目边界内所选碳库的碳储量变化量总和（单位：$tCO_2e \cdot a^{-1}$）；$GHG_{e,t}$为第 t 年由于项目实施所导致的项目边界内非二氧化碳温室气体排放的增加量（单位：$tCO_2e \cdot a^{-1}$）。

碳汇项目各碳库中碳储量的总体年变化量计算模型如下式：

$$\sum \Delta C_{p,t} = \Delta C_{tree\_P_t} + \Delta C_{dw\_P_t} + \Delta C_{lj\_P_t} + \Delta C_{shrub\_Pt} + \Delta C_{soc\_\ al_t} \tag{9-2-2}$$

式中：$\sum \Delta C_{p,t}$ 为第 t 年项目边界内所选碳库中碳储量的年变化量（单位：$tCO_2e \cdot a^{-1}$）；$\Delta C_{tree\_P_t}$ 为第 t 年项目边界内营造的林木生物质碳储量的变化量（单位：$tCO_2e \cdot a^{-1}$）；$\Delta C_{dw\_P_t}$ 为第 t 年项目边界内枯死木碳储量的年变化量（单位：$tCO_2e \cdot a^{-1}$）；$\Delta C_{lj\_P_t}$ 为第 t 年项目边界内枯落物碳储量的年变化量（单位：$tCO_2e \cdot a^{-1}$）；ΔC_{shrub_Pt} 为第 t 年项目边界内灌木生物质碳储量的年变化量（单位：$tCO_2e \cdot a^{-1}$）；$\Delta C_{soc\_al_t}$ 为第 t 年项目边界内土壤有机碳储量的年变化量（单位：$tCO_2e \cdot a^{-1}$）。

9.2.1.2 碳汇项目分领域核算方法学

一是，林木生物质碳储量核算方法学。

核算时，需根据实测样木的平均胸径（DBH）和树高（H），利用生物量方程（见碳汇造林方法学）计算单株林木地上生物量，由公式（9-2-3）可知单株林木整株生物量。将核算取样碳层林地内单株林木生物量累加，可得到核算取样碳层林地水平生物量。由公式（9－2－4）计算核算取样碳层林地水平林木碳储量、碳层的平均单位面积林木碳储量。核算取样碳层林地内单株林木的地上生物量方程来源于碳汇造林方法学。

$$B_{tree\_p_{j,t}} = \sum f(x1_{i,j,t}, x2_{i,j,t}, x3_{i,j,t} \cdots) \times (1 + R_{tree\_p_{j,t}}) \qquad (9-2-3)$$

式中：$B_{tree\_p_{j,t}}$ 为第 t 年项目林木树种 j 的生物量；$f(x1_{i,j,t}, x2_{i,j,t}, x3_{i,j,t} \cdots)$ 为第 t 年第 i 项目碳层树种的测树因子 x 转化为全株生物量的回归方程，其中，测树因子 x 为胸径；$R_{tree\_p_{j,t}}$ 为项目树种 j 的地下与地上生物量比；j 为第 i 项目碳层中的树种；i 为项目碳层；t 为项目实施以来的年数。

根据上式 $B_{tree\_p_{j,t}}$ 可得出，

$$C_{tree_{i,j,k,t}} = B_{tree_{i,j,k,t}} \cdot CF_j \cdot \varepsilon \qquad (9-2-4)$$

其中，$C_{tree_{i,j,k,t}}$ 为第 t 年项目 i 碳层 j 树种林木的生物质碳储量（单位：$kgCO_2 \cdot$ 株$^{-1}$）；CF_j 为树种 j 的生物量含碳率；ε 为 CO_2 与 C 的分子量比值常数，即 44/12。

根据上式求得的 $C_{tree_{i,j,k,t}}$ 可以核算取样碳层林地生物质碳储量，即将核算取样碳层林地内各林木生物质碳储量相加，得到核算取样碳层林地水平生物质碳储量，计算方法见下式：

$$C_{tree_{p,i,t}} = 0.001 \times \sum_{j=1}^{j} \sum_{k=1}^{k} C_{tree_{i,j,k,t}} \times \frac{10000}{A_p} \qquad (9-2-5)$$

式中：$C_{tree_{p,i,t}}$ 为第 t 年第 i 项目碳层核算取样碳层林地的单位面积（公顷）林木生物质碳储量：$tCO_2e \cdot ha^{-1}$；j 为第 t 年第 i 项目碳层核算取样碳层林地 p 中的树种总数；k 为第 t 年第 i 项目碳层核算取样碳层林地 p 中 j 树种的林木总数；0.001 为将公斤转换为吨的系数；10000 为 1 公顷为 10000 平方米；A_p 为 1 核算取样碳层林地面积（单位：平方米）。

根据上式得出的 $C_{tree_{p,i,t}}$，可以计算第 i 层的平均单位面积林木生物质碳储量，计算方法如下：

$$C_{tree_{i,t}} = \frac{\sum_{p=1}^{n_i} C_{tree_{p,i,t}}}{n_i} \qquad (9-2-6)$$

式中：$C_{tree_{i,t}}$ 为第 t 年第 i 项目碳层平均单位面积林木生物质碳储量（单位：$tCO_2e \cdot ha^{-1}$）；$C_{tree_{p,i,t}}$ 为第 t 年第 i 项目碳层核算取样碳层林地 p 的单位面积林本生物质碳储量（单位：$tCO_2e \cdot ha^{-1}$）；n_i 为第 i 项目碳层的核算取样

碳层林地数。

根据上式得出的 $C_{tree_{i,t}}$，可以计算项目总体平均单位面积林木生物质碳储量，如下式所示：

$$C_{tree_t} = \sum_{i=1}^{M} (\omega_i \times C_{tree_{i,t}}) \tag{9-2-7}$$

式中：C_{tree_t} 为第 t 年项目边界内的平均单位面积林木生物质碳储量（单位：$t\ CO_2e \cdot ha^{-1}$）；ω_i 为第 i 项目碳层面积与项目总面积之比，$\omega_i = \frac{A_{p,i}}{A}$；$C_{tree_{i,t}}$ 为第 t 年第 i 项目碳层的平均单位面积林木生物质碳储量（单位：$t\ CO_2e \cdot ha^{-1}$）；M 为项目边界内林本生物质碳储量的分层总数；i 为项目碳层；t 为自项目实施以来的年数。

根据上式得出的 C_{tree_t}，可以计算得出第 t 年项目边界内的林木生物质总碳储量：

$$C_{tree,t} = A \times c_{tree,t}$$

式中：$C_{tree,t}$ 为第 t 年项目边界内林木生物质碳储量值（单位：$t\ CO_2e$）；A 为项目边界内各碳层的面积总和（单位：公顷）；$c_{\mathrm{tree,t}}$ 为第 t 年项目边界内平均单位面积林木生物质碳储量；t 为自项目活动开始以来的年数。

本书拟定项目边界内林木生物量的变化为线性，结合上式给出的 $C_{tree,t}$，则项目边界内林木生物质碳储量的年变化量计算方法如下式所示：

$$\mathrm{d}C_{tree_{(t_1,t_2)}} = \frac{C_{tree,t_2} - C_{tree,t_1}}{T} \tag{9-2-8}$$

式中：$\mathrm{d}C_{tree_{(t1,t2)}}$ 为第 t_1 年和第 t_2 年之间项目边界内林木生物质碳储量的年变化量：$t\ CO_2e \cdot a^{-1}$；$C_{tree,t}$ 为第 t 年时项目边界内林木生物质碳储量（单位：$t\ CO_2e$）；T 为两次连续现场核算的时间间隔；（$T = t_2 - t_1$）；t_1，t_2 为项目实施以来的第 t_1 年和第 t_2 年。

将上式代入公式（9-2-9），即可计算得出核查期内第 t 年（$t_1 \leq t \leq t_2$）时项目边界内林木生物质碳储量的变化量：

$$\Delta C_{tree_t} = \mathrm{d}C_{tree_{(t_1,t_2)}} \times 1 \tag{9-2-9}$$

式中：ΔC_{tree_t} 为第 t 年时项目边界内林木生物质碳储量的年变化量（单位：$t\ CO_2e \cdot a^{-1}$）；$dC_{tree_{(t_1,t_2)}}$ 为第 t_1 年和第 t_2 年之间项目边界内林木生物质碳储量的年变化量（单位：$t\ CO_2e \cdot a^{-1}$）；1 为即 1 年。

根据上述算法，扣除项目造林时苗木自身碳储量，即可得到碳汇量变化量，从而得到核算年份内的碳汇量变化量累积值。

二是，枯死木碳储量及变化量核算方法学。

方法学可设定枯死木碳储量的年变化量为线性，核算期间内枯死木碳储量的平均年变化量计算如下式：

$$\Delta C_{dw\_p,t} = \sum_{i} \frac{C_{dw\_p,t_2} - C_{dw\_p,t_1}}{t_2 - t_1} \tag{9-2-10}$$

$$C_{dw\_p,i,t} = DF_{dw} \times C_{tree\_p,i,t} \tag{9-2-11}$$

式中，$\Delta C_{dw\_p,t}$ 为第 t 年 i 项目碳层枯死木联储量的年变化量（单位：$t\ CO_2e \cdot a^{-1}$）；$C_{dw\_p,i,t}$ 为第 t 年 i 项目碳层枯死木碳储量（单位：$t\ CO_2e$）；t_1，t_2为项目实施以来的第 t_1年和第 t_2年（$t_1 \leqslant t \leqslant t_2$）；$C_{tree\_p,i,t}$ 为第 t 年项目碳层林木生物质碳储量（单位：$t\ CO_2e$）；DF_{dw} 为枯死本林木碳储量占林木生物质碳储量的百分比（%）。

则通过上述公式可计算得出核算期内枯死木碳储量。

三是，枯落物碳储量及变化量核算方法学。

方法学可设定一段时间内枯落物碳储量的年变化量为线性，核算期内枯落物碳储量的平均年变化量可用下式计算：

$$\Delta C_{LI\_p,t} = \sum_{i} \frac{C_{LI\_p,i,t_2} - C_{dw\_p,i,t_1}}{t_2 - t_1} \tag{9-2-12}$$

$$C_{LI\_p,i,t} = DF_{LI,j} \times C_{tree\_p,i,t} \tag{9-2-13}$$

式中：$DF_{LI,j}$ 为树种（组）j 枯落物干重占单位面积地上生物量干重的百分比（%）；$C_{tree\_p,i,t}$ 为第 t 年时，第 i 项目碳层的林木生物质碳储量；t_1，t_2为项目实施以来的第 t_1年和第 t_2年（$t_1 \leqslant t \leqslant t_2$）；$i$ 为项目碳层；j 为树种（组）。

查阅相关参数，通过上述公式可最终计算出核算期内枯落物碳储量。

四是，灌木层（林）碳储量及变化量核算方法学。

林地和城市绿地的灌木层生物量可以采用样本检测分析法，推算获得整体项目单位面积灌木层生物量数据。区域灌木层生物量是区域内所有森林类型或城市绿地灌木层生物量之和（含地下部分生物量），灌木层的碳储量为灌木层生物量与含碳率的乘积。

$$C_{shrub\_p,i,t} = \sum_{\iota=1}^{n} A_i \cdot \overline{W_{shrub,i,t}} \cdot CF_{shrub,i,t} \tag{9-2-14}$$

式中，n 为森林或城市绿地类型数；A_i 为第 i 森林或城市绿地类型的面积；$\overline{W_{shrub,i,t}}$ 为第 i 森林或城市绿地类型单位面积灌木层生物量的平均值；$CF_{shrub,i,t}$ 为灌木层含碳率。

本计算方法也可用于灌木林和城市绿地中的其他类型植物。若仅限于估算，可采用国家规定的单位面积灌木层生物量换算参数进行分析。

五是，土壤有机碳储量变化量核算方法学。

根据每年每公顷碳储量变化常数、核算周期，可以测算项目边界内土壤有机碳碳储量变化总量。土壤容重、有机质依据《森林土壤有机质的测定及碳氮比的计算》进行测定。土壤有机碳密度可采用下式进行测算：

$$SOC_i = 0.58 \cdot C_i \cdot D_i \cdot E_i \cdot \frac{1 - G}{100} \qquad (9-2-15)$$

式中：SOC_i 为第 i 类土壤的碳密度；C_i 为第 i 类土壤有机质含量；D_i 为第 i 类土壤容重；E_i 为第 i 类土壤厚度；G_i 为第 i 类土壤直径≥2mm 的石砾所占体积百分比。

根据上式得出的碳密度，可以核算出区域森林土壤碳储量，计算模型如下所示：

$$TOC = \sum_{i=1}^{n} A_i \cdot SOC_i \qquad (9-2-16)$$

式中，TOC 为区域土壤的有机碳储量；i 为土类代号；n 为土类数目；A_i 为第 i 类土壤面积；SOC_i 为第 i 类土壤的碳密度。

六是，温室气体排放核算方法学。

项目在核算期内的温室气体排放量，主要根据森林火灾等燃烧地上生物量所引起的温室气体排放。主要分为两部分，林木地上生物质燃烧造成的温室气体排放，以及死有机物燃烧造成的温室气体排放。排放的温室气体总量可采用下式核算：

$$GHG_{E,t} = GHG_{E,tree,t} + GHG_{E,LI,t} \qquad (9-2-17)$$

式中，$GHG_{E,t}$ 为第 t 年时，项目边界内温室气体排放的增加量；$GHG_{E,tree,t}$ 为第 t 年时，项目边界内由于森林火灾引起林木地上生物质燃烧造成的非 CO_2 温室气体排放的增加量；$GHG_{E,LI,t}$ 为第 t 年时，项目边界内由于森林火灾引起死有机物燃烧造成的非 CO_2 温室气体排放的增加量。

根据核算期各碳层林木地上生物量数据和相应的燃烧因子，可计算火灾引起林木地上生物质燃烧造成的非 CO_2 温室气体排放 $GHG_{E,tree,t}$ ，计算方法如下式：

$$GHG_{E,tree,t} = 0.001 \times \sum_{i} A_{burn,i,t} \times b_{tree,i,tl} \times COMF \times (EF_{CH_4} \times GWP_{CH_4} + EF_{N_2O} \times GWP_{N_2O}) \quad (9-2-18)$$

式中，$A_{burn,i,t}$ 为第 t 年 i 项目碳层发生火灾的面积（单位：hm^2）；$b_{tree,i,tl}$ 为火灾发生前，核查时第 i 项目碳层的林木地上生物量；$COMF$ 为林木燃烧系数（无量纲）；EF_{CH_4} 为 CH_4 排放因子［单位：g CH_4（kg 燃烧的干物质）$^{-1}$］；EF_{N_2O} 为 NO_2 排放因子［单位：g N_2O（kg 燃烧的干物质）$^{-1}$］；GWP_{CH_4} 为 CH_4 的全球增温潜势，用于将 CH_4 转换成 CO_2 当量，IPCC 缺省值为 25；GWP_{N_2O} 为 N_2O 的全球增温潜势，用于将 N_2O 转换成 CO_2 当量，IPCC 缺省值为 298；i 为第 i 项目碳层；0.001 为将 kg 转换成 t 的常数。

根据方法学，火灾引起枯落物燃烧造成的非 CO_2 温室气体排放 $GHG_{E,LI,t}$ ，可采用核查的枯落物碳储量来计算，计算方法见下式：

$$GHG_{E,LI,t} = 0.07 \times \varepsilon \times \sum_{i} A_{burn,i,t} \times C_{LI,i,tl} \quad (9-2-19)$$

式中：$A_{burn,i,t}$ 为第 t 年 i 项目碳层发生火烧的面积（单位：hm^2）；$C_{LI,i,tl}$ 为火灾发生前，项目碳层的枯落物单位面积碳储量，见前章；i 为第 i 项目碳层；ε 为为 CO_2 与 C 的分子量比值常数，即 44/12；0.07 为常数，非 CO_2 排放量占 CO_2 排放量的比例。

七是，基线碳汇量核算方法学。

基线碳汇量主要考虑林木、灌木生物量碳库碳储量的变化量，若核算项目区无散生木等，则可认为项目基线碳汇量为零。基线碳汇量计算方法见下式：

$$\Delta C_{BSL,t} = \Delta C_{tree\_bsl,t} + \Delta C_{shrub\_bsl,t} \quad (9-2-20)$$

式中：$\Delta C_{BSL,t}$ 为第 t 年基线碳汇量（单位：t $CO_2e \cdot a^{-1}$）；$\Delta C_{tree\_bsl,t}$ 为第 t 年时基线林木生物量碳储量的年变化量（单位：t $CO_2e \cdot a^{-1}$）；$\Delta C_{shrub\_bsl,t}$ 为第 t 年时基线灌木生物量碳储量的年变化量（单位：t $CO_2e \cdot a^{-1}$）。相关计算如前所述。

9.2.1.3　碳汇项目整体碳减排量核算方法学

由前面计算模型得出的林木生物质碳储量、枯死木碳储量、枯落物碳储量、灌木生物质碳储量、土壤有机碳储量、基线碳汇量、温室气体排放增加量等，可计算得出项目年减碳量。计算方法见下式：

$$\Delta C_{AR,t} = \sum \Delta C_{p,t} - GHG_{e,t} - \Delta C_{BSL,t} \quad (9-2-21)$$

式中：$\Delta C_{AR,t}$ 为第 t 年项目碳减排量；$\sum \Delta C_{p,t}$ 为第 t 年项目边界内所选碳库的碳储量变化量总和；$\Delta C_{BSL,t}$ 为第 t 年基线碳汇量；LK_t 为第 t 年项目活动引起的泄漏量。

分析确定基于不同碳层的碳汇项目全碳库碳减排核算方法学。方法学对基线碳汇量、项目运行的碳排放量、土壤有机碳储量变化量以及林木生物质碳储量等给出了明确的计算模型，给出的基于线性模型的年变量分析，可动态分析项目年度碳汇变化量，实现了碳汇核算的精准化。有关碳汇分析模型可以为零碳城市碳汇核算提供理论依据。

9.2.2 碳核算机制

按照《关于加快建立统一规范的碳排放统计核算体系实施方案》的规定，由生态环境部、市场监管总局会同行业主管部门组织制修订电力、钢铁、有色、建材、石 化、化工、建筑等重点行业碳排放核算方法及相关国家标准，加快建立覆盖全面、算法科学的行业碳排放核算方法体系。企业碳排放核算应依据所属主要行业进行，有序推进重点行业企业碳排放报告与核查机制。

积极推动重点产品碳核算与碳资产管理。由生态环境部会同行业主管部门研究制定重点行业产品的原材料、半成品和成品的碳排放核算方法，优先聚焦电力、钢铁、电解铝、水泥、石灰、平板玻璃、炼油、乙烯、合成氨、电石、甲醇及现代煤化工等行业和产品，逐步扩展至其他行业产品和服务类产品。推动适用性好、成熟度高的核算方法逐步形成国家标准，指导企业和第三方机构开展产品碳排放核算。

由生态环境部会同有关部门组织开展数据收集、报告撰写和国际审评等工作，按照履约要求编制国家温室气体清单。进一步加强动态排放因子等新方法学在国家温室气体清单编制中的应用，推动清单编制方法与国际要求接轨。鼓励有条件的地区编制省级温室气体清单。

省级生态环境主管部门组织开展对重点排放单位温室气体排放报告的核

查，并将核查结果告知重点排放单位。核查结果应当作为重点排放单位碳排放配额清缴依据。

省级生态环境主管部门可通过政府购买服务的方式委托技术服务机构提供核查服务。技术服务机构对提交的核查结果的真实性、完整性和准确性负责。

零碳城市必须完善能源“双控”制度，强化绿色低碳政策和市场体系建设，构建公平的市场环境，充分发挥市场对资源配置的强势引导作用；做好重点排放单位的数据基础建设，持续完善交易配额总量设定和分配方案；加强碳市场宣传，普及碳市场的政策法规。我国碳市场地方试点开始于 2011 年。2021 年 10 月，北京、天津、上海、重庆、广东、湖北、深圳七省市启动碳排放权交易地方试点。2013 年开始，7 个地方试点碳市场陆续上线交易。截至 2021 年 6 月，试点省市碳市场累计配额成交量 4.8 亿吨二氧化碳当量，成交额约 114 亿元。

碳核算形式分为基于测量和基于计算两种方式，具体从现有的温室气体排放量核算方法来看，主要概括为三种：排放因子法、质量平衡法、实测法。发改委公布的 24 个指南采用的温室气体量化方法只包含排放因子法和质量平衡法，2020 年 12 月生态环境部发布的《全国碳排放权交易管理办法（试行）》中明确指出，重点排放单位应当优先开展化石燃料低位热值和含碳量实测。

9.2.2.1　排放因子法（基于计算）

排放因子法是适用范围最广、应用最为普遍的一种碳核算办法。根据 IPCC 提供的碳核算基本方程：

温室气体(GHG)排放 = 活动数据(AD) × 排放因子(EF)

其中，AD 是导致温室气体排放的生产或消费活动的活动量，如每种化石燃料的消耗量、石灰石原料的消耗量、净购入的电量、净购入的蒸汽量等；EF 是与活动水平数据对应的系数，包括单位热值含碳量或元素碳含量、氧化率等，表征单位生产或消费活动量的温室气体排放系数。EF 既可以直接采用 IPCC、美国环境保护署、欧洲环境机构等提供的已知数据（即缺省值），也可以基于代表性的测量数据来推算。我国已经基于实际情况设置了国家参数，如《工业其他行业企业温室气体排放核算方法与报告指南（试行）》的附录二提供了常见化石燃料特性参数缺省值数据。该方法适用于国家、省份、城市等较为宏观的核算层面，可以粗略的对特定区域的整体情况进行宏观把控。但在实际工作中，由于地区能源品质差异、机组燃烧效率不同等原因，各类能源消费统计及碳排放因子测度容易出现较大偏差，成为碳排放核算结果误差的主要来源。

9.2.2.2 质量平衡法（基于计算）

质量平衡法根据每年用于国家生产生活的新化学物质和设备，计算为满足新设备能力或替换去除气体而消耗的新化学物质份额。对于二氧化碳而言，在碳质量平衡法下，碳排放由输入碳含量减去非二氧化碳的碳输出量得到：

$$二氧化碳(CO_2)排放 = (原料投入量 \times 原料含碳量 - 产品产出量 \times 产品含碳量 - 废物输出量 \times 废物含碳量) \times 44/12$$

其中，是碳转换成 CO_2 的转换系数（即 CO_2/C 的相对原子质量）。采用基于具体设施和工艺流程的碳质量平衡法计算排放量，可以反映碳排放发生地的实际排放量。不仅能够区分各类设施之间的差异，还可以分辨单个和部分设备之间的区别。尤其当年际间设备不断更新的情况下，该种方法更为简便。一般来说，对企业碳排放的主要核算方法为排放因子法，但在工业生产过程（如脱硫过程排放、化工生产企业过程排放等非化石燃料燃烧过程）中可视情况选择碳平衡法。

9.2.2.3 实测法（基于测量）

实测法基于排放源实测基础数据，汇总得到相关碳排放量。这里又包括两种实测方法，即现场测量和非现场测量。

现场测量一般是在烟气排放连续监测系统（CEMS）中搭载碳排放监测模块，通过连续监测浓度和流速直接测量其排放量；非现场测量是通过采集样品送到有关监测部门，利用专门的检测设备和技术进行定量分析。二者相比，由于非现场实测时采样气体会发生吸附反映、解离等问题，现场测量的准确性要明显高于非现场测量。

美国 2011 年开始了碳排放测量的强制安装，欧盟委员会自 2005 年启动欧盟碳排放交易系统并监测 CO_2 排放量。中国火电厂安装了 CEMS，具备使用 CEMS 对 CO_2 排放量进行监测的基础。

碳核算机制是多元主体的体系，各主体所承担的角色和责任也会直接影响到核算结果的准确度及成果性质。碳核算的方式可分为自上而下及自下而上两类，前者指国家或政府层面的宏观测量，后者包括企业自测与披露、地方对中央的汇报汇总、各国对国际社会提交反馈。

从国际层面看，国际组织或国际协定依靠于各国政府和企业自主进行核算及汇报计算碳核算结果。自上而下的测算以《IPCC 国家温室气体清单指南》为主流国际标准，自下而上的测算是温室气体议定书（GHG Protocol）系列标准最为广泛使用。这些由非政府组织出具的标准及指引，鼓励国家、城市、社区及企业等主体对于核算结果进行沟通，确保公开报告的一致性。比如，国际能源署（International Energy Agency，IEA）发布碳核算报告，资料来源主要为国家向 IEA 能源数据中心提交的月度数据、来自世界各地电力系统运营商的实时数据、国家管理部门发布的统计数据等。

温室气体：指大气中吸收和重新放出红外辐射的自然和人为的气态成分，包括二氧化碳（CO_2）、甲烷（CH_4）、氧化亚氮（N_2O）、氢氟碳化物（HFCs）、全氟化碳（PFCs）、六氟化硫（SF_6）和三氟化氮（NF_3）。

碳排放：指煤炭、石油、天然气等化石能源燃烧活动和工业生产过程以及土地利用变化与林业等活动产生的温室气体排放，也包括因使用外购的电力和热力等所导致的温室气体排放。

碳排放权：指分配给重点排放单位的规定时期内的碳排放额度。

国家核证自愿减排量：指对我国境内可再生能源、林业碳汇、甲烷利用等项目的温室气体减排效果进行量化核证，并在国家温室气体自愿减排交易注册登记系统中登记的温室气体减排量。

生态环境标准，指由国务院生态环境主管部门和省级人民政府依法制定的生态环境保护工作中需要统一的各项技术要求。

生态环境标准分为国家生态环境标准和地方生态环境标准。生态环境质量标准包括大气环境质量标准、水环境质量标准、海洋环境质量标准、声环境质量标准、核与辐射安全基本标准。

国家生态环境标准包括国家生态环境质量标准、国家生态环境风险管控标准、国家污染物排放标准、国家生态环境监测标准、国家生态环境基础标准和国家生态环境管理技术规范。国家生态环境标准在全国范围或者标准指定区域范围执行。

地方生态环境标准包括地方生态环境质量标准、地方生态环境风险管控标准、地方污染物排放标准和地方其他生态环境标准。地方生态环境标准在发布该标准的省、自治区、直辖市行政区域范围或者标准指定区域范围执行。

根据 IPCC（国际气候变化研究委员会）对陆地生态系统碳库的定义，主要包括地上生物量、地下生物量、枯死木、枯落物和土壤有机质 5 个碳库。国家与区域尺度的碳汇计量与监测范围包括：森林、森林外部分（灌木林、四旁树和散生木、疏林、城市森林）、湿地和荒漠化土地类型。森林碳储量 = 地上部分 + 地下部分 + 土壤 + 枯落物 + 枯死木（一般忽略）。地上生物量 = 乔木（起测胸径 5cm） + 灌木（灌木和胸径小于 5cm 的所有活幼树） + 草本。

由于发达国家进一步减排的成本高，难度较大，发展中国家减排空间大，成本也低，形成了价格差，碳交易市场由此产生。清洁发展机制（CDM）、排放贸易（ET）和联合履约（JI）是《京都议定书》规定的 3 种碳交易机制。全球的碳交易市场还有强制性的减排市场，也就是欧盟排放交易体系（EUETS）。这是帮助欧盟各国实现《京都议定书》所承诺减排目标的关键措施，并将在中长期持续发挥作用。在这两个强制性的减排市场外，还有自愿减排市场。自愿减排是出于一种责任，主要是出于自身形象和社会责任宣传，购买自愿减排指标（VER）抵消日常经营和活动中的碳排放。

1992 年，在联合国环境与发展大会上，150 多个国家制定了《联合国气候变化框架公约》，要求发达国家限制温室气体的排放，并向发展中国家提供资金和技术援助。1997 年 12 月，第 3 次框架公约缔约方大会在日本京都通过的《京都议定书》规定，从 2008—2012 年期间，主要工业发达国家要将二氧化碳等 6 种温室气体排放量在 1990 年的基础上平均减少 5.2%，发展中国家在 2012 年以前不需要承担减排义务。根据《京都议定书》建立的清洁发展机制（CDM），发达国家如果完不成减排任务，可以在发展中国家实施减排项目或购买温室气体排放量，获取“经证明的减少排放量”作为自己的减排量。

9.3 碳资产及碳价格机制

9.3.1 碳资产管理

碳资产（Carbon Asset）指在强制碳排放权交易机制或者自愿碳排放权交

易机制下，产生的可直接或间接影响组织温室气体排放的配额排放权、减排信用额及相关活动。

碳资产管理包括综合管理、技术管理、实物管理和价值管理。

其中：综合管理包括规划、制度、流程、培训、咨询、风险等管理，是碳资产管理的基础；技术管理包括减排技术、能效技术、低碳解决方案等管理，是碳资源转变为碳资产的技术支撑；实物管理包括碳盘查、碳综合利用、碳排放等管理，是价值管理的基础；价值管理包括 CCER 项目开发、碳交易及碳的金融衍生品，如碳债券、碳信用等管理，价值管理体现的是碳资产价值实现。

2010 年开始，国家工信部、发改委批复建设了第一批 55 家、第二批 12 家国家低碳工业园区试点，后来，国家发改委积极推动了 3 批低碳城市试点。以苏州工业园区、贵阳国家高新技术产业开发区等为典型代表的低碳园区开发和管理取得了显著进展，为后续园区试点积累了经验。2019 年，中央发布《关于全面加强生态环境保护，坚决打好污染防治攻坚战的意见》，强调“要推动绿色发展方式和生活方式，促进经济绿色低碳循环发展，推进全国碳排放交易市场建设，统筹深化低碳试点”。

9.3.2　碳价格机制

碳交易是温室气体排放权交易的统称，在《京都协议书》要求减排的 6 种温室气体中，二氧化碳为最大宗，因此，温室气体排放权交易以每吨二氧化碳当量为计算单位。在排放总量控制的前提下，包括二氧化碳在内的温室气体排放权成为一种稀缺资源，从而具备了商品属性。2011 年 10 月国家发展改革委印发《关于开展碳排放权交易试点工作的通知》，批准北京、上海、天津、重庆、湖北、广东和深圳等七省市开展碳交易试点工作。2021 年 7 月上线的全国碳排放权交易市场将主要包括两个部分：交易中心将落地上海，碳配额登记系统设在湖北武汉。

碳排放量指在生产、运输、使用及回收该产品时产生的平均温室气体排放量。动态的碳排放量指每单位货品累积排放的温室气体量，同一产品的各批次之间会有不同的动态碳排放量。目前，全球碳价格定价机制不透明，价格分散且不统一，波动幅度大。存在多个相对分割的碳交易市场，且同一市场的交易产品存在较大差异。各国碳排放限额严密性、执行标准、交易费用、项目监控和审计方面存在差异，各产品和市场的套利机制不成熟，造成各市场按照不同的价格水平独立交易。

碳交易基本原理是，合同的一方通过支付另一方获得温室气体减排额，买方将购得的减排额用于减缓温室效应，从而实现其减排的目标。从经济学的角度看，碳交易遵循了科斯定理，即以二氧化碳为代表的温室气体需要治理，而治理温室气体给企业造成成本差异。温室气体排放权可进行交换；碳权交易成为市场经济框架下解决污染问题最有效率方式。碳交易把气候变化、减少碳排放与可持续发展紧密结合，通过市场机制逐步解决。《京都议定书》规定，发达国家与发展中国家共同但有区别的责任。由于发达国家有减排责任，而发展中国家没有，因此产生了碳资产在世界各国的分布不同。另外，减排的实质是能源问题，发达国家能源利用效率高，能源结构优化，新的能源技术被大量采用，本国进一步减排的成本高，难度大。而发展中国家能源效率低，减排空间大，成本也低。导致了同一减排单位在不同国家之间存在着不同的成本，形成了高价差。发达国家需求很大，发展中国家供应能力大，国际碳交易市场由此产生。

在 6 种被要求排减的温室气体中，二氧化碳（CO_2）总量最大，所以这种交易以每吨二氧化碳当量（tCO_2e）为计算单位，通称“碳交易”。全国碳排放权交易市场作为实现碳达峰与碳中和目标的核心政策工具之一，截至 2021 年 12 月 31 日，全国碳市场碳排放配额（CEA）累计成交量达 1.79 亿吨，成交额突破 76 亿元。

9.4 零碳大数据图谱

9.4.1 零碳大数据体系建设

大数据产业是高能耗的产业之一。预计全球 ICT 产业的温室气体排放占比从 2007 年的 1%—1.6%，将可能增长到 2040 年的 14% 以上。因此，ICT 企业的减碳工作影响深远。为建设零碳城市，需要规划开发包括数字乡村、制造工业、数字化服务业以及城市大脑等数字化低碳化大数据信息系统。

零碳大数据信息系统。加大数字化设计与产品开发，通过建设云边协同与数据监测等应用方案，实现源、网、荷、储等能源设备及配套设备的云化，将园区电网中存在的分布式电源、储能、空调、充电桩、其他可中断负荷等各类资源可调可控，动态监测城市与园区的碳减排等，提高零碳示范城市与产业园的数字化低碳化决策分析能力。预计到 2030 年，受益于 ICT 技术减少的碳排放量将达到 121 亿吨，其中能源领域超过 18 亿吨。

9.4.2　近零碳乡村振兴大数据平台

积极推动建设数字乡村、电子商务以服务乡村振兴的资金、资源、人才等综合服务信息系统，打造低能耗、低碳排放的数字经济。

发挥国合华夏城市规划研究院等行业智库资源，全面启动乡村振兴行动计划，规划并开发乡村振兴大数据系统，促进外部引资引才与可持续发展。具体如图 9－1 所示。

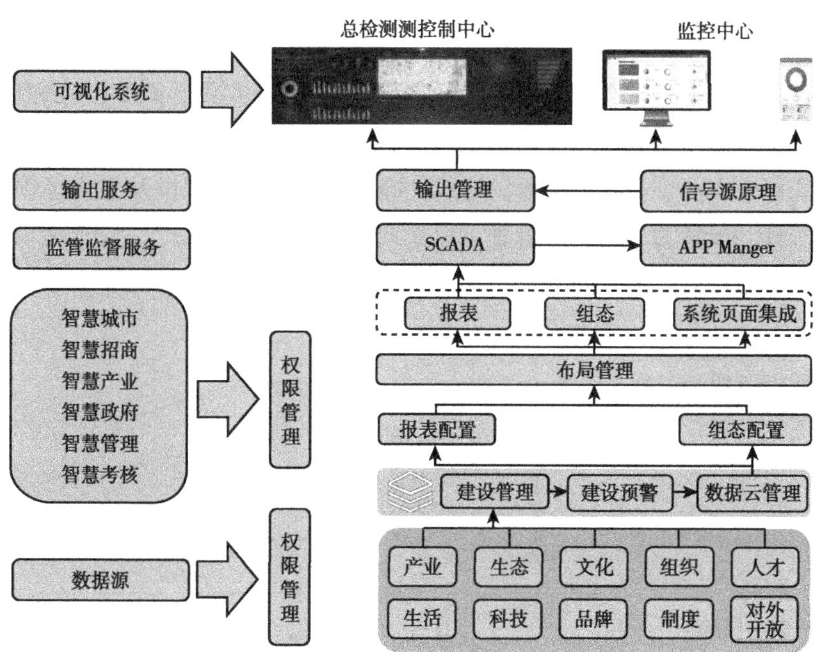

图 9－1　国合院“思路石”大数据系统

以打造现代产业体系为目标，以数字技术、人才共享、遥感应用为支撑，通过科技赋能，推动产城融合，全面打造产业数字化、数字产业化、管理智慧化的数字经济与智慧城乡新高地。全面推动全国各乡村的招商引资智慧化、政府决策智能化、产业开发数字化、项目管理自动化、人才融资智能化、组织管理平台化、规划实施链条化、产业发展融合化（见图9－2）。

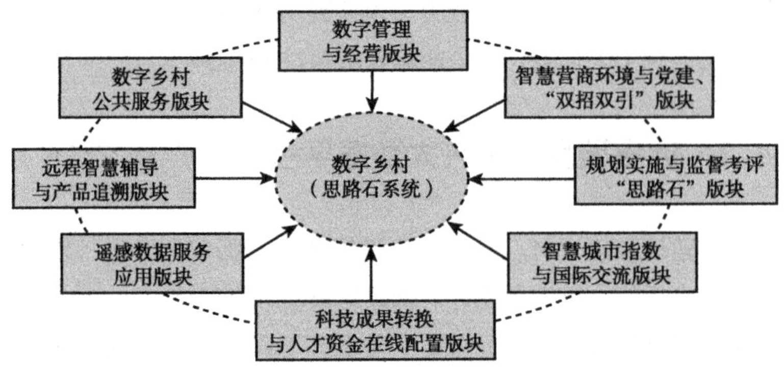

图9－2　国合华夏城市规划研究院“思路石”信息化系统

9.4.3　国合—蒙格斯碳金融碳信用应用平台

国合—蒙格斯碳金融碳信用大数据平台（见图9－3，图9－4）由朱小黄、吴维海领衔协同，由深圳蒙格斯与国合院联合规划与设计，通过进行政策、能源、产业、企业、交通、建筑、办公、污染物处理以及生活等领域的数据统计、碳核算、碳资产管理，以及政府办公、企业生产、经营活动、居民消费等进行碳金融分类、碳信用分级，以及与银行贷款、融资上市、土地

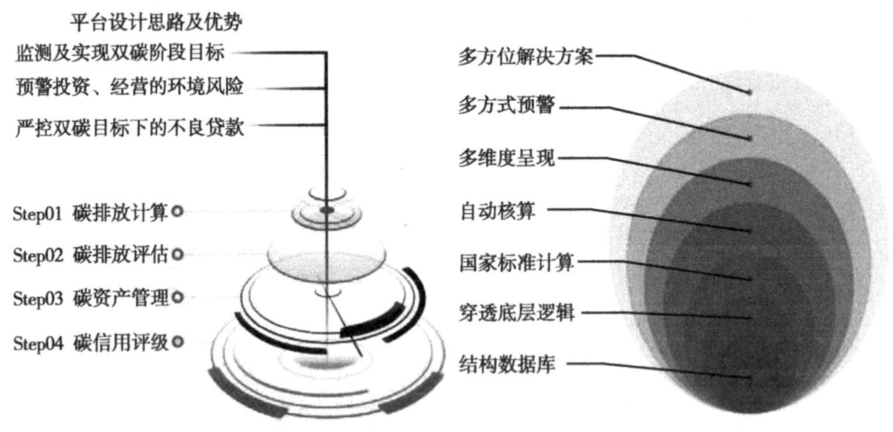

图9－3　国合—蒙格斯碳信用平台架构

指标、碳捕捉、碳封存、节能等各种要素挂钩，实现积分管理，推动国家层面、行业层面、企业层面、社区层面、产品仓面的碳金融、碳信用及经济活动融合化、链条化。

国合—蒙格斯大数据研发团队把握双碳发展的核心诉求，因地制宜，分类实施，系统研究并策划开发大数据平台与底层架构，在全国各城市、园区、行业、企业等进行碳金融碳信用大数据平台投产与建设，不断提高合作伙伴对金融工具、信用体系在减碳等领域的实际应用能力。

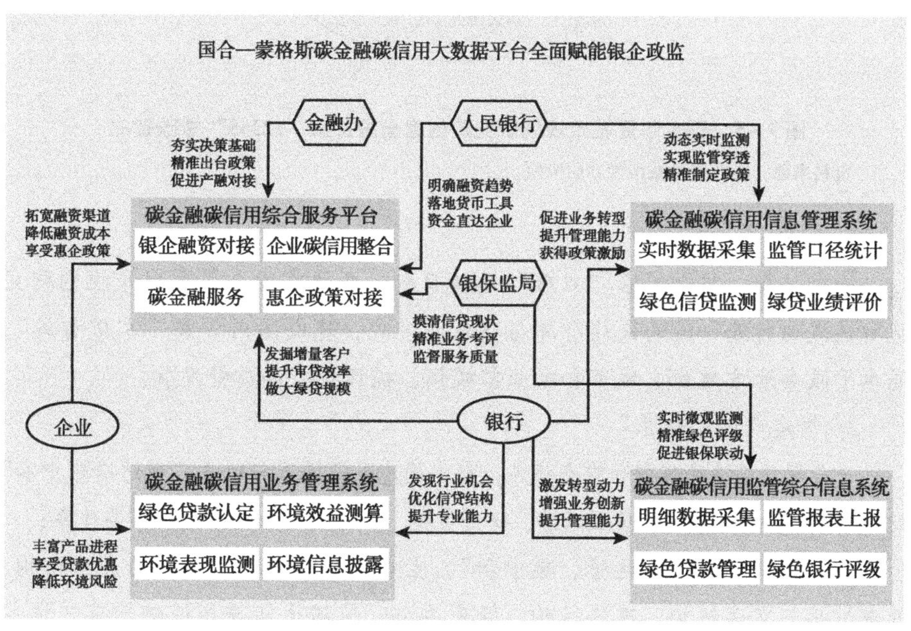

图9-4　国合—蒙格斯碳金融碳信用大数据平台

资料来源：国合华夏城市规划研究院。

9.5　典型案例

案例9-1：国合华夏城市规划研究院打造全国首家“12345”零碳智库（见图9-5）

为贯彻落实中央和国家“双碳”目标，践行智库社会责任，共建美好零碳生活，共圆中国梦，国合华夏城市规划研究院率先探索，积极倡导

"12345"创建行动，主动打造全国首家"零碳智库"。

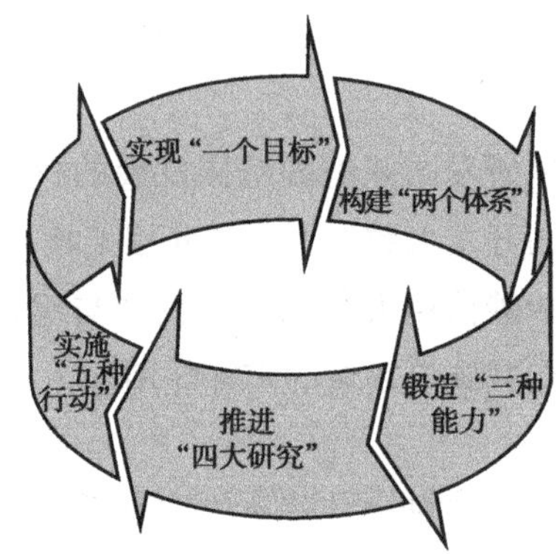

图9－5 国合华夏城市规划研究院创建全国首家"12345"零碳智库

资料来源：国合华夏城市规划研究院。

1. 实现"一个目标"

一个目标。贯彻国家"双碳"总体目标，尽快将国合华夏城市规划研究院打造成为行业一流的民族智库与精致研究院，建成国内首家"零碳智库"，高水平服务地方政府、城市和企业零碳化、循环化、高质量发展。

2. 构建"两个体系"

一是聚焦碳达峰碳中和难点痛点，整合构建服务国家与地方"碳达峰碳中和"的智库平台、规划编制、碳汇减排、项目实施、产业引进和要素流动服务体系；

二是探索实施"碳达峰、碳中和"、生态产品价值实现机制的产业结构、能源结构、交通结构、建筑结构、绿色办公、低碳生活等领域的示范、技术应用、项目投资、减碳行动与工程开发服务体系。

3. 锻造"三种能力"

一是国家政策解读与经济实践能力。加强政策学习和能力建设，牢牢把握和全面解读中央、国务院及国家部委关于生态发展、双碳目标、生态产品价值实现机制等政策文件，上接天线，下接地气，心中有才气，胸中有傲气（政策素养和政治站位），锻造前瞻、专业的政策解读与实操能力。

二是智库研究与"碳中和"落地能力。发挥自身综合优势，积极为地方编制"碳排放碳中和专项规划"及行动计划，创新"生态产品价值实现机制"，将课题研究、项目落地、技术孵化、产业辅导、论坛培训等与各地区、各城市"碳达峰碳中和"目标紧密融合，推进各地区高水平开展碳汇、减碳及低碳产业引进、转型和聚集发展。

三是典型示范与对外推广能力。聚集优势资源及力量，推动标准建设与实践应用，挖掘零碳示范，总结案例，利用各种载体，在更大范围推广，得到更多部委部门和社会的认可，更好地服务我国乃至全球“双碳”目标。践行零碳行动，参与和服务全社会植树造林及碳捕捉、碳封存等行动，倡议国内外智库共建零碳智库，引导全社会践行“碳中和行动宣言”，携手建设生态地球、零碳美丽中国。

4. 推进“四大研究”

一是国内外低碳案例研究。推动共建“中国碳中和研究院（智库）”平台，提升创新能力，加大国内外、重点地区碳达峰、碳中和案例及实践研究，辅导各行业实践示范，总结经验，积极上报和推广。

二是国家政策与行业应用研究。跟踪全球和国家政策、碳中和目标、产业趋势、发展机遇，区分区域、行业、产业和社会组织，把握核心需求，为各级政府、行业、组织提供专业、前瞻、系统的服务。

三是双碳目标与地方高质量发展研究。以人民为中心，以2030年、2060年双碳目标为主线，研究“双碳”经济与高质量发展的相关性，聚焦解决产业及环保工作中的碳汇、碳减排、技术改进、结构调整、生态品产权认定、价值核算与交易等重大问题。

四是低碳智库与低碳社会研究。推进自身低碳智库建设，探索和形成零碳智库的方法论和实践体系，提炼可复制的经验。积极参与建设零碳智库活动，共同为建设低碳社会发挥引领作用。推动地方政府、企业和居民的低碳办公、低碳生活，努力打造低碳零碳社会。

5. 落实“五大行动”

一是低碳智库三年行动计划。制定三年低碳智库行动计划，践行“五少减碳行动”：少开一天车、少用一张纸、少开一次空调、少点一份菜、少买一次性生活用品”。积极参加植树造林和绿色捐款行动。主动服务地方产业结构、能源结构、交通结构、用地结构调整，开展公益性的政策贯彻、行为规范、低碳办公、低碳研究、项目合作、绿色交通、低碳生活、考核激励等低碳零碳试点，推动各地绿色低碳发展，努力打造低碳研究院和碳中和专业服务体系。

二是低碳智库共建宣言行动。增强使命感和危机感，聚集智库力量和共识，倡导推进与部委智库、科研院所、社会组织等，联合发起“低碳零碳智库行动”，倡导低碳生产、低碳办公，宣传低碳案例，推动低碳生产生活模式，健全低碳政策和体制机制。

三是“中国碳中和研究院”共建行动。倡导地方政府部门、各城市、科研院所、产业园、企业和专家学者等共建共享“中国碳中和研究院（智库)”，践行国家政策、技术路径、碳中和、生态产品、价值核算、交易补偿等机制，推动各地区“双碳目标”如期全面实现。

四是“零碳城市（园区、企业、村庄)”创建行动。争取国家部委部门指导和支持，联合智库与行业机构，与地方共建“零碳示范城市、零碳示范园区，通过示范引领，提升全社会零碳发展能力。

五是“双碳”国际论坛和高端培训行动。联合部委专家、各行业、各地政府等，共同组织“双碳”峰会、零碳城市论坛、双碳培训，以及碳汇碳减排技术（产品）推广会议，扶持重点地区、重点城市、重点园区、重点企业高速度、高质量发展，打造低碳经济的城市样板。

通过实施“12345”零碳智库创建活动，尽快把国合华夏城市规划研究院打造成为理论实践前瞻、专业实践一流的零碳智库和精致研究院，与地方政府、产业园和大型企业等共建共享“政企产学研金用服”一体化的“中国碳中和研究院（智库)”平台，整合国内外优势资源，以平台经济和共享思维，高水平打造一批“双碳”示范城市（零碳城市、零碳园区)，推动“零碳地球”“零碳世界”建设，努力打造“碳中和”事业的引领者、先行者与推动者。

案例9－2：零碳城市（园区、企业）系列标准研究

为贯彻落实习近平总书记“3060双碳”承诺，以及中央、国家部委“1＋N”碳达峰碳中和推进体系，研究发布零碳城市、零碳园区、零碳企业、零碳高校（银行、智库）等团体标准、企业标准，推动申报国家标准，对接国际标准，国合华夏城市规划研究院2021年7月17日联合中国出入境检疫检验协会、中国西促会、中国生产力促进中心、国家林草局工业规划院、国际合作中心、国家能源集团等国家级院所、智库、央企，以及部分地方政府联合发起“百城千企零碳行动”，共同倡议“中国碳中和共同宣言”，共开出版《中国碳达峰碳中和规划、路径及案例》《中国零碳城市创建方案及操作指南》（拟）专著，主动为部委部门、各地政府、大型企业开展零碳示范、CCUS实

践提供前瞻、精准的规划引领、实践支持、标准评估、创建辅导等专业服务。

为制定零碳团体标准，有效对接国家标准与国际标准，抢占国际标准战略高地，积极维护我国应有的发展权，诚邀部委智库、国家级院所、商协会、国企央企、投资机构、部委领导、专家学者等，加入“零碳系列标准”研究，共同颁布零碳城市、零碳园区等系列标准，开展后续创建专业服务。

请将申请表、申请信息、业绩（盖章）等发送邮箱：iccioffice@126.com，官微：国合城市研究院；官网：www.icci-ndrc.com

附件　　“零碳城市/园区/企业/银行/学校”标准研究报名表

填表人：　　　　　　　　　　　　　　年　月　日

申请单位（个人）全称			（　）城市 （　）企业 （　）个人 请打勾
办公地址			行业：
申请事项	1. 零碳标准研究；2. 零碳示范共建；3. CCUS 推广；4. 参与零碳项目；5. 其他		
负责人姓名		职称职务	
申请人业务范围			
联系地址	省　市　县区　街道		
联系人姓名		联系人电话	
联系邮箱		联系微信	
联系人身份证号码			
申请机构营业执照			
上年基本情况			
申请参与事项（打勾）	零碳标准研究： 零碳示范服务： 零碳重大活动：		
有无低碳零碳技术、成果或碳产品？	1. 低碳零碳技术： 2. CCUS 产品、企业等： 3. 绿色金融机构或专家：		
真实性承诺	申请人对上述信息真实性负责，并承担全部责任。 申请人签名或单位盖章： 年　月　日		
辅助说明			

申请人请填写此表，并连同身份证、业绩等信息发送邮箱：iccioffice@126.com。

第10章

零碳城市实践及政策建议

■未来几十年，乃至数百年，国家与国家、城市与城市、园区与园区、企业与企业之间最大的竞争可能来自对于碳资产的控制与碳排放的能力。双碳目标的关键在于城市零碳化，城市零碳化将推动全国范围的碳中和，进而外溢到“零碳地球”的讨论与建设，“零碳中国”“零碳地球”都是美好而长远的奋斗目标，需要各方协同，未雨绸缪，有序推进，共同绘制璀璨绚丽的全景图、路线图、施工图。

本章重点研究零碳城市已有成果、低碳示范、溢出效应、激励机制、交易补偿、激励机制等。同时，国合院在全国第一个提出了“零碳中国”的概念。

10.1　零碳城市已有推进成果

10.1.1　已有研究成果

关于零碳城市学术与理论研究，国内外发布的成果很少。

近平指出，为推动实现碳达峰、碳中和目标，中国将陆续发布重点领域和行业碳达峰实施方案和一系列支撑保障措施，构建碳达峰、碳中和“1 + N”政策体系。

国合华夏城市规划研究院长期从事城市规划与园区规划等课题研究。吴维海从现代城市理论、系统工程学、两山理论等视角进行了零碳城市的理论体系提炼与系统研究，提出了“零碳城市”示范试点的理论体系与实施路径，并对我国低碳零碳指标体系进行了具体研究。

国务院发展研究中心研究员李佐军认为：政企两端都应借力数字技术推动碳中和，建议适度收紧碳配额以激发碳市场活力。

为了更好地研究与推进零碳城市、零碳园区建设，国合华夏城市规划研究院 2021 年 7 月份在北京组织召开了“中国碳达峰碳中和图谱及零碳城市峰会”，邀请部委专家进行了碳达峰碳中和政策研究与实践论证。原农业部副部长、原国务院扶贫办主任刘坚拿“扇子革命”做比喻，提出了“双碳经济助力美丽中国，扇子文化打造零碳生活”的零碳建设思路，鼓励少开空调、少开汽车、少吃牛肉等，鼓励使用扇子代替空调，鼓励节能减碳，鼓励零碳生活。全国工商联原副主席、中国西部研究和发展和促进会理事长、国合华夏城市规划研究院荣誉院长程路认为，零碳城市创建，关乎国家经济安全、国家安全、国际竞争力，对于最终实现两个百年目标意义重大。国家发改委农经司原司长、国合院首席顾问高俊才开展了“地球‘发烧’怎么办？千方百计促减碳”的课题研究，对如何开发清洁能源做了系统分析与专业阐述。农业农村部原巡视员王秀忠综合研究了乡村振兴与农业碳汇，提出了规划编制、绿色转型、政策支撑等减碳固碳措施。国家发改委价格与市场研究所杨宜勇进行了创意城市与零碳城市关系研究，认为：“碳达峰碳中和的主要依托在于城市的低碳化、零碳化。低碳城市的创建需要进行高水平的规划与创意，需要解决市场机制、要素分配和市场改革等诸多问题及难题，兼顾创意城市与市场发展的规律，需要进行创意城市等理论与实践研究，需要推进政府与市场关系的深层调整等。”国合华夏城市规划研究院院长吴维海倡议提出“百城千企零碳行动”，倡议从全国选择 100 家市县及重点城市、选择约 1000 家从事碳汇、碳减排、能源供应、绿色建筑、绿色交通、绿色能源等科研机构与企业，进行零碳城市、零碳产业（能源、交通、建筑、办公、生活、企业等）调整，以及技术革命、流程改进、园区开发等试点，与地方共建零碳示范城市及零碳企业。

为探索碳达峰碳中和实施路径，国合华夏城市规划研究院 2021 年出版《中国碳达峰碳中和规划、路径及案例》，围绕碳达峰碳中和主题，从理论、政策出发，达成了国内外实现碳达峰碳中和面临的问题以及达成的共识，结合我国碳排放工作的痛点及经济实际，描绘我国碳排放现状及碳达峰碳中和愿景。从产业、能源、交通、建筑、生活、办公等方面入手，多角度勾勒零碳图谱、场景图、施工图，并通过研究城市、企业、个人的零碳行动及碳金融案例，提供前瞻性、系统性的碳中和实操指南。2022 年国合院牵头发布了零碳城市标准。

10.1.2 零碳相关实践

自 2010 年始，全国全面推动低碳城市创建，国家发改委先后发布 3 批创建城市名单，各地积极推动示范试点，在一定程度上为城市的零碳发展提供了实践经验。从全国看，青岛、杭州、成都、北京、烟台、东营、威海、三明等城市在低碳示范试点中，有着一些创新性举措。如：成都市开展公园城市建设，威海市建设精致城市，青岛市打造生态文明城市，福建三明市开展林权抵押与碳汇示范等。国合华夏城市规划研究院团队在 2010 年受托编制贵阳高新区国家级低碳示范区创建方案，这是我国第一家对国家级低碳园区编制的发展规划，分别用基准、节能、低碳三种情景进行了减碳假设，起到了积极的创新与引领作用。

低碳城市向零碳城市转变过程中，需构建更加严格的衡量标准，积极推动碳汇、减碳技术的应用，实行更加积极的碳捕捉碳封存碳转化试点，重点在能源、产业、交通、建筑、办公、生活等各个环节进行节能减碳行动。上海、浙江、北京、山东、宁夏等地启动了碳达峰示范、近零碳试点等工作。其中：宁夏第一家在全国省级发改委系统设立了碳中和处，专门负责双碳工作。

零碳城市、零碳园区示范是推动全社会、各行业零碳发展的重要手段。它立足于国家部委已有了低碳减碳政策与示范经验。

国家有关部门积极推动生态工业园建设，为打造零碳产业园区提供了政策依据。国家生态工业示范园区是依据循环经济理念和工业生态学原理设计建立的新型工业组织形态，它具有环保和生态绿色双重价值。其审核、命名和综合协调工作由生态环境部、商务部和科技部共同成立的国家生态工业示范园区建设协调领导小组负责。截至目前，全国范围内共有 65 个示范园区。

绿色生态园区是零碳产业园的初级发展阶段。2020 年国务院出台的《国务院关于促进国家高新技术产业开发区高质量发展的若干意见》提出将“建设绿色生态园区”作为国家高新区营造高质量发展环境的一条重要路径，要支持国家高新区创建国家生态工业园区，严格控制高污染、高耗能、高排放企业入驻。加大国家高新区绿色发展的指标权重，推进安全、绿色、智慧科技园区建设。

绿色循环发展是建设零碳园区的重要路径。2021 年 2 月国务院印发的《国务院关于加快建立健全绿色低碳循环发展经济体系的指导意见》要求提升产业园区和产业集群循环化水平。科学编制新建产业园区开发建设规划，并推进既有产业园区和产业集群循环化改造。这意味着，低碳零碳城市、零碳园区建设以及现有园区进行循环改造都是实现碳达峰、碳中和目标的重要方向。

碳排放碳核算是建设零碳城市的基础性工作。2021 年，生态环境部发布《关于在产业园区规划环评中开展碳排放评价试点的通知》。确定了陕西、河北、吉林、浙江、山东、广东、重庆等省市的 7 个产业园区作为全国首批在规划环评中开展碳排放评价的试点产业园区。2021 年《2030 年前碳达峰行动方案》设立了“选择 100 个具有典型代表性的城市和园区开展碳达峰试点建设”的目标。

10.2　“百城千企零碳行动”展望

10.2.1　溢出效应

开展零碳城市试点具有较强的溢出效应。2021 年 7 月 17 日，为贯彻落实"3060双碳"目标，国合华夏城市规划研究院积极履行社会责任，牵头组织并与中国出入境检疫检验协会、中国西部研究与发展促进会、中国生产力促进中心、中国市场杂志社、中央企业、地方政府等联合设立了中国碳中和研究院，共同发起"百城千企零碳行动"，在全国选择城市、园区进行示范。目前，已在贵州凯里、贵州贵阳高新区、山东潍坊、威海、日照、山西隰县、辽宁省朝阳、陕西省汉中、宁夏回族自治区中宁县等城市进行零碳、生态等专项规划编制、实践推广、减碳辅导与示范试点，并对部分部委学员、产业园区、部分中央企业、地方城市等进行了专题培训与技术推广。一些城市、园区、企业等受到鼓励与指引，如潍坊峡山、五莲、文登、隰县等区县纷纷提出或推进创建零碳示范，探索零碳城市试点。国合华夏城市规划研究院积极推动各地农业林业碳汇、工业节能减碳固碳、服务业低零碳化等试点。零碳城市、零碳园区的溢出效应逐步显现，减碳技术与重点项目在各地区孵化与落地，零碳理念逐步得到部委部门、地方政府、各行业认可与自觉推动，也会对周边城市、产业园区等产生技术升级、产业延伸、要素分享等溢出效应。

10.2.2 倍增效应

零碳城市创建与零碳产业集群打造，是一项创新性活动，它需要选择一批城市、园区、企业进行试点，从国际、国内、区域的视角进行探索与推动。在试点基础上，积累经验，从部委资金、零碳试点、技术孵化、零碳企业打造，以及CCUS等产业化的角度，进行产业培育与园区招商开发，进而形成更高水平、更大范围的试点与推广。

实施"百城千企零碳行动"引导一批城市、园区、企业共建，在社会形成示范，能够推动有关部委发起零碳标准与零碳创建的实践示范，能够刺激与引导更多城市、园区、企业及社会各方参与，推动主管部委的零碳政策与零碳标准建设，激发产业转型、固碳减碳产业聚集，形成投资洼地与零碳集群，产生倍增效应。

10.2.3 虹吸效应

虹吸效应，又称虹吸现象，指某一区域将其他区域的资源全部吸引过去，使自身相比其他地方更加有吸引力，从而持续并加强该过程的现象。

建设零碳城市，培育零碳产业集群，将会引入并孵化先进减碳技术与绿色产业，聚集绿色金融机构积分人才，形成节能环保与装备制造等经济新高地，对于周边城市、县域经济、乡镇经济等能产生人才聚集、科技应用、资源整合与要素吸引效应，能够提升零碳示范城市的经济首位度、政策扶持能力、产业融合能力。

10.3　零碳发展的激励与力量源泉

10.3.1　零碳激励机制

坚持重点突破、创新引领、稳中求进、市场导向，全方位全过程推行绿色规划、绿色设计、绿色投资、绿色建设、绿色生产、绿色流通、绿色生活、绿色消费，统筹推进高质量发展和高水平保护，建立健全零碳城市建设保障体系，确保如期实现碳达峰碳中和目标。

零碳示范需要在国家层面形成共识与行动指南。要提高思想认识，做好经济发展与节能降碳的统筹布局，认真学习与贯彻领会习近平总书记的重要指示，不断完善党中央、国务院、国家发改委、自然资源部、生态环境部、工业和信息化部、交通运输部、住建部等“1+N”政策体系，全面完善零碳示范的政策激励与碳汇补偿机制。

以零碳建设为目标，构建纵向到底、横向到边、共建共治共享发展模式，健全政府主导、群团带动、社会参与机制。建立健全“一年一体检、五年一评估”的城市低碳化循环化监督核算与评估制度。建立零碳城市建设评价机制，推动数字建筑、数字孪生城市建设，加快城乡建设数字化转型。大力发展节能服务产业，推广合同能源管理，探索节能咨询、诊断、设计、融资、改造、托管等“一站式”综合服务模式。

加强规划引领和政策推动。将碳达峰、碳中和目标全面融入各地区经济社会发展中长期规划，强化国家发展规划、国土空间规划、专项规划、区域规划和地方各级规划的支撑保障。加强各级各类规划间衔接协调，确保各地区各领域落实碳达峰、碳中和的主要目标、发展方向、重大政策、重大工程等协调一致。

完善行业排放标准、建立碳税征收机制、健全碳排放权交易市场以及构建绿色金融体系等，实施一系列碳减排政策，编制零碳规划、环保立法、技术孵化、碳排放交易、绿色金融等制度体系；开展技术合作、国际贸易方面促进国际合作，积极参与国际技术标准的制定与修订。

健全绿色低碳循环发展消费体系。促进城市绿色产品消费，加大政府绿色采购，扩大绿色产品采购范围。加强企业和居民采购绿色产品的引导，鼓励采取补贴、积分奖励等方式促进绿色消费。完善绿色低碳政策和市场体系，完善能源“双控”制度，完善有利于绿色低碳发展的财税、价格、金融、土地、政府采购等政策，加快推进碳排放权交易，积极发展绿色金融。

推动企业高质量发展。强化考核约束，将能源消耗强度、碳排放强度等指标纳入中央企业、国有企业负责人经营业绩考核体系。坚决遏制高耗能、高排放、低水平项目盲目发展。加强低碳零碳负碳重大科技攻关，强化创新协同，推动国有企业强化用能管理，开展节能评估审查，加快实施节能降碳工程，推进重点用能设备节能增效，鼓励国有企业单位产值综合能耗和二氧化碳排放持续下降，积极创建一批零碳示范企业。

10.3.2 零碳能源体系

强化能源消费强度和总量双控。坚持节能优先战略，严控能耗和二氧化碳排放强度，合理控制能源消费总量，统筹建立二氧化碳排放总量控制制度。做好产业布局、结构调整、节能审查与能耗双控的衔接，对能耗强度下降目标完成形势严峻的地区实行项目缓批限批、能耗等量或减量替代。强化节能监察和执法，加强能耗及二氧化碳排放控制目标分析预警，严格责任落实和评价考核。加强甲烷等非二氧化碳温室气体管控。

实施清洁能源替代工程。推动能源供应链优化升级，加快太阳能、风能、氢能、生物质能等清洁能源替代，提高可再生能源消费比重，提高绿色电力购买比例，提高能源产出效率。实施传统能源改造，鼓励建设集中供汽供热或清洁低碳能源中心，有序布局建设分布式光伏、生物质能等能源项目，分质与梯级利用城市、园区工厂余热，提高余热资源回收利用率。

构建清洁低碳安全高效的能源体系，控制化石能源总量，着力提高利用效能，实施可再生能源替代行动，深化电力体制改革，构建以新能源为主体的新型电力系统。构建以新能源为主的电力系统。形成以风光系能源发电为主，风光水火储能互补的态势。积极发展优势储能技术，推动氢能储能技术变革，鼓励开发CCUS技术、可再生能源技术、电气化技术、信息技术等低碳技术发展路线，提升相关技术在能源转型中的引领与推动作用。

10.3.3　零碳投资高地

聚焦零碳城市建设与碳中和路径，重点关注并投资五大产业链：

一是基于电力部门脱碳的新能源产业链，二是基于工业部门减碳的节能减排产业链，三是基于交通部门减碳的新能源车产业链，四是基于建筑部门减碳的绿色建筑产业链，五是基于公共部门减碳的着环保产业链。具体投资领域如表10－1所示。

表10－1　　零碳城市情境下的投资高地

投资领域	投资产业链	主要投资领域
电力	新能源	风光发电、储能、特高压、智慧电网、核能
工业	节能降碳	工业流程低碳改造、节能装备、氢能、资源循环利用
交通	新能源汽车	新能源车、电池、充电桩、智慧交能、储能
建筑	绿色低碳建筑	环保建材、装备式建筑、被动建筑、建筑低碳改造
公共	环保再生	环保装备、污染治理、CCUS、垃圾循环利用等

资料来源：国合华夏城市规划研究院研究绘制、世界零碳标准联盟。

10.4　零碳城市的产业图谱

10.4.1　产业低碳图谱

实施传统产业低碳化改造、生态化升级。坚决遏制高耗能高排放项目盲目发展。新建、扩建钢铁、水泥、平板玻璃、电解铝等高耗能高排放项目严格落实产能等量或减量置换，出台煤电、石化、煤化工等产能控制政策。未纳入国家有关领域产业规划的，一律不得新建改扩建炼油和新建乙烯、对二甲苯、煤制烯烃项目。合理控制煤制油气产能规模。提升高耗能高排放项目能耗准入标准。推动落后亏损产能尽快退出，坚决遏制“两高一低”项目盲目发展。

培育绿色低碳新兴产业、未来产业，加快发展新一代信息技术、生物技术、新能源、新材料、高端装备、新能源汽车、绿色环保以及航空航天、海洋装备等战略性新兴产业。建设绿色制造体系。推动互联网、大数据、人工智能、第五代移动通信（5G）、元宇宙等新兴技术与绿色低碳产业深度融合。鼓励城市、园区对重点区域实行“腾笼换鸟”改造。严格新扩建产业园区招商引资标准，优先发展绿色低碳经济、数字产业。鼓励已建园区、已有建筑节能降碳改造，积极调整产品、能源和产业结构，打造低碳园区、零碳示范城市。

10.4.2 城市零碳图谱

推动城市、园区或企业零碳示范。鼓励企业、项目净零碳发展，打造零碳发展的先行先试区，为城市低碳化积累可复制的经验。加强城市与园区的生态系统碳汇能力建设。鼓励城市绿化与办公楼宇光伏产业化，增加森林面积和蓄积量。加强城乡生态保护修复与林业碳汇建设，不断增强草原、绿地、湖泊、湿地等自然生态系统固碳能力，打造绿色生态城市、绿色工厂。

完善城市与园区垃圾分类收集、运输和处置体系，加大城市、工业、园区的固体废物回收利用、污水再生利用设施建设，提高工业用水、生活用水、生态用水的重复利用率、再生水回用率、废弃物资源化利用率，实现减污降碳协同增效。

10.5 碳汇交易与补偿机制

10.5.1 多层示范

“百城千企零碳行动”是一项极具实践价值与理论创新的重大活动与积极倡议，它源于国合华夏城市规划研究院等部委系统行业智库 2021 年联合发出的碳中和共同宣言，既是我国实践与现代理论的提炼，也是对“3060 双碳”目标的前瞻预测，必将引领全国各地区、各行业的积极行动，带动一大批零碳城市、零碳园区的示范建设，在试点的基础上，通过经验提炼与技术提高，必将成为全国各省市、各城市自觉、积极的减碳行动与行业样板。

10.5.2　监督约束

完善零碳示范相关法律法规，建立健全碳排放管理制度，明确责任主体。建立完善节能降碳标准计量体系，制定完善绿色建筑、零碳建筑、绿色建造等标准。鼓励具备条件的地区制定高于国家标准的地方工程建设强制性标准和推荐性标准。落实碳排放权交易管理办法。完善能源统计体系和碳排放统计、监测、核算体系，确定碳排放核算主体范围、温室气体种类和能源利用类，完善碳汇、碳交易的基础数据及碳汇交易规则等。开展重点企业碳核查，鼓励城市、园区、企业开展碳资产管理、碳金融、碳交易、碳排放信息披露、自愿减排等。

10.5.3　碳交易补偿

完善各地公共建筑节能监管平台，加快全国碳排放交易市场建设。扩大碳交易范围和模式，逐步将电力、化工、建材、钢铁、有色金属等重点行业全部纳入碳汇交易体系，尽快形成覆盖广泛、科学有效的碳排放交易市场。积极推动全国碳排放交易市场以 CEA 交易为主，向 CCER 市场联动的碳交易市场体系。推动汽车行业“双积分”制度与碳排放交易并轨，双积分包括乘用车企业新能源汽车积分（NEV 积分）和平均燃料消耗积分（CAFA 积分）。推动绿色低碳技术实现重大突破，抓紧部署低碳前沿技术研究，加快推广应用减污降碳技术，完善绿色低碳技术评估、交易体系和科技创新服务平台。加强应对气候变化国际合作，推进国际规则标准制定，建设绿色发展示范城市。

10.6　“零碳中国”全景图

10.6.1　组织激励优先

从低碳到零碳是必然趋势，是实现双碳目标的重要路径。建设零碳中国，推动零碳城市、零碳园区、零碳企业等试点，是国家与地方重大的管理创新，涉及到经济发展与降碳均衡等多领域，需要各级党委、政府的引导、支持、推动与各方参与。学习贯彻二十大精神，推动碳达峰行动，建设美丽零碳中国，需要健全党中央、国务院和国家部委统筹领导机制，构建跨部委联动体系，完善各地区零碳示范政策与激励机制，依托高端智库的持续参与与积极推动，需要央企、民企、商社团及专家学者的持续参与、开拓创新。

10.6.2 金融财政驱动

金融、财政是碳达峰碳中和的驱动力量与导向标。发挥各级财政的政策引领与减碳补偿机制，强化绿色金融及产业基金等的科研扶持、产业落地功能，持续推动各领域、各类机构的节能降碳。发挥保险在清洁能源、技术孵化、产业应用、住宅零碳化改造、大数据平台建设过程中的风险规避与产业驱动作用。鼓励住宅质量保险，合理开放城镇基础设施投资、建设和运营市场，应用特许经营、政府购买服务等手段吸引社会资本投入。加大对优秀项目、典型案例的宣传力度，积极倡导绿色低碳生活方式，动员社会各方力量参与降碳行动，形成社会各界支持、群众积极参与的浓厚氛围。

10.6.3 “零碳中国”全景图

展望未来，零碳城市是绿色、休闲、共享、开放的的城市、是循环经济示范城市和“生态产品价值核算实现机制试点城市”。按照习近平总书记的重要指示，贯彻中央与地方五年规划、碳达峰行动计划及零碳推进战略，既要统筹谋划，又要因地制宜，既要避免一刀切、大跃进，又要避免消极等待、无所作为，要运用技术的、金融的、产业的、法律的等各种手段，进行“零碳中国”全景图的设计与分解，进行各省市零碳发展施工图的测算，推动能源清洁化、生产循环化、流通低碳化、办公零碳化、生活生态化等（见图 10－1）。

零碳城市是一项复杂的系统工程，未来几十年，各地区可以全方位、全视角地探索并推进：一是转零碳，全维度；二是转模式，全生产；三是转方式，全社会；四是转视野，全球化。通过“四转四全”，构建零碳城市可持续发展的新模式。

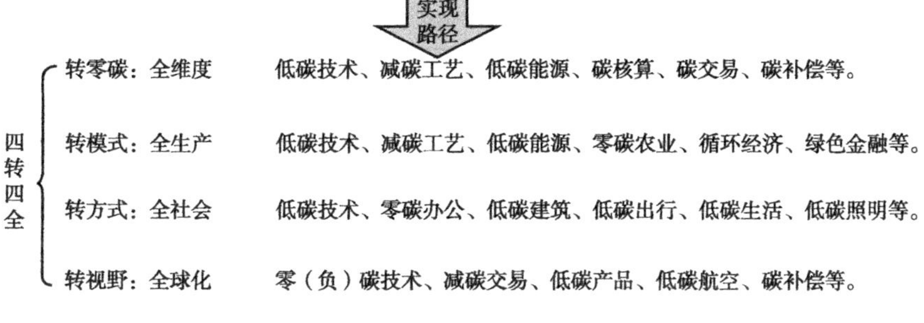

图10－1 零碳城市四转四全思路

城市是一个国家和地方经济发展与技术孵化的主要载体，是人类文明的聚集区。从传统城市到节能城市，从节能城市到低碳城市，从低碳城市到近零碳城市，再到零碳城市，是一个不断演变、递进推动，且逐步升级的过程，它既是城市的自我革命，也是人类技术与文明的巨大进步，是跨时代的历史变革，是实现中华民族伟大复兴的定海神针与坚强力量，是我国屹立于世界的强大动力，也是构建人类利益共同体、命运共同体、责任共同体的“中国贡献”与“世界担当”。零碳城市发展的五大阶段，如图10－2所示。

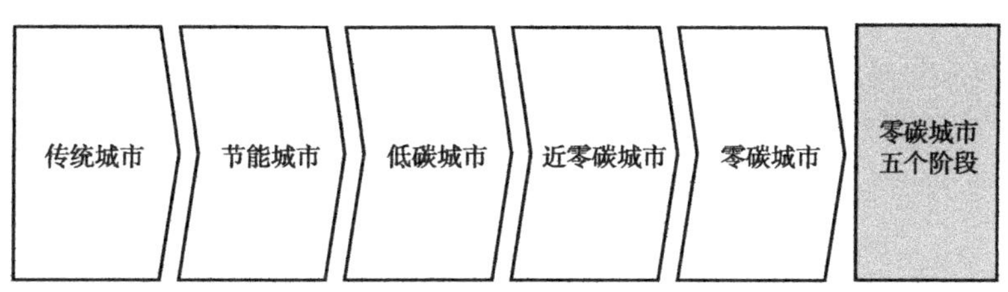

图10－2 零碳城市发展的五个阶段

零碳城市具有绿色、富裕、融合、创新的内在基因，它应该是公园式、融合化、国际化、循环化、低排放的。

通过实施“百城千企零碳行动”，以企业、园区、城市为起点，在全国启动一批试点示范，积累实践经验，在面上逐步展开。积极推动试点案例的海外复制，共建零碳地球，零碳世界。具体如图10－3所示。

基于共建“零碳地球”的宏大目标，聚焦保护人类共同家园的宗旨，立

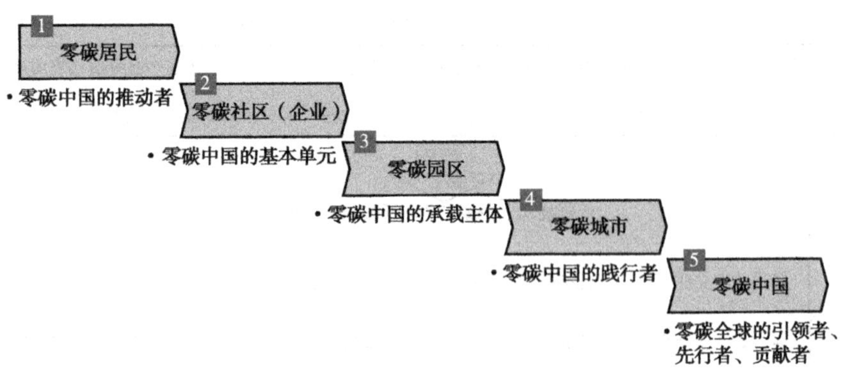

图 10－3　零碳中国的五个层级

足城市与各地实际，规划实施一批节能降耗、碳汇减碳、固碳与碳转化示范工程，开展全国范围内一批零碳城市、零碳园区试点，实现零碳园区的试点先行，招引孵化一批零碳产业集群，培育一批零碳企业、零碳社区等，打造一批零碳省市、零碳中国，统筹经济增长与零碳目标，协同布局，稳步实施，提早实现城市碳中和（零碳）的奋斗目标，共建"零碳中国"，共谋"零碳地球"的全球协同新格局。

美丽零碳世界，幸福大美中国，休闲生态城乡，都需要全国上下，各行各业的共同的、持续的、低碳的行动。让我们携手，为了实现中华民族伟大复兴的"中国梦"，为了共同呵护人类赖以生存的地球，砥砺前行，不懈奋斗！

后　记

为贯彻习近平总书记“3060”世界承诺，我们发起“百城千企零碳行动”，推动全国零碳城市、零碳园区示范试点，既是贯彻落实党中央、国务院、国家部委战略部署的实践行动，也是全国各地区、各行业未来40年乃至更长时间内的伟大工程，是中华民族生存发展的基础保障，也是国合华夏城市规划研究院履行智库使命，打造全国首家“民族智库”，体现中国特色社会主义道路自信、理论自信、制度自信、文化自信的重大创新，社会各方携手，共同绘制“零碳中国”的全景图。

我国在国家及省级层面基本建立双碳工作体制，出台了1+N政策体系，能源、产业、交通、建筑等各领域低碳步伐加快，全国碳交易市场框架初步建设。

为建设零碳地球，需要世界各国、全社会共同、积极的降碳固碳行动，需要能源、工业等领域的变革，需要试行零碳示范，积累实践经验，全国全球推广，才会更好地保护人类共同家园，才能推进中华民族伟大复兴，才能让人民活得更有尊严。这是时代赋予我们的历史责任。肩负伟大使命，理应主动作为，共推共建零碳地球、零碳中国。

期盼本成果能为国家部委、地方政府、园区、企业及社会各界的政策解读、双碳示范与学术研究等，提供前瞻、系统、实用的决策借鉴，各方携手，开拓拼搏，共绘“零碳中国”的美好蓝图。

鉴于全球应对气候变化形势瞬息万变，低碳技术、颠覆性技术迭代升级，本书可能存在诸多方面的缺陷，零碳城市建设持续探索，期待广大读者多提宝贵意见，我们会在后续版本中优化完善。

国合华夏城市规划研究院
中国碳中和研究院
世界零碳标准联盟
2022年11月10日

国合华夏城市规划研究院已出版系列专著成果

1. 《政府融资 50 种模式及操作指南》（2014 年版、2019 年再版）
2. 《企业融资 170 种模式及操作指南》（2014 年版、2019 年再版）
3. 《政府规划编制指南》（2015 年）
4. 《产业园规划》（2015 年）
5. 《全流程规划》（2016 年）
6. 《大国信用：全球视野的中国社会信用体系》（2017 年）
7. 《PPP 项目运营》（2018 年）
8. 《新时代乡村振兴战略规划与案例》（2018 年）
9. 《十四五规划模型及编制手册》（2020 年）
10. 《新时代企业竞争战略》（2020 年）
11. 《新时代金融创新战略》（2020 年）
12. 《黄河流域战略编制及生态发展案例》（2020 年）
13. 《新时代区域发展战略》（2020 年）
14. 《新时期中国医药行业并购与治理》（2021 年）
15. 《中国碳达峰碳中和规划、路径及案例》（2021 年）
16. 《博弈利润区》（2022 年）
17. 《新时代强国复兴战略》（2022 年，电子版）
18. 《中国零碳城市创建方案及操作指南》（2022 年）
19. 《新治理：数字经济的制度建设与未来》（2022 年）
20. 国际创意城市系列教材 15 本（2022 年）

国合华夏城市规划研究院系列成果由中共中央组织部原部长张全景、中央政策研究室原副主任郑新立分别作序并推荐，有关部委领导及院士作为编委进行了专业指导。

官网：www. icci－ndrc. com

官微：国合城市研究院